三态开关变换器分析与控制

杨 平 张 斐 周国华 许建平 著

科学出版社

北 京

内 容 简 介

本书涉及三态开关变换器分析与控制的基础理论与应用研究,具体内容包括:开关变换器工作模式分析、三态开关变换器研究现状及应用价值分析,三态 DC-DC 变换器(Buck 变换器、Boost 变换器、二次型 Boost 变换器、Buck-Boost 变换器、交错并联 Boost 变换器、双向 DC-DC 变换器)工作原理分析、建模研究、控制策略研究以及性能分析,三态 Boost PFC 变换器、三态 Buck-Boost PFC 变换器、三态 Flyback PFC 变换器以及电容电压三态 PFC 变换器工作原理分析、建模分析、控制策略研究以及性能分析,涵盖了单输入单输出开关变换器、双向变换器(脉冲负载)以及功率因数校正的相关内容。

本书是作者长期研究结果的总结和提炼,可供高等院校电力电子、自动化等相关专业本科生、研究生使用,也可作为电力电子领域工程技术人员的参考书。

图书在版编目(CIP)数据

三态开关变换器分析与控制 / 杨平等著. —北京:科学出版社,2022.10

ISBN 978-7-03-071276-9

Ⅰ. ①三… Ⅱ. ①杨… Ⅲ. ①开关-变换器 Ⅳ. ①TN624

中国版本图书馆 CIP 数据核字 (2022) 第 007642 号

责任编辑:华宗琪 / 责任校对:杜子昂
责任印制:罗 科 / 封面设计:义和文创

科 学 出 版 社 出版

北京东黄城根北街16号
邮政编码:100717
http://www.sciencep.com

成都锦瑞印刷有限责任公司 印刷
科学出版社发行 各地新华书店经销

*

2022 年 10 月第 一 版　　　开本:787×1092 1/16
2022 年 10 月第一次印刷　　　印张:14
字数:332 000

定价:139.00 元
(如有印装质量问题,我社负责调换)

前　言

由于电力电子器件和变流技术的逐渐成熟，开关电源得到了越来越广泛的应用，推动了高新技术产品向小型化、轻便化方向发展。开关变换器作为开关电源的核心，也成为电力电子技术应用和研究的热点，通常工作在电感电流连续导电模式(CCM)或电感电流断续导电模式(DCM)。工作于 CCM 的变换器主要应用于中大功率场合，但是 CCM 变换器的电感值较大，系统瞬态性能差，并且大电感值的电感存在体积大等问题，增加了变换器的成本。Boost 类和 Buck-Boost 类变换器工作在 CCM 时，其控制-输出传递函数存在右半平面零点，使得变换器的带宽受到限制，导致变换器的负载瞬态响应速度慢。虽然 Boost 类和 Buck-Boost 类变换器工作在 DCM 时没有右半平面零点，但在每个开关周期内有一段时间电感电流为零，电感储能有限，限制了变换器的输出功率。

为了解决上述问题，工作于电感电流伪连续导电模式(PCCM)的三态开关变换器应运而生，三态开关变换器兼顾了 CCM 变换器和 DCM 变换器的优点，适用于宽负载或宽功率范围，同时消除了 CCM 下传统变换器的右半平面零点，增加了变换器的带宽，具有更快的负载瞬态性能；与电感电流 DCM 相比，三态开关变换器的续流阶段不为零，增加了变换器的带载能力。此外，三态开关变换器存在三个状态，易解耦，抗交叉影响能力强，在 DC-DC 变换器和功率因数校正(PFC)等诸多领域得到了应用。因此，对三态开关变换器进行研究分析具有重要的理论意义和实用价值。

全书共 10 章。第 1 章研究分析开关变换器工作模式，对不同模式下的开关变换器工作特点进行详细阐述；对三态进行重新定义，同时根据对偶原理，推导出电容电压三态；对三态开关变换器研究现状包括电路拓扑研究现状和控制策略研究现状进行总结分类，研究分析三态开关变换器的应用价值。

第 2 章主要介绍三态 Buck 变换器的拓扑结构、工作原理，并以传统电压型控制 PCCM Buck 变换器为例，详细分析 PCCM Buck 变换器工作时可能存在的开关过程，基于开关导通与关断时的分段光滑动力学方程，对 PCCM Buck 变换器的开关模态进行完整描述，建立 PCCM Buck 变换器的离散时间模型。

第 3 章主要介绍三态 Boost 变换器和三态二次型 Boost 变换器，首先介绍三态 Boost 变换器和三态二次型 Boost 变换器的工作原理，分别采用时间平均等效电路法和状态空间法建立小信号模型，推导相应的控制-输出传递函数，并对不同控制策略下的变换器工作原理、频域特性和负载瞬态性能进行详细分析。

第 4 章主要介绍三态 Buck-Boost 变换器，其中针对三态 Buck-Boost 变换器，分析其工作原理和特性，建立主电路的小信号模型，并提出电压型比例-积分(PI)控制策略以及脉冲序列(PT)控制策略，同时简要分析三态 Flyback 变换器和对偶原理变化出来的电容电压三态 Cuk 变换器的工作原理和特性。

第 5 章以三态交错并联 Boost 变换器为研究对象,首先介绍其工作原理,然后建立三态交错并联 Boost 变换器的小信号模型,分析续流控制策略对其右半平面零点的影响;研究影响三态交错并联 Boost 变换器输入电流纹波的因素,推导其对应的输入电流纹波表达式,分析不同控制策略对变换器的瞬态性能和效率等方面的影响。

第 6 章介绍三态双向 DC-DC 变换器的工作原理,分析在脉冲负载应用场景中三态双向 DC-DC 变换器的工作状态,研究适用于三态双向 DC-DC 变换器的控制策略,分析不同控制策略的特点,并建立电压电流双环线性控制策略与电压电流双环非线性控制策略的小信号模型,分析影响三态双向 DC-DC 变换器效率的因素。

第 7 章主要研究三态 Boost PFC 变换器,推导其控制输入量和控制输出量的最佳组合方式,研究分析三态 Boost PFC 变换器电压控制环路与电流控制环路并行的解耦控制策略和数字电流谷值控制策略,建立三态 Boost PFC 变换器和解耦控制器的时间平均等效模型,分析其直流稳态特性和频域特性,得出交流输入与功率因数的关系。

第 8 章分析三态 Buck-Boost PFC 变换器的直流稳态特性和频域特性,推导交流输入电流与电感电流纹波的数学表达式;研究分析电压控制环路与电流控制环路解耦的控制策略,基于功率因数校正变换器的直流输出电压纹波,提出以输出电压纹波峰峰值为参考量的反馈控制算法。

第 9 章分析三态 Flyback PFC 变换器的工作特性和控制原理,研究分析电压环、电流环独立的双环控制策略,推导三态 Flyback PFC 变换器输入电流的表达式;对比研究传统 DCM Flyback PFC 变换器和三态 Flyback PFC 变换器,结果表明三态 Flyback PFC 变换器可降低传统 DCM Flyback PFC 变换器开关管所承受的电压应力,并具有优于传统 DCM Flyback PFC 变换器的带载能力。

第 10 章利用对偶原理,将电感电流三态功率因数校正技术拓展于电容电压三态功率因数校正变换器,提出非隔离型的三态 Cuk PFC 变换器和隔离型的三态 SEPIC PFC 变换器;通过在中间储能电容(过渡电容)上串联一个开关管,使中间储能电容电压在一个开关周期内存在三个工作状态,进而使得以电容进行储能变换的非隔离型 Cuk PFC 变换器和隔离型 SEPIC PFC 变换器工作于 PCCM;研究分析电容电压三态 PFC 变换器的工作模态和控制策略,提出电容电压三态功率因数校正变换器可等效为传统 Boost 变换器与 Buck 变换器的级联,进而可获得低直流输出电压纹波和快速负载瞬态响应速度的性能。

本书重点介绍三态开关变换器的工作原理与相关的控制策略,详细论述三态开关变换器的分析方法与实验效果。在本书的撰写过程中,学习并引用了国内外相关书籍、教材和重要文献,使作者受益匪浅,在此对所有文献的作者表示衷心的感谢。

本书由杨平副教授、张斐高级工程师、周国华教授和许建平教授编写,陈曦等研究生参与了本书大量图形的绘制工作以及公式的推导及校对,在此一并表示感谢。

本书受西南交通大学研究生教材(专著)经费建设项目专项资助出版。

由于作者学识有限,参阅资料有限,书中难免存在不足与疏漏之处,恳请广大读者批评指正。

目　　录

第1章　绪论 ··········· 1

　1.1　开关变换器工作模式 ··········· 1

　　1.1.1　电感电流连续导电模式 ··········· 1

　　1.1.2　电感电流断续导电模式 ··········· 2

　　1.1.3　电感电流临界导电模式 ··········· 3

　　1.1.4　电感电流伪连续导电模式 ··········· 3

　　1.1.5　电容电压三态工作模式 ··········· 4

　1.2　三态开关变换器研究现状 ··········· 5

　　1.2.1　电路拓扑研究现状 ··········· 5

　　1.2.2　控制策略研究现状 ··········· 7

　1.3　三态开关变换器应用价值 ··········· 18

　1.4　本章小结 ··········· 18

第2章　三态 Buck 变换器分析与控制 ··········· 19

　2.1　三态 Buck 变换器离散模型 ··········· 19

　　2.1.1　三态 Buck 变换器工作原理 ··········· 19

　　2.1.2　电压型控制 PCCM Buck 变换器原理 ··········· 20

　　2.1.3　开关模态分析 ··········· 20

　　2.1.4　离散迭代时间模型 ··········· 21

　2.2　三态 Buck 变换器控制策略研究 ··········· 23

　　2.2.1　电压型 CRC、DRC 及定关断时间控制策略 ··········· 23

　　2.2.2　V^2 型 CRC、DRC 及定续流时间控制策略 ··········· 27

　2.3　三态 Buck 变换器性能分析 ··········· 30

　　2.3.1　稳态性能分析 ··········· 30

　　2.3.2　负载范围分析 ··········· 32

　　2.3.3　负载动态性能分析 ··········· 35

　2.4　本章小结 ··········· 42

第3章　三态 Boost 变换器分析与控制 ··········· 43

　3.1　三态 Boost 变换器 ··········· 43

　　3.1.1　三态 Boost 变换器工作原理 ··········· 43

　　3.1.2　三态 Boost 变换器小信号模型 ··········· 44

　　3.1.3　三态 Boost 变换器控制策略 ··········· 48

    3.1.4　三态 Boost 变换器性能分析 ·· 50

  3.2　三态二次型 Boost 变换器 ··· 63

    3.2.1　三态二次型 Boost 变换器工作原理 ·································· 63

    3.2.2　三态二次型 Boost 变换器小信号模型 ······························ 66

    3.2.3　三态二次型 Boost 变换器控制策略研究 ···························· 68

    3.2.4　三态二次型 Boost 变换器性能分析 ·································· 80

  3.3　本章小结 ·· 84

第 4 章　三态 Buck-Boost 变换器分析与控制 ······························· 85

  4.1　三态 Buck-Boost 变换器分析与控制 ·· 85

    4.1.1　三态 Buck-Boost 变换器工作原理 ···································· 85

    4.1.2　三态 Buck-Boost 变换器小信号模型 ································ 87

    4.1.3　三态 Buck-Boost 变换器控制策略研究 ···························· 89

  4.2　三态 Flyback 变换器 ·· 92

  4.3　电容电压三态 Cuk 变换器 ·· 94

  4.4　本章小结 ·· 96

第 5 章　三态交错并联 Boost 变换器分析与控制 ························· 97

  5.1　三态交错并联 Boost 变换器工作原理 ··· 97

  5.2　三态交错并联 Boost 变换器小信号模型 ····································· 99

    5.2.1　小信号模型 ··· 99

    5.2.2　频域验证 ··· 101

  5.3　三态交错并联 Boost 变换器输入电流纹波分析 ························· 102

    5.3.1　影响输入电流纹波的因素 ··· 103

    5.3.2　工作模式划分 ··· 105

  5.4　三态交错并联 Boost 变换器控制策略研究 ······························· 107

    5.4.1　定关断时间控制策略 ··· 108

    5.4.2　动态参考电流控制策略 ··· 110

  5.5　三态交错并联 Boost 变换器性能分析 ······································· 113

    5.5.1　负载动态性能分析 ··· 113

    5.5.2　效率分析 ··· 116

  5.6　本章小结 ··· 117

第 6 章　三态双向 DC-DC 变换器分析与控制 ···························· 118

  6.1　三态双向 DC-DC 变换器工作原理 ··· 118

  6.2　传统双环控制策略分析 ·· 122

    6.2.1　线性控制策略 ··· 122

    6.2.2　线性控制策略仿真分析 ··· 123

    6.2.3　非线性控制策略 ··· 126

    6.2.4　非线性控制策略仿真分析 ··· 127

    6.2.5　实验验证 ··· 129

6.3　三态双向 DC-DC 变换器控制策略研究·················130

6.4　三态双向 DC-DC 变换器性能分析·················135

  6.4.1　动态性能分析·················135

  6.4.2　效率分析·················138

6.5　本章小结·················140

第 7 章　三态 Boost PFC 变换器分析与控制·················141

7.1　三态 Boost PFC 变换器工作原理·················141

7.2　三态 Boost PFC 变换器小信号模型·················144

7.3　三态 Boost PFC 变换器控制策略研究·················147

  7.3.1　相对增益阵列法·················147

  7.3.2　控制输入、输出量组合·················147

  7.3.3　解耦控制策略研究·················149

  7.3.4　数字电流谷值控制策略研究·················155

7.4　三态 Boost PFC 变换器特性分析·················157

  7.4.1　直流稳态特性分析·················157

  7.4.2　网侧输入电流与功率因数分析·················158

7.5　实验分析·················162

7.6　本章小结·················168

第 8 章　三态 Buck-Boost PFC 变换器分析与控制·················169

8.1　三态 Buck-Boost PFC 变换器工作原理·················169

8.2　三态 Buck-Boost PFC 变换器小信号模型·················172

8.3　三态 Buck-Boost PFC 变换器控制策略研究·················175

  8.3.1　解耦控制策略研究与输入电流分析·················175

  8.3.2　输出电压纹波反馈控制算法·················177

8.4　三态 Buck-Boost PFC 变换器特性分析·················179

  8.4.1　直流稳态特性分析·················179

  8.4.2　电感电流纹波分析·················180

  8.4.3　开关管电压电流应力分析·················181

8.5　实验分析·················183

8.6　本章小结·················188

第 9 章　三态 Flyback PFC 变换器分析与控制·················189

9.1　三态 Flyback PFC 变换器工作原理·················189

9.2　三态 Flyback PFC 变换器控制策略研究·················192

9.3　三态 Flyback PFC 变换器特性分析·················194

  9.3.1　直流稳态特性·················194

  9.3.2　输入电流分析·················194

  9.3.3　开关管电压应力分析·················195

9.4　实验分析·················195

9.5 本章小结 ·· 198
第 10 章 电容电压三态 PFC 变换器分析与控制 ·················· 199
10.1 三态 Cuk PFC 变换器分析与控制 ·························· 199
10.1.1 三态 Cuk PFC 变换器工作原理 ·················· 199
10.1.2 三态 Cuk PFC 变换器控制策略研究 ·············· 201
10.1.3 三态 Cuk PFC 变换器直流稳态特性分析 ·········· 202
10.2 三态 SEPICPFC 变换器 ·································· 203
10.3 实验分析 ··· 206
10.4 本章小结 ··· 209
参考文献 ·· 210

第1章 绪 论

随着电子技术的飞速发展，电子设备与人们的生活、工作息息相关，而所有的电子设备都离不开可靠的电源，相对于传统的线性电源，开关电源因具有体积小、重量轻和效率高等优点而得到了越来越广泛的应用[1-4]。20 世纪 80 年代，计算机电源全面实现了开关电源化。90 年代，开关电源相继进入通信、电力设备、医疗设备、工控设备、程控交换机、安防监控等领域，开关电源的广泛应用推动了高新技术产品向小型化、轻便化方面发展。

三态开关变换器消除了电感电流连续导电模式(continuous conduction mode, CCM)下Boost 类和 Buck-Boost 类变换器的右半平面(right half plane, RHP)零点，增加了变换器的带宽，具有更快的负载瞬态性能；与工作于电感电流断续导电模式(discontinuous conduction mode, DCM)下的开关变换器相比，三态开关变换器的续流阶段电流不为零，提高了变换器的带载能力。此外，三态开关变换器存在三个状态，易解耦，抗交叉影响能力强，在 DC-DC 变换器和功率因数校正(power factor correction, PFC)等诸多领域得到了应用[1-14]。因此，对三态开关变换器进行研究分析具有重要的理论意义和实用价值。

本章研究分析开关变换器工作模式，主要包括电感电流 CCM、电感电流 DCM、电感电流临界导电模式(boundary conduction mode, BCM)、电感电流伪连续导电模式(pseudo continuous conduction mode, PCCM)；对三态进行重新定义，根据第三个状态在一个开关周期/工作周期不为零分为电感电流开关周期三态、电感电流工作周期三态，同时根据对偶原理，得出电容电压开关周期三态；对三态开关变换器研究现状包括电路拓扑研究现状和控制策略研究现状进行总结分类；研究分析三态开关变换器的应用价值。

1.1 开关变换器工作模式

1.1.1 电感电流连续导电模式

开关电源通过控制功率开关管的导通与关断达到调节输出电压的目的，满足负载的用电需求。一般来说，通过判断开关管关断期间电感电流是否下降为零，可将开关变换器的工作模式分为连续导电模式(CCM)和断续导电模式(DCM)[15]。开关变换器工作于 CCM 的电感电流波形如图 1.1 所示，其中为 I_L 平均电感电流，i_{LP} 为电感电流峰值，Δi_L 为电感电流纹波，T_{on} 为开关管导通时间，T_{off} 为开关管关断时间，T 为开关周期。

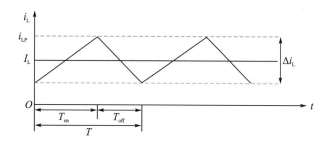

图 1.1   开关变换器工作于 CCM 的电感电流波形

由图 1.1 可知，工作于 CCM 时，开关变换器在一个开关周期内有两种工作状态，即电感电流上升(充电)和下降(放电)，并且上升和下降幅度相等，电感电流在一个开关周期内恒大于零，CCM 的电感电流峰值 i_{LP} 和纹波小，且电感的取值大，适用于负载功率较大的应用场合，但同时变换器对输入电压或跳变的瞬态响应速度较慢。此外，开关变换器工作于 CCM 时，控制系统设计较为复杂。以 Boost 变换器为例，CCM Boost 变换器控制到输出的传递函数存在右半平面零点，当负载变化时，右半平面零点在 S 域复平面上移动，增加了控制系统闭环设计的复杂性，导致变换器的工作带宽仅为开关频率的 1/30[16]。

1.1.2   电感电流断续导电模式

在相同平均电感电流的前提下，开关变换器工作于 DCM 的电感电流波形如图 1.2 所示。

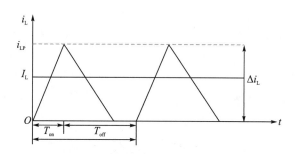

图 1.2   开关变换器工作于 DCM 的电感电流波形

由图 1.2 可知，工作于 DCM 时，开关变换器在一个开关周期内有三种工作状态，即电感电流上升(充电)、下降(放电)，然后下降到零并保持。与图 1.1 开关变换器工作于 CCM 的电感电流波形相比，DCM 具有较大的电感电流峰值 i_{LP}，将会导致开关管承受的电流应力增大，影响 DCM 开关变换器的带载能力。此外，工作于 DCM 的变换器虽然没有右半平面零点，但在每个开关周期内有一段时间电感电流为零，电感储能有限且电感的取值较小，限制了变换器的输出功率，因此 DCM 适用于负载功率较小的应用场合[16-18]。

1.1.3 电感电流临界导电模式

BCM[19]是一种介于 CCM 和 DCM 之间的工作模式，工作于 BCM 的电感电流波形如图 1.3 所示，其电感电流在开关管关断结束时刻刚好下降为零。BCM 用于功率因数校正变换器，具有控制方法简单、不存在二极管反向恢复等优势，但其开关频率是变化的，尤其是轻载时，开关频率很高，将会引起较大的开关损耗。

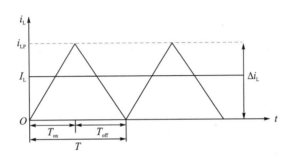

图 1.3 开关变换器工作于 BCM 的电感电流波形

1.1.4 电感电流伪连续导电模式

针对 DCM 和 CCM 存在的问题，国内外学者提出一种三态 PCCM[20-25]，与 DCM 一样，PCCM 在一个开关周期 T 内存在三种工作状态，不同的是 PCCM 的第三种工作状态电感电流不为零。另外，PCCM 第三种工作状态不为零可以是在一个开关周期，也可以是在一个工作周期，因此将电感电流三态分为电感电流开关周期三态和电感电流工作周期三态。

1. 电感电流开关周期三态

电感电流开关周期三态主要针对单输入单输出开关变换器。图 1.4 为不同工作模式下的电感电流波形，可以清楚直接地看到 PCCM 是一种介于 CCM 和 DCM 之间的工作模式，

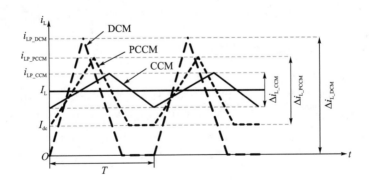

图 1.4 不同工作模式下的电感电流波形

在电感电流平均值 I_L 相同的情况下，PCCM 电感电流峰值 i_{LP_PCCM} 和纹波 Δi_{L_PCCM} 都介于 CCM 与 DCM 之间，它不同于 DCM 的零电感电流状态，其电感电流在任意时刻均大于零；也不同于 CCM 的电感电流充放电过程连续，PCCM 在每个开关周期结束前存在一段电感电流保持不变的时间，直到下个开关周期开始，即电感电流的充放电过程并不连续。因此，PCCM 结合了 CCM 与 DCM 的优点，可以在提高开关变换器对负载突变的瞬态响应速度的同时拓宽开关变换器的功率范围[26,27]。

2. 电感电流工作周期三态

电感电流工作周期三态主要针对多端口变换器。对于脉冲负载三端口变换器，通常采用双向变换器进行功率解耦，以此平衡前级供电系统与脉冲负载的瞬时功率差，其主要工作原理为：当负载处于轻载时，前级输出功率一部分供给负载，剩余的功率通过变换器流入储能电容，给电容充电；负载处于重载时，存储在电容内的能量与前级系统输出功率共同为负载提供功率，能量流动由传统的单向变为双向，因此对于三态双向变换器的研究应包括能量流动的整个工作周期，因此提出电感电流工作周期三态，其工作波形如图 1.5 所示。

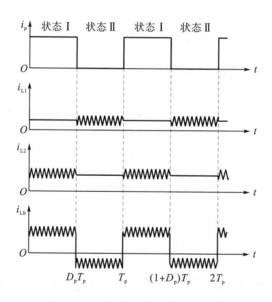

图 1.5　电感电流工作周期三态工作波形

1.1.5　电容电压三态工作模式

针对电感电流开关周期三态，根据对偶原理，提出电容电压三态工作模式：通过在中间储能电容(过渡电容)上串联一个开关管，使中间储能电容电压在一个开关周期内存在三个工作状态，进而使得以电容进行储能变换的开关变换器工作于 PCCM[9]，其工作波形如图 1.6 所示。

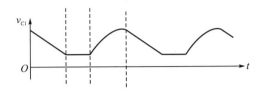

图 1.6　电容电压三态工作波形

在上述工作模式中，几个工作模式都出现了三态，即电感电流三态和电容电压三态，因此本书主要介绍电感电流开关周期三态、电感电流工作周期三态和电容电压三态。

1.2　三态开关变换器研究现状

1.2.1　电路拓扑研究现状

电感电流 PCCM 的实现方式有多种，通常在开关变换器的电感两端并联一个开关管和一个二极管，组成电感电流的续流回路[28]。国内外学者对三态开关变换器电路拓扑进行了较多研究，本节将其整理并进行分类，主要包括单输入单输出三态开关变换器、多端口三态开关变换器、三态 PFC 变换器。

1. 单输入单输出三态开关变换器

单输入单输出三态开关变换器主要包括 Buck 变换器、Boost 变换器、二次型 Boost 变换器、升降压变换器(Buck-Boost 变换器、Flyback 变换器、Cuk 变换器)、交错并联 DC-DC 变换器等[9, 26, 28-31]。文献[14]提出了如图 1.7(a)所示的三态 Buck 变换器，文献[21]和[22]提出了如图 1.7(b)所示的三态 Boost 变换器，其他拓扑将在后文详细研究分析。

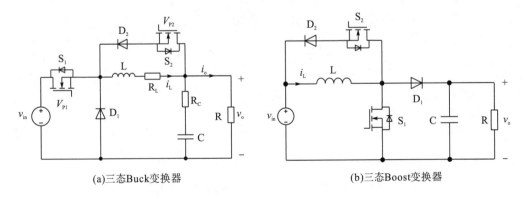

(a)三态Buck变换器　　　　　　　　　　(b)三态Boost变换器

图 1.7　三态开关变换器拓扑

2. 多端口三态开关变换器

关于多端口三态开关变换器[32]，本小节主要研究脉冲负载三端口中双向 DC-DC 变换器拓扑现状。常见的非隔离型单向变换器有 Buck、Boost、Buck-Boost、SEPIC、Cuk、Zeta 六种，将这六种基本结构中的二极管均换成开关管，即构成非隔离型双向变换器，其中双向 Buck-Boost 变换器拓扑 1 如图 1.8(a) 所示，双向 Buck-Boost 变换器拓扑 2 如图 1.8(b) 所示，其他拓扑类推；常见的隔离型双向变换器有隔离型正激式双向变换器、隔离型反激式双向变换器、隔离型半桥双向变换器、隔离型全桥双向变换器几种[33]，隔离型反激式双向变换器拓扑如图 1.9 所示；文献[34]提出两电感双向 Buck-Boost 变换器，拓扑如图 1.10 所示，通过储能电容提供脉冲负载所需功率，实现功率解耦并减小脉冲负载对前级供电系统输出电压稳定性的影响。

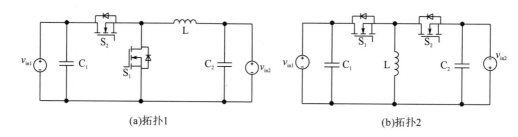

(a)拓扑1   (b)拓扑2

图 1.8 非隔离型双向 Buck-Boost 变换器拓扑

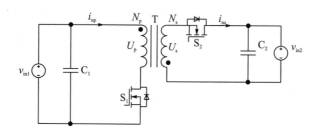

图 1.9 隔离型反激式双向变换器拓扑

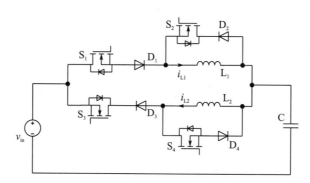

图 1.10 两电感双向 Buck-Boost 变换器拓扑

3. 三态 PFC 变换器

Buck、Boost、Buck-Boost、Cuk、Zeta 和 SEPIC 这六种变换器均可以作为有源 PFC 技术的拓扑[6,35,36]，其中前三种变换器为基本拓扑，后三种变换器均可通过前三种变换器

结构演变而来，文献[7]、[9]、[37]～[39]提出了如图 1.11 所示的三态 Boost PFC 变换器与
两开关三态 Buck-Boost PFC 变换器，文献[40]根据对偶原理提出了电容电压三态 Cuk PFC
变换器。

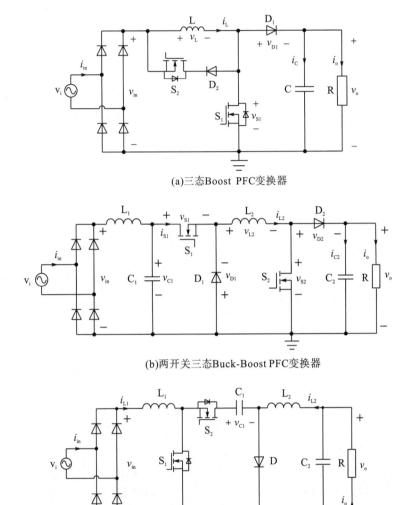

(a)三态Boost PFC变换器

(b)两开关三态Buck-Boost PFC变换器

(c)电容电压三态Cuk PFC变换器

图 1.11 三态 PFC 变换器拓扑

1.2.2 控制策略研究现状

PCCM 结合了 CCM 与 DCM 的优点，可以在提高开关变换器对负载突变的瞬态响应
速度的同时拓宽开关变换器的功率范围，但由于三态开关变换器增加了额外的开关管和二
极管，电路损耗增大，效率降低[26]。因此，对三态开关变换器的控制策略进行研究分析
显得十分重要，国内外学者对三态开关变换器的控制策略进行了许多研究分析，本节将其
整理如下。

1. 单输入单输出 DC-DC 变换器

三态 DC-DC 变换器主开关管常用的控制方法主要有电压型控制、电流型控制、磁通型控制、电荷型控制及组合型控制等[41,42]，本节主要对续流开关管控制策略的研究现状进行分析。

1) 恒定放电时间控制

图 1.12 为恒定放电时间控制[21, 22]的原理框图和稳态工作波形，其基本工作原理为：当主开关管的驱动信号 V_{S1} 为高电平时，RS 触发器复位并输出低电平信号，此时，S_1 导通，S_2 关断，电感电流 i_L 线性上升；当 V_{S1} 为低电平时，S_1 关断，电感同时给电容和负载提供能量，i_L 线性下降；当 S_1 关断固定时间 t_{off}（预先设定）后，关断定时器输出一个高脉冲信号，使 RS 触发器置位并输出高电平信号，续流开关管 S_2 导通，i_L 续流，直到一个新的开关周期到来。

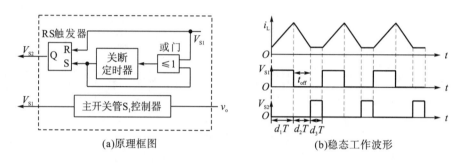

图 1.12　恒定放电时间控制原理框图及稳态工作波形

2) 恒定续流时间控制

图 1.13 为恒定续流时间（fixed freewheeling time, FFT）控制[28, 43]的原理框图和稳态工作波形，其基本工作原理为：在每个开关周期开始时刻，时钟信号 clk 使 RS 触发器 2 置位并输出高电平信号，续流开关管 S_2 导通，电感电流 i_L 续流；当 S_2 导通固定时间 t_{on}（预先设定）后，导通定时器输出一个高脉冲信号，使 RS 触发器 2 复位、RS 触发器 1 置位，此时 S_2 关断、S_1 导通，i_L 线性上升；当主开关管 S_1 控制器输出高电平时，RS 触发器 1 复位并输出低电平信号，S_1 关断，i_L 线性下降，直到下一个时钟信号到来。

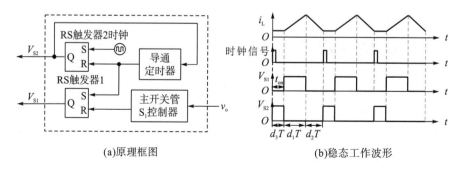

图 1.13　FFT 控制原理框图及稳态工作波形

3) 恒定参考电流控制

图 1.14 为恒定参考电流(constant reference current, CRC)控制[44,45]的原理框图和稳态工作波形,其基本工作原理为:当 V_{S1} 为高电平时,S_1 导通,电感电流 i_L 由初始值线性上升;当 V_{S1} 为低电平时,S_1 关断,i_L 线性下降;当 i_L 下降至恒定的谷值参考电流 I_{dc} 时,比较器翻转,使 RS 触发器置位并输出高电平信号,S_2 导通,i_L 进入续流阶段,直到一个新的开关周期到来。

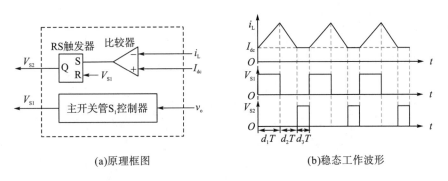

(a)原理框图   (b)稳态工作波形

图 1.14 CRC 控制原理框图及稳态工作波形

4) 动态参考电流控制

图 1.15 为动态参考电流(dynamic reference current, DRC)控制[14,46,47]的原理框图和稳态工作波形,其中 i_{dc} 为动态参考电流,通过加权电感电流 i_L 和负载电流 i_o 得到,k_1、k_2 分别为 i_L 和 i_o 的加权系数。将恒定参考电流 I_{dc} 替换为动态参考电流 i_{dc},即可获得 DRC 控制,其工作原理在此不再赘述。

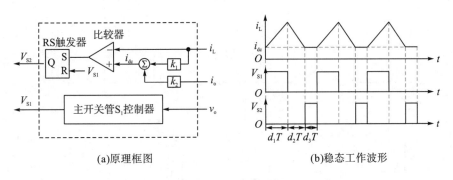

(a)原理框图   (b)稳态工作波形

图 1.15 DRC 控制原理框图及稳态工作波形

2. 双向 DC-DC 变换器

文献[34]提出电压电流双环控制策略,其控制框图如图 1.16 所示,电压环采用储能电容谷值电压控制,电流环采用输出电流的滞环控制策略,提升了两电感双向 Buck-Boost 变换器的动态响应性能,有效抑制了输出电流暂态尖峰;文献[48]电流环策略采用控制两电感双向 Buck-Boost 变换器补偿电流,采用双闭环控制,包括二阶高通滤波器、电压补偿器、加法器与电流补偿器，其控制框图如图 1.17 所示；文献[49]电流环策略采用控制前级供电系统输出电流，其控制框图如图 1.18 所示，与补偿电流控制框图相似，包括二阶高通滤波器、电压补偿器、加法器与电流补偿器。

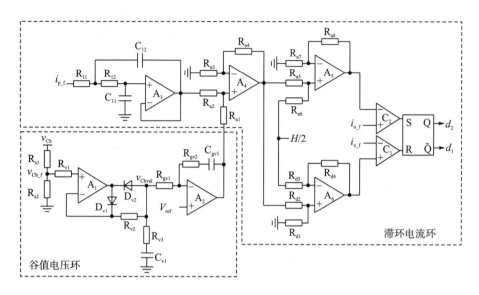

图 1.16　两电感双向 Buck-Boost 变换滞环控制框图

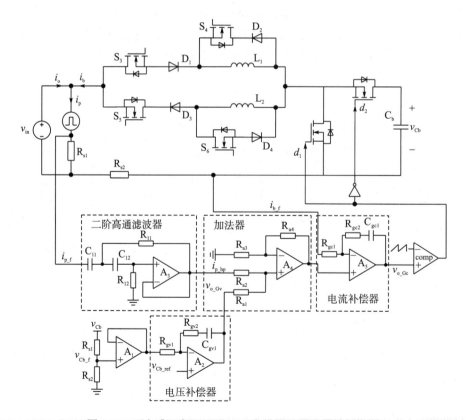

图 1.17　两电感双向 Buck-Boost 变换器补偿电流控制框图

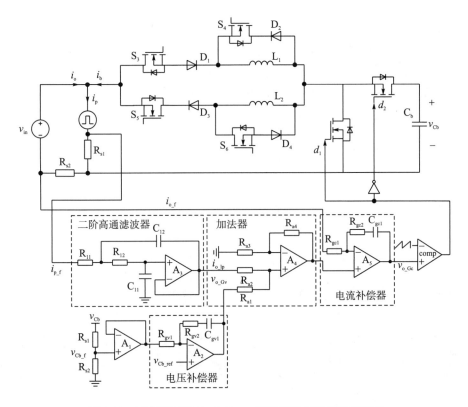

图 1.18 两电感双向 Buck-Boost 变换器输出电流控制框图

3. PFC 变换器

1）CCM 控制策略

（1）峰值电流控制。

图 1.19 为峰值电流控制（peak current control, PCC）Boost PFC 变换器框图及其主要工作波形，其中功率开关管的开关周期 T 不变，将输出电压比例-积分（proportion-integral, PI）误差放大器的输出信号 v_e 与输入电压信号 v_{in} 相乘，形成与输出电压同频同相位的基准电流信号 i_{ref}。功率开关管 S 导通给电感 L 充电时，电感电流检测信号 i_L 与基准电流信号 i_{ref} 相比较，当电感电流 i_L 上升到基准信号 i_{ref} 时触发逻辑控制电路使功率开关管 S 关断、电感 L 放电。当一个开关周期结束时，功率开关管 S 重新导通，且被控量是电感电流峰值，不能保证电感电流平均值与输入电压成正比，无法满足高功率因数要求，因此这种控制方法已经趋于淘汰[50]。

（2）滞环电流控制。

图 1.20 为滞环电流控制（hysteretic current control, HCC）Boost PFC 变换器框图及其主要工作波形，与峰值电流控制方法的不同之处在于被控量是电感电流 i_L 的变化范围。将 PI 误差放大器的输出信号 v_e 与输入电压信号 v_{in} 相乘，形成两个大小不同但与输出电压同频同相位的上限基准电流信号 i_{ref1} 和下限基准电流信号 i_{ref2}。功率开关管 S 导通时电感电流 i_L 上升，当电感电流 i_L 上升到上限基准电流信号 i_{ref1} 时触发逻辑控制电路使功率开关管

S 关断，电感 L 开始放电；当电感电流 i_L 下降到下限基准电流信号 i_{ref2} 时触发逻辑控制电路使功率开关管 S 重新导通，电感 L 开始重新充电。可以证明滞环电流控制 Boost PFC 变换器的开关管导通时间 T_{on} 是恒定的，但关断时间 T_{off} 是变化的，因此其开关周期 T 也是变化的。可以说变频 DCM 控制方法是滞环电流控制方法的一个特例，即下限基准电流信号 i_{ref2} 始终为零的情况。

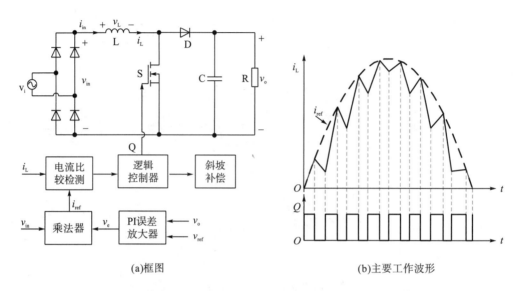

(a)框图   (b)主要工作波形

图 1.19   峰值电流控制 Boost PFC 变换器框图及其主要工作波形

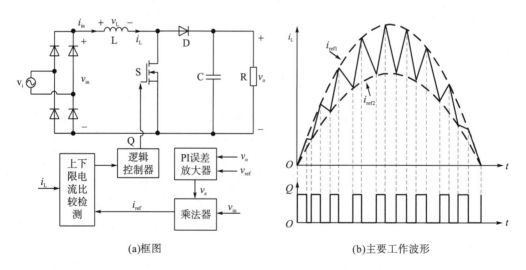

(a)框图   (b)主要工作波形

图 1.20   滞环电流控制 Boost PFC 变换器框图及其主要工作波形

滞环电流控制是一种较为简单的 Boost PFC 变换器控制方法，电流的反馈与调制集于一身，可以获得很宽的电流频带宽度，具有内在的电流限制能力；但其存在的主要缺点是负载和滞环宽度对开关频率和系统性能的影响很大[51]。

(3) 平均电流控制。

平均电流控制(average current control, ACC)又称三角载波控制,其控制方法的基本数学理论是正弦脉冲宽度调制(sinusoidal pulse width modification, SPWM)[9]。图 1.21 为平均电流控制 Boost PFC 变换器框图及其主要工作波形。将 PI 误差放大器的输出信号 v_e 与输入电压信号 v_{in} 相乘,形成与输出电压同频同相位的基准电流信号 i_{ref}。高频的电感电流 i_L 通过 PI 误差放大器被平均化处理,输出电流的平均值信号。SPWM 逻辑控制器将电感电流 i_L 平均值信号和基准电流信号 i_{ref} 相比较产生功率开关管 S 的控制脉冲,使电感电流 i_L 的平均值始终跟踪基准电流信号 i_{ref},使交流输入电源的输入电流接近正弦,获得接近 1 的功率因数。平均电流控制方法的被控量是输入电流的平均值,因此总谐波失真(total harmonic distortion, THD)与电磁干扰(electromagnetic interference, EMI)均很小,且开关频率恒定,对噪声不敏感,适用于中、大功率场合,是目前 PFC 中应用最多的一种控制方法。

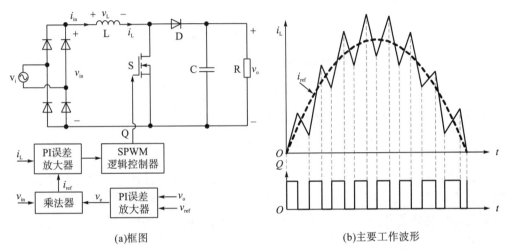

(a)框图　　　　　　　　　　　　　　　(b)主要工作波形

图 1.21　平均电流控制 Boost PFC 变换器框图及其主要工作波形

2)DCM 控制策略

DCM 控制策略又称电压跟踪策略,是 PFC 控制策略中一种简单而实用的控制策略[52-54],其主要特点是电感能量的完全传输,即电感把每个开关周期内从交流输入电源获得的能量完全转移到输出电容与负载中,可采用恒频控制和变频控制(BCM 模式)等多种方案。

(1)恒频控制。

图 1.22 给出了 Buck-Boost PFC 变换器利用恒频控制(功率开关管的工作频率是恒定不变的)的电压跟踪法实现 PFC 的电路框图,其中 PI 误差放大器将输出电压的反馈信号与基准信号相比较放大,输入脉冲宽度调节器(pulse width modification, PWM)来调节功率开关管 S 的占空比。当输出功率和输出电压恒定时,功率开关管 S 的占空比也是恒定的。假设 t_0 时刻整流后的输入电压为 v_{in},功率开关管的开关周期为 T、导通占空比为 D_{on}、导通时间 T_{on} 为 $D_{on}T$。当功率开关管 S 导通时,电感两端电压 v_L 等于输入电压 v_{in},电源输入电流 i_{in} 等于电感电流 i_L,即

$$i_{in}(t) = i_L(t) = \frac{v_{in}}{L}(t - t_0) \tag{1.1}$$

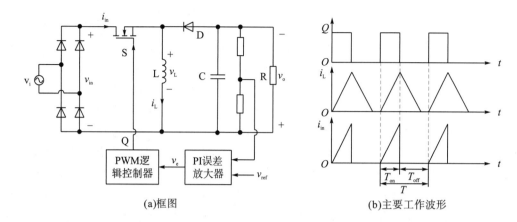

(a)框图　　　　　　　　　　　　　　　　　(b)主要工作波形

图 1.22　恒频控制 Buck-Boost PFC 变换器框图及其主要工作波形

当功率开关管 S 关断时，电源输入电流等于零，此时二极管 D 导通，电感 L 向储能电容 C 和负载 R 放电，电感两端电压 v_L 等于输出电压 v_o，电感电流逐渐减小，即

$$i_{in}(t) = 0, \quad i_L(t) = \frac{v_{in}}{L}(D_{on}T - t_0) - \frac{v_o}{L}(t - D_{on}T - t_0) \tag{1.2}$$

根据伏秒平衡原理，可得电感 L 的放电时间 T_{off} 为

$$T_{off} = \frac{v_{in}}{v_o}T_{on} = \frac{v_{in}}{v_o}D_{on}T = D_{off}T \tag{1.3}$$

式中，D_{off} 为功率开关管的关断占空比。若在任何条件下均可保证开关周期 T 大于导通时间 T_{on} 与放电时间 T_{off} 的和，则可保证在每个开关周期内均可把电感从电源中获得的能量完全转移到输出电容与负载中，此时电感电流工作于 DCM。因此，交流输入电源在一个开关周期内的平均输入电流 I_{in} 为

$$I_{in} = \frac{1}{T}\int_{t_0}^{t_0+T_{on}} i_{in}(t)\,dt = \frac{V_{in}D_{on}^2 T}{2L} \tag{1.4}$$

式中，V_{in} 为交流输入电压 v_{in} 在一个开关周期内的平均值。由于交流输入电网电压为 220V/50Hz 或 110V/60Hz，整流后为 100Hz 或 120Hz 的正弦半波，与几十千赫兹或数百千赫兹的开关管工作频率相比要小得多。因此，在本书以后分析中认为一个开关周期内的交流输入电压近似不变，即 $v_{in}=V_{in}$。由式 (1.4) 可以看出，由于开关周期 T 与电感 L 恒定，若保证功率开关管的导通占空比 D_{on}（即导通时间 T_{on}）恒定，则 Buck-Boost PFC 变换器的输入电流平均值始终与交流输入电压 v_{in} 成正比，得到为 1 的功率因数。

由以上分析可知，恒频 DCM 控制策略是 PFC 控制策略中最为简单的一种，控制回路不需要检测输入电压和输入电流，仅采样输出电压进行单电压环 PI 反馈控制，就可以使直流输出电压稳定在参考电压，且输入电流平均值始终跟随输入电压的波形与相位，实现 PFC 的两个控制目标。

(2) 变频控制（BCM 模式）。

若将恒频 DCM 控制方案应用到 Boost 变换器，也可以提高功率因数，但不能达到单位功率因数，且功率因数随输入电压的变化而变化[55]。在与前面同样的假设条件与分析过程下，可得在一个开关周期内输入电流 i_{in} 的平均值为

$$I_{\text{in}} = \frac{1}{T}\int_{t_0}^{t_0+T_{\text{on}}+T_{\text{off}}} i_{\text{in}}(t)\,\mathrm{d}t = \frac{V_{\text{in}}V_{\text{o}}T_{\text{on}}^2}{2L(V_{\text{o}}-V_{\text{in}})T} = \frac{V_{\text{in}}V_{\text{o}}D_{\text{on}}^2 T}{2L(V_{\text{o}}-V_{\text{in}})} \tag{1.5}$$

由式 (1.5) 可知，Boost PFC 变换器采用变频 DCM 控制策略时，开关周期 T、电感量 L、功率开关管的导通占空比 D_{on}（即导通时间 T_{on}）恒定时，交流输入电源输入的平均电流 I_{in} 与输入电压平均值 V_{in} 并不呈正比例关系。因此，变频 DCM 控制 Boost PFC 变换器的输入电流会有一定程度的畸变，影响功率因数的提高。此外，由式 (1.5) 还可以看出，若输出电压远远大于输入电压，则输入电流平均值近似正比于输入电压。因此，输出电压与输入电压的比值越大，输入电流的正弦度越高。一般变频 DCM 控制 Boost PFC 变换器输入电流的 THD 可以控制在 10% 以内[56]。

由式 (1.5) 可知，在功率开关管导通时间 T_{on} 恒定的前提下，若令功率开关管的周期 T 为

$$T = \frac{V_{\text{o}}}{V_{\text{o}}-V_{\text{in}}}T_{\text{on}} \tag{1.6}$$

则此时输入电流 i_{in} 的平均值为

$$I_{\text{in}} = \frac{V_{\text{in}}V_{\text{o}}T_{\text{on}}^2}{2L(V_{\text{o}}-V_{\text{in}})T} = \frac{V_{\text{in}}T_{\text{on}}}{2L} \tag{1.7}$$

由式 (1.7) 可知，此时交流输入电源的平均输入电流与平均输入电压成正比，得到单位功率因数，这就是变频控制的基本原理。这种控制方案下功率开关管的导通时间 T_{on} 始终保持恒定，但开关周期 T 随输入电压变化而变化，电感始终处于 BCM，因此这种控制方法又称恒定导通时间控制法或临界导电控制法。

(3) 变占空比控制。

相对于变频控制，恒频控制变换器的电感与 EMI 滤波器设计简单，因此文献[57]和[58]提出通过调节开关管的导通占空比 D_{on} 使功率因数值达到 1 的思想，由式 (1.5) 可得此时功率开关管的导通占空比 D_{on} 为

$$D_{\text{on}} = D_0\sqrt{1-\frac{V_{\text{in}}}{V_{\text{o}}}} \tag{1.8}$$

式中，D_0 为由输出功率决定的常数。但由式 (1.8) 可以看出，要准确实现该占空比，需要一个乘法器、一个除法器和一个开方电路，造成控制电路复杂且成本高。

3) PCCM 控制策略

文献[9]提出了一种三态 Boost PFC 变换器解耦控制策略，其控制框图如图 1.23 所示，电流控制环与电压控制环相互独立，参考电流信号不受电压 PI 控制器输出信号谐波量的影响，可以适当提高电压 PI 控制器的带宽，以提高变换器对负载变化的瞬态响应速度。电压环采用电压 PI 反馈控制，电流环控制采用输出电压纹波控制参考电流峰值算法，利用非线性的死区控制器来实现参考正弦电流 $i_{\text{ref}}(t)$ 峰值 I_{M} 与输出电压纹波峰峰值 $\Delta v_{\text{rip}}(t)$ 呈正比例关系，根据输出电压纹波峰峰值 $\Delta v_{\text{rip}}(t)$ 信号来设计电流控制环路中参考正弦电流 $i_{\text{ref}}(t)$ 的峰值 I_{M}，避免采样负载电流 $i_{\text{o}}(t)$ 信号，降低控制电路设计的复杂性。

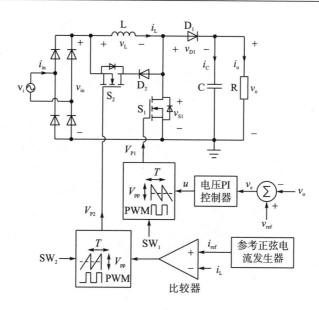

图 1.23　三态 Boost PFC 变换器解耦控制框图

文献[9]还提出两开关三态 Buck-Boost 的基于正弦参考电流的解耦控制策略，其控制框图如图 1.24 所示，电压环采用电压 PI 反馈控制，电压 PI 控制器的输出 u 与开关管 S_1 的载波进行比较，得到控制脉冲 V_{P1}，同时驱动导通开关管 S_1 和 S_2，实现变换器输出电压的调节。电流环采用输出电压纹波反馈控制，以输出电压纹波峰峰值 V_{ripM} 为参考量实时调整 K_M，实现整个负载范围内 PCCM 变换器均在最佳的效率工作点。

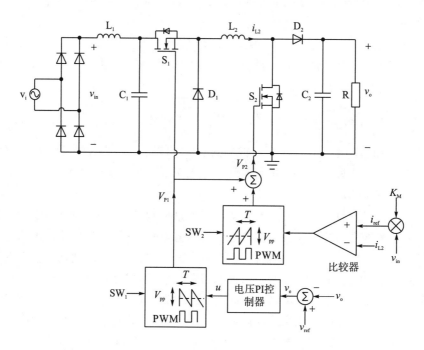

图 1.24　两开关三态 Buck-Boost PFC 变换器解耦控制框图

文献[9]根据对偶原理，提出了电容电压三态 Cuk PFC 变换器，其控制环路由功率因数校正控制环路与电压模式控制环路两个独立控制环路组成，利用前级 Boost 变换器的功率因数校正控制环路来实现稳定的中间储能电容电压 $v_{ce}(t)$，同时控制输入电流 $i_{in}(t)$ 使其跟随输入电压 $v_{in}(t)$ 的波形与相位，得到单位功率因数。与此同时，后级 Buck 变换器的电压模式控制环路控制直流输出电压 $v_o(t)$，使其在不同的负载情况下均稳定在 V_o，其控制框图如图 1.25 所示。

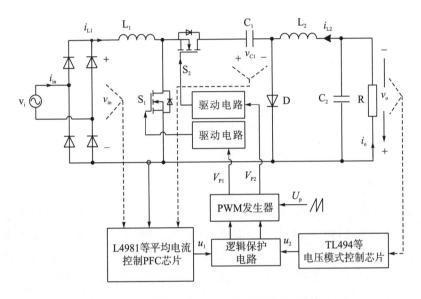

图 1.25 电容电压三态 Cuk PFC 变换器控制框图

文献[11]提出了一种基于 PCCM Boost PFC 变换器的数字控制策略，其控制框图如图 1.26 所示，包括电压环和电流环两个控制环路。在每个开关周期内，电压控制器根据输出电压误差 (error) 计算主开关控制信号，并通过后缘调制技术控制主开关；采样负载电流并计算参考电流幅值 ($I_{dc,r(ref)}$)，将此信号与当前输入电压相角的正弦值 $|\sin(\omega_{line}t_k)|$ 相乘得到参考电感电流谷值，通过谷值电流跟踪算法计算出电感电流所需下降时间，最后结合主开关占空比并采用前缘调制技术控制辅助开关。

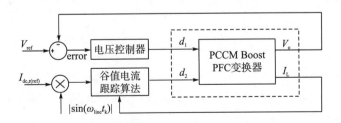

图 1.26 PCCM Boost PFC 变换器控制框图

1.3　三态开关变换器应用价值

基于 PCCM 独特的优势，PCCM 在单电感多输出(single inductor multiple output, SIMO)变换器、PFC 变换器和零电压开关(zero voltage switching, ZVS)电路等领域得到了广泛应用。

1. 单电感双输出变换器

PCCM 存在三个状态，因此增加了一个控制自由度。与 CCM 相比，PCCM 具有易解耦、抗交叉影响能力强的优点；与 DCM 相比，PCCM 没有电感电流为零的阶段，提高了变换器的带载能力。文献[5]、[58]～[64]把 PCCM 应用到单电感双输出(single inductor dual output, SIDO)变换器中，与工作于 CCM 和 DCM 的 SIDO 变换器相比，SIDO 三态 DC-DC 变换器消除了输出支路间的交叉影响，同时提高了变换器的带载能力。

2. PFC 变换器

文献[6]～[12]将 PCCM 应用到 PFC 电路中，与工作于 DCM 和 CCM 的 Boost PFC 变换器相比，三态 Boost PFC 变换器具有快速的负载瞬态响应速度，并且在宽负载范围内电路的总谐波畸变率低、功率因数高。而三态 Buck-Boost PFC 变换器不需要额外的续流开关管，通过控制两个开关管的时序即可工作于 PCCM，具有良好的稳态性能和瞬态性能，并且提高了变换器效率。

3. 零电压开关

传统 Buck 变换器和 Boost 变换器主要通过三角电流模式(triangular current mode, TCM)控制方案[65, 66]和同步导通模式(synchronous conduction mode, SCM)控制方案[67-69]实现 ZVS，前者属于变频控制，后者属于恒频控制。SCM 控制方案在部分负载条件下存在电感电流纹波大、效率低等问题；而 TCM 控制方案虽然能够获得较高的效率，但因其是变频控制，存在滤波器设计困难、控制复杂等缺点。为了解决上述问题，文献[13]将 PCCM 应用到 ZVS 变换器中，该方案抑制了 TCM 的频率变化，同时提高了变换器效率。

1.4　本　章　小　结

本章分析了开关变换器工作模式，主要包括 CCM、DCM、BCM、PCCM；重新定义了三态，根据第三个状态在一个开关周期/工作周期不为零分为电感电流开关周期三态、电感电流工作周期三态，同时根据对偶原理提出了电容电压三态；对三态开关变换器研究现状包括电路拓扑研究现状和控制策略研究现状进行了总结分类；研究分析了三态开关变换器的应用价值：基于 PCCM 独特的优势，使其在 SIMO 变换器、PFC 变换器和 ZVS 电路等领域得到了广泛的应用。

第 2 章　三态 Buck 变换器分析与控制

2.1　三态 Buck 变换器离散模型

2.1.1　三态 Buck 变换器工作原理

图 2.1 为 PCCM Buck 变换器的电路拓扑结构及其稳态工作波形[28]。在图 2.1 (a) 中，S_1 和 S_2 为开关管，D_1 和 D_2 为二极管，L 为电感，C 为输出电容，R 为负载电阻，v_{in}、v_o 分别为输入电压和输出电压，i_L 为电感电流；图 2.1 (b) 中的 V_{P1}、V_{P2} 分别为主开关管 S_1 和续流开关管 S_2 的脉冲控制信号，T 为变换器工作周期。

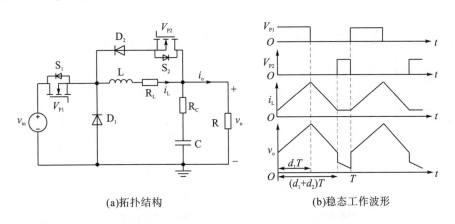

(a)拓扑结构　　　　　　　　　　　　　(b)稳态工作波形

图 2.1　PCCM Buck 变换器电路拓扑结构及其稳态工作波形

PCCM Buck 变换器稳态工作时，每个开关周期内存在三个工作模式，下面结合稳态工作波形具体分析。

模态一($0\sim d_1 T$ 时段)：开关管 S_1 导通，二极管 D_1、开关管 S_2 关断。此时，输入电源通过电感给负载供电，电感充电，电感电流 i_L 和输出电压 v_o 近似线性上升。

模态二($d_1 T\sim(d_1+d_2)T$ 时段)：开关管 S_1、S_2 关断，二极管 D_1 导通。此时，电感放电给负载，电感电流 i_L 和输出电压 v_o 近似线性下降。

模态三($(d_1+d_2)T\sim T$ 时段)：开关管 S_1、二极管 D_1 关断，开关管 S_2、二极管 D_2 导通。此时，电感通过开关管 S_2、二极管 D_2 续流，输出电容给负载供电。理想情况下，此阶段电感电流保持不变。

2.1.2   电压型控制 PCCM Buck 变换器原理

图 2.2 为 PCCM Buck 变换器的电路原理及其稳态工作波形。在图 2.2 (a) 中，S_1 和 S_2 为开关管，D_1 和 D_2 为二极管；v_{in}、v_o、V_{ref}、I_{ref} 分别为输入电压、输出电压、基准电压、基准电流；i_L 和 v_C 分别为电感 L 的电流和输出电容 C 的电压；R_L 为电感 L 上的等效串联电阻；R 为负载电阻。

其工作原理为：输出电压 v_o 与基准电压 V_{ref} 的差值经过误差放大器补偿后生成控制电压 v_e，v_e 与周期为 T 的锯齿波 V_{saw} 进行比较；当 v_e 大于 V_{saw} 时，比较器 1 输出信号 V_{P1} 为高电平，比较器 2 输出信号 V_{P2} 为低电平，此时开关管 S_1 导通，开关管 S_2 关断，续流二极管 D_1 关断，电感电流 i_L 近似线性增大；当 v_e 小于 V_{saw} 时，比较器 1 翻转，比较器 2 仍输出低电平，此时开关管 S_1 和 S_2 关断，二极管 D_1 导通，电感电流 i_L 近似线性减小；当电感电流 i_L 下降到基准电流 I_{ref} 时，比较器 2 翻转，比较器 1 仍输出低电平，此时开关管 S_1 和二极管 D_1 关断，开关管 S_2 和二极管 D_2 导通，电感电流通过开关管 S_2 和二极管 D_2 续流，直到下一个开关周期开始。

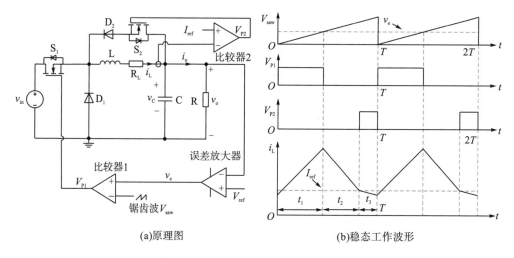

| (a)原理图 | (b)稳态工作波形 |

图 2.2   PCCM Buck 变换器电路原理及其稳态工作波形

2.1.3   开关模态分析

图 2.2 所示的 PCCM Buck 变换器是一个二阶电路，采用电感电流 i_L 和电容电压 v_C 作为状态变量，可以得到 PCCM Buck 变换器在不同工作模式下的二阶动力学方程。PCCM Buck 变换器在一个开关周期具有三种工作模态。

工作模态 1：开关管 S_1 导通、S_2 关断，二极管 D_1、D_2 均关断。该模态下，系统的动力学方程为

$$\begin{cases} \dfrac{\mathrm{d}i_{\mathrm{L}}}{\mathrm{d}t} = \dfrac{1}{L}v_{\mathrm{in}} - \dfrac{1}{L}v_{\mathrm{C}} - \dfrac{1}{L}i_{\mathrm{L}}R_{\mathrm{L}} \\[2mm] \dfrac{\mathrm{d}v_{\mathrm{C}}}{\mathrm{d}t} = \dfrac{1}{C}i_{\mathrm{L}} - \dfrac{1}{RC}v_{\mathrm{C}} \end{cases} \tag{2.1}$$

工作模式 2：开关管 S_1、S_2 均关断，二极管 D_1 导通、D_2 关断。该模式下，系统的动力学方程为

$$\begin{cases} \dfrac{\mathrm{d}i_{\mathrm{L}}}{\mathrm{d}t} = -\dfrac{1}{L}v_{\mathrm{C}} - \dfrac{1}{L}i_{\mathrm{L}}R_{\mathrm{L}} \\[2mm] \dfrac{\mathrm{d}v_{\mathrm{C}}}{\mathrm{d}t} = \dfrac{1}{C}i_{\mathrm{L}} - \dfrac{1}{RC}v_{\mathrm{C}} \end{cases} \tag{2.2}$$

工作模式 3：开关管 S_1 关断、S_2 导通，二极管 D_1 关断、D_2 导通。该模式下，系统的动力学方程为

$$\begin{cases} \dfrac{\mathrm{d}i_{\mathrm{L}}}{\mathrm{d}t} = -\dfrac{R_{\mathrm{L}}}{L}i_{\mathrm{L}} \\[2mm] \dfrac{\mathrm{d}v_{\mathrm{C}}}{\mathrm{d}t} = -\dfrac{1}{RC}v_{\mathrm{C}} \end{cases} \tag{2.3}$$

2.1.4 离散迭代时间模型

从式(2.1)～式(2.3)可以看出，PCCM Buck 变换器的动力学方程是分段光滑的非线性动力学系统，直接分析它的动力学行为是十分困难的。通过在每个开关周期开始时刻对电感电流与电容电压进行同步采样，可得 PCCM Buck 变换器在电路参数宽范围变化时的离散时间模型。对于 PCCM Buck 变换器，在每个开关周期开始时对电感电流进行采样(即谷值采样)，若遇到特殊情况下不能完整反映变换器的工作状态，则可以通过采样电感电流的峰值(即峰值采样)进行补充说明。在两个相邻时钟 nT 和 $(n+1)T$ 时刻，令电感电流和输出电压(即电容电压)的值为 i_n、v_n、i_{n+1}、v_{n+1}，设第 n 个开关周期的电感电流峰值为 $i_{\mathrm{p},n}$，根据 PCCM Buck 变换器在一个开关周期内经历的工作模式，变换器的运行轨道有如下六种情况。

(1)在一个开关周期内，只存在工作模式 1。在这种情况下，整个开关周期内开关管 S_1 始终保持导通状态。在第 n 个开关周期结束时，电感电流及输出电压的表达式由式(2.1)解得，即

$$\begin{cases} i_{n+1} = \mathrm{e}^{-\alpha T}[a_{11}\sin(\omega T) + b_{11}\cos(\omega T)] + \dfrac{v_{\mathrm{in}}}{R} \\[2mm] v_{n+1} = \mathrm{e}^{-\alpha T}[a_{12}\sin(\omega T) + b_{12}\cos(\omega T)] + v_{\mathrm{in}} \end{cases} \tag{2.4}$$

这种情况下，该开关周期内电感电流峰值为

$$i_{\mathrm{p},n} = i_{n+1} \tag{2.5}$$

式(2.4)中

$$\alpha = \dfrac{1}{2}\left(\dfrac{1}{RC} + \dfrac{R_{\mathrm{L}}}{L}\right), \quad \omega = \sqrt{\dfrac{1}{LC} + \dfrac{R_{\mathrm{L}}}{RLC} - \dfrac{1}{4}\left(\dfrac{1}{RC} + \dfrac{R_{\mathrm{L}}}{L}\right)^2}$$

$$a_{11} = \frac{1}{\omega}\left[\alpha\left(i_n - \frac{v_{\text{in}}}{R}\right) + \frac{v_{\text{in}} - v_n}{L} - \frac{R_L}{L}i_n\right], \quad b_{11} = i_n - \frac{v_{\text{in}}}{R}$$

$$a_{12} = \frac{1}{\omega}\left[-\alpha\left(v_n + v_{\text{in}}\right) + \frac{R_L}{L}v_n + \frac{i_n}{C}\right], \quad b_{12} = v_n - v_{\text{in}}$$

(2) 在一个开关周期内，存在工作模式 1 和工作模式 2。在这种情况下，只有开关管 S_1 导通，由于电感电流没有下降到参考电流 I_{ref}，开关管 S_2 不导通。此时，在第 n 个开关周期结束时，电感电流及输出电压的表达式由式(2.2)解得，即

$$\begin{cases} i_{n+1} = e^{-\alpha(T-t_1)}\{a_{21}\sin[\omega(T-t_1)] + b_{21}\cos[\omega(T-t_1)]\} \\ v_{n+1} = e^{-\alpha(T-t_1)}\{a_{22}\sin[\omega(T-t_1)] + b_{22}\cos[\omega(T-t_1)]\} \end{cases} \tag{2.6}$$

这种情况下，该开关周期内电感电流峰值为

$$i_{p,n} = e^{-\alpha t_1}[a_{11}\sin(\omega t_1) + b_{11}\cos(\omega t_1)] + \frac{v_{\text{in}}}{R} \tag{2.7}$$

式(2.6)中

$$a_{21} = \frac{1}{\omega}\left[\left(\alpha - \frac{R_L}{L}\right)i_{n(s1)} - \frac{v_{n(s1)}}{L}\right], \quad a_{22} = \frac{1}{\omega}\left[\left(\alpha - \frac{1}{RC}\right)v_{n(s1)} + \frac{i_{n(s1)}}{C}\right]$$

$$b_{21} = i_{n(s1)}, \quad b_{22} = v_{n(s1)}, \quad i_{n(s1)} = e^{-\alpha t_1}[a_{11}\sin(\omega t_1) + b_{11}\cos(\omega t_1)] + \frac{v_{\text{in}}}{R}$$

$$v_{n(s1)} = e^{-\alpha t_1}[a_{12}\sin(\omega t_1) + b_{12}\cos(\omega t_1)] + v_{\text{in}}$$

且 t_1 为工作模式 1 的持续时间，即开关管 S_1 的导通时间，可通过式(2.8)解出：

$$A\{V_{\text{ref}} - e^{-\alpha t_1}[a_{12}\sin(\omega t_1) + b_{12}\cos(\omega t_1)] - v_{\text{in}}\} = (V_H - V_L)t_1/T \tag{2.8}$$

其中，A 为误差放大器的放大倍数；V_H、V_L 分别为锯齿波的上、下限。式(2.8)是一个超越方程，无法得到其解析解，但可以通过迭代算法求出数值解。

(3) 在一个开关周期内，存在三个工作模式。因此，在第 n 个开关周期结束时，电感电流及输出电压的表达式可由式(2.3)解得，即

$$\begin{cases} i_{n+1} = I_{\text{ref}}\, e^{-R_L(T-t_1-t_2)/L} \\ v_{n+1} = v_{n(s2)}\, e^{-\frac{1}{RC}(T-t_1-t_2)} \end{cases} \tag{2.9}$$

这种情况下，该开关周期内电感电流峰值为

$$i_{p,n} = e^{-\alpha t_1}[a_{11}\sin(\omega t_1) + b_{11}\cos(\omega t_1)] + \frac{v_{\text{in}}}{R} \tag{2.10}$$

式中，t_1、t_2 分别为工作模式 1 和工作模式 2 的持续时间，t_1 的求法与情况(2)中所述相同，t_2 可通过式(2.11)解出：

$$I_{\text{ref}} = e^{-\alpha t_2}\left[\left(\frac{\alpha\sin(\omega t_2)}{\omega} + \cos(\omega t_2)\right)i_{n(s1)} - \frac{\sin(\omega t_2)}{\omega L}v_{n(s1)}\right] \tag{2.11}$$

求出 t_2 后，参考式(2.6)，可解得工作模式 2 结束时的输出电压 $v_{n(s2)}$ 为

$$v_{n(s2)} = e^{-\alpha t_2}[a_{22}\sin(\omega t_2) + b_{22}\cos(\omega t_2)] \tag{2.12}$$

(4) 在一个开关周期内，只存在工作模式 2。在这种情况下，开关管 S_1 保持关断，且电感电流没有下降到参考值 I_{ref}，开关管 S_2 也保持关断。因此，在第 n 个开关周期结束时，

电感电流及输出电压的表达式为

$$\begin{cases} i_{n+1} = \dfrac{\mathrm{e}^{-\alpha T}}{\omega}\left\{\left[\left(\alpha - \dfrac{R_{\mathrm L}}{L}\right)\sin(\omega T) + \omega\cos(\omega T)\right]i_n - \dfrac{1}{L}\sin(\omega T)v_n\right\} \\ v_{n+1} = \dfrac{\mathrm{e}^{-\alpha T}}{\omega}\left\{\dfrac{1}{C}\sin(\omega T)i_n + \left[\left(\alpha - \dfrac{1}{RC}\right)\sin(\omega T) + \omega\cos(\omega T)\right]v_n\right\} \end{cases} \tag{2.13}$$

(5) 在一个开关周期内，存在工作模式 2 和工作模式 3。在这种情况下，开关管 S_1 始终保持关断，开关管 S_2 先关断，当电感电流下降到参考值 I_{ref} 时导通。因此，第 n 个开关周期结束后，电感电流及输出电压的表达式为

$$\begin{cases} i_{n+1} = I_{\mathrm{ref}}\,\mathrm{e}^{-R_{\mathrm L}(T-t_2)/L} \\ v_{n+1} = \mathrm{e}^{-\frac{1}{RC}(T-t_2)-\alpha t_2}\left\{\dfrac{\sin(\omega t_2)}{\omega C}i_n + \left[\dfrac{\alpha}{\omega}\sin(\omega t_2) - \dfrac{1}{\omega RC}\sin(\omega t_2) + \cos(\omega t_2)\right]v_n\right\} \end{cases} \tag{2.14}$$

式中，t_2 可采用情况 (3) 中相同的方法求得。

(6) 在一个开关周期内，只存在工作模式 3。在这种情况下，开关管 S_1 始终保持关断，开关管 S_2 始终保持导通。因此，第 n 个开关周期结束后，电感电流及输出电压的表达式为

$$\begin{cases} i_{n+1} = I_{\mathrm{ref}}\,\mathrm{e}^{-R_{\mathrm L}T/L} \\ v_{n+1} = v_n\,\mathrm{e}^{-\frac{1}{RC}T} \end{cases} \tag{2.15}$$

在情况 (4)～(6) 下，第 n 个开关周期内电感电流的峰值均为

$$i_{\mathrm{p},n} = i_n \tag{2.16}$$

式 (2.4)～式 (2.16) 构成了 PCCM Buck 变换器的精确离散时间模型，根据该模型可以很容易地对 PCCM Buck 变换器的动力学行为进行分析。

2.2　三态 Buck 变换器控制策略研究

2.2.1　电压型 CRC、DRC 及定关断时间控制策略

1. 电压型 CRC 控制 PCCM Buck 变换器

图 2.3(a) 为电压型 CRC 控制 PCCM Buck 变换器的主电路拓扑和对应控制电路结构，其中 v_{in}、$v_{\mathrm o}$ 和 V_{ref} 分别为输入电压、输出电压和参考电压信号。$R_{\mathrm L}$ 为电感 L 的等效串联电阻 (equivalent series resistance, ESR)，$R_{\mathrm C}$ 为电容 C 的 ESR，R 为负载电阻[14]。

时钟信号与锯齿波信号 V_{saw} 的周期相同并且保持同步。电压环比较输出电压反馈信号与参考电压信号 V_{ref}，通过误差放大器 PI 后再与锯齿波信号相比较，产生的驱动电压信号 V_{P1} 控制主开关管 S_1 的导通与关断，从而调节开关变换器输出电压 $v_{\mathrm o}$ 的大小；电流环将电感电流 $i_{\mathrm L}$ 的采样信号与恒定的参考电流信号 I_{ref} 进行比较，当电感电流降低到 I_{ref} 以下时，比较器输出高电平信号，RS 触发器受时钟信号和比较器输出结果控制，产生驱动信号 V_{P2}

控制续流开关管 S_2 的导通与关断，从而控制电感电流的续流过程。值得说明的是，虽然整个控制电路中存在电压环和电流环，但由于控制主开关 S_1 的环路仍为传统的电压型控制方式，电流环是续流开关管 S_2 采用的 CRC 控制方式，因此将图 2.3 (a) 的原理图归类于电压型控制而非电流型控制，称为电压型 CRC 控制 PCCM Buck 变换器。

电压型 CRC 控制 PCCM Buck 变换器的稳态工作波形如图 2.3 (b) 所示，由图可知：每个开关周期内，根据电感电流可以区分为充电、放电和续流三个阶段。在充电阶段，持续时间记为 d_1T，主开关管 S_1 导通，二极管 D_1 和续流开关管 S_2 关断，电感电流 i_L 上升，电感充电；在放电阶段，持续时间为 d_2T，二极管 D_1 正向导通，主开关管 S_1 和续流开关管 S_2 关断，电感电流 i_L 下降，电感放电，将能量传递至负载侧电容和负载；在续流阶段，持续时间为 d_3T，主开关管 S_1 和二极管 D_1 关断，续流开关管 S_2 导通，电感电流 i_L 在电感 L 和续流开关管 S_2 组成的环路中流动，电感进入续流模式，理想情况下电感电流基本保持不变。但在实际电路中，由于电感 L 本身的 ESR、续流开关管 S_2 的导通损耗和二极管的损耗等的影响，续流期间电感电流会逐渐下降。续流时间 d_3T 越长，续流阶段损失的能量越多。

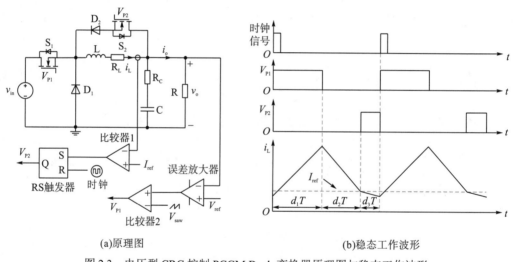

(a)原理图　　　　　　　　　　　　　　(b)稳态工作波形

图 2.3　电压型 CRC 控制 PCCM Buck 变换器原理图与稳态工作波形

2. 电压型 DRC 控制 PCCM Buck 变换器

对于电流环采用传统 CRC 控制方式的 PCCM 开关变换器，当电路工作于轻载时，续流阶段 d_3T 在一个开关周期所占的比例较大，严重影响了变换器的工作效率。为了保证变换器在轻载条件下具有较高的效率，可以减小恒定参考电流信号 I_{ref}；但是，若采用较小的恒定参考电流信号 I_{ref}，当变换器工作于重载时，续流占空比逐渐降低为零，变换器会进入 CCM，这将导致变换器的动态响应性能下降。此外，在较宽的负载范围内，传统的 CRC 控制 PCCM 开关变换器对于输入电压和负载跳变的瞬态响应速度相对较慢。

因此，电压型 CRC 控制 PCCM Buck 变换器需要运行在变换器的工作范围，要从变换器的整体工作范围内特别是轻载条件的效率和变换器对输入电压或是负载跳变的瞬态响应性能这几个方面进行改进。图 2.4 为本章提出的具体的 DRC 信号的实现方式，其中

S/H 模块为采样/保持器，由时钟信号控制，负责对输入的电感电流信号 i_L 进行采样/保持。为保证电流环与电压环信号同步，时钟信号可用图 2.3 (a) 中的主开关管控制信号 V_{P1} 代替，也可以用其他与电压环信号同步的脉冲控制。加入采样/保持器的意义是使最终获得的 DRC 信号相对稳定，保证 PCCM Buck 变换器不会在续流阶段工作时由于 DRC 信号调整的上下波动，导致续流开关管 S_2 误触发而出现多次导通关断的现象。

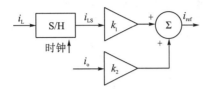

图 2.4 DRC 信号的实现方式

当选择主开关管控制信号 V_{P1} 为时钟信号时，在主开关管关断时刻，采样/保持器对电感电流信号 i_L 进行采样并保持，获得信号 i_{LS} 并乘以增益系数 k_1；另外，采样电路获取负载电流 i_o 并乘以增益系数 k_2，再将两方面的参考信号相合成，得到最终的 DRC 控制信号 i_{ref}，其表达式为

$$i_{ref} = k_1 i_{LS} + k_2 i_o \tag{2.17}$$

将图 2.4 中的动态参考电流 i_{ref} 替换为图 2.3 (a) 中的恒定参考电流 I_{ref}，即可得到电压型 DRC 控制 PCCM Buck 变换器。

由电容电荷平衡原理可知，CCM Buck 变换器的电感电流平均值等于负载电流。与之相比，由于 PCCM Buck 变换器电感存在续流阶段，续流电流不参与变换器的能量传递，因此电感电流在整个开关周期的平均值一定大于负载电流。由此可知，在理想情况下，如果取续流电流参考值为负载电流 i_o，若假设变换器工作于 CCM 下，则电感电流均值必大于续流电流参考值 i_o，违背了电容电荷平衡原理。因此，取续流电流参考值为负载电流 i_o 时，Buck 变换器一定能工作于 PCCM。同理可知，理想电路参数条件下，对于大于负载电流 i_o 的续流电流参考值，Buck 变换器也能工作于 PCCM。实际电路中，增益系数的组合取值过大并不可取，因为不符合 DRC 控制的改进初衷，同时也会由于稳态时续流阶段的占比过大，影响控制环路芯片正常工作。虽然式 (2.17) 中增益系数 k_1 和 k_2 能够保证变换器工作于 PCCM，但是最小取值组合需要进行具体的求解分析，通过以上简单分析，可以指导增益系数选择合适的组合，并保证 PCCM Buck 变换器能够稳定工作。

3. 定关断时间控制 PCCM Buck 变换器

传统定关断时间 (constant off time, CFT) 控制技术属于一种变频控制技术，保持开关管关断时间不变，通过改变开关频率来调节输出电压。电压型 CFT 控制 Buck 变换器的控制原理图及其稳态工作波形如图 2.5 所示，图 2.5 (b) 中 t_{off} 为预先设定的开关管 S 的固定关断时间。

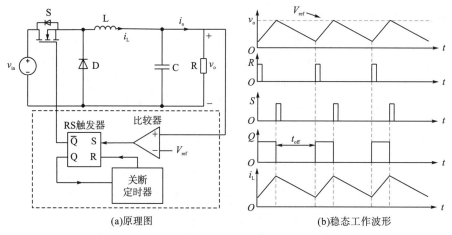

(a)原理图   (b)稳态工作波形

图 2.5   CFT 控制 Buck 变换器原理图及其稳态工作波形

开关变换器工作于 PCCM 时，每个开关周期内存在三个工作模态，当固定主开关管关断时间为一定值时，仍可通过调节其他两个模态的时间来实现占空比的变化以调节输出电压。本节结合 CFT 控制技术提出一种适用于 PCCM 开关变换器的定关断时间控制技术，与传统 CFT 控制技术不同，该控制技术为一种恒频控制，以下将详细介绍其工作原理。

图 2.6 为定关断时间控制 PCCM Buck 变换器原理及其稳态工作波形。图 2.6(a) 中的主电路与图 2.3(a) 相同，其控制器部分如图中虚线框内所示，主要由误差放大器、比较器、或门、关断定时器和 RS 触发器组成。在图 2.6(b) 中，d 为主开关管导通占空比，T 为开关周期，t_{off} 为预先设定的固定关断时间，V_{P1}、V_{P2} 分别为主开关管 S_1 和续流开关管 S_2 的脉冲控制信号。

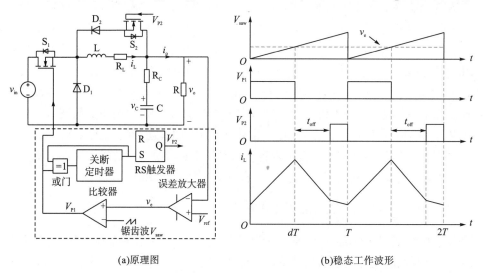

(a)原理图   (b)稳态工作波形

图 2.6   定关断时间控制 PCCM Buck 变换器原理图及其稳态工作波形

其工作原理为：控制电压信号 v_e 与周期为 T 的锯齿波 V_{saw} 进行比较；当 v_e 大于 V_{saw} 时，比较器输出信号 V_{P1} 为高电平，即 RS 触发器的 R 输入端输入高电平，则 RS 触发器输出信号 V_{P2} 为低电平，此时开关管 S_1 导通，S_2 关断，电感电流 i_L 近似线性增大；当 v_e 小于 V_{saw}

时，比较器翻转，此时开关管 S_1 和 S_2 关断，二极管 D_1 导通，电感电流 i_L 近似线性减小；开关管 S_1 关断固定时间 t_{off} 后，关断定时器输出高电平，即 RS 触发器的 S 输入端输入高电平，则 RS 触发器的输出信号 V_{P2} 为高电平，此时开关管 S_2、二极管 D_2 导通，开关管 S_1、二极管 D_1 仍保持关断，电感电流通过开关管 S_2 和二极管 D_2 续流，直到下一个开关周期开始。

2.2.2　V^2 型 CRC、DRC 及定续流时间控制策略

1. V^2 型 CRC 控制 PCCM Buck 变换器

V^2 型 CRC 控制 PCCM Buck 变换器的主电路和控制电路如图 2.7(a) 所示，其中主开关管 S_1 采用 V^2 控制，续流开关管 S_2 采用 CRC 控制。控制环路的工作原理如下：电压外环电压反馈信号 v_s 与参考电压 V_{ref} 比较，将比较结果经过误差放大器后输出误差电压信号 v_e；内环将电压反馈信号 v_s 的纹波与误差电压信号 v_e 相比较，比较器输出逻辑结果作为 RS 触发器 1 的 R 端控制信号。当一个开关周期开始时，时钟信号控制 RS 触发器 1 输出高电平，RS 触发器 2 输出低电平，主开关管 S_1 导通，二极管 D_1 和续流开关管 S_2 关断，电感电流 i_L 上升，输出电压 v_o 上升，电感处于充电阶段；当输出电压 v_o 的反馈信号升至误差电压 v_e 时，比较器 1 的输出信号翻转，RS 触发器 1 输出低电平，RS 触发器 2 输出低电平，二极管 D_1 导通，主开关管 S_1 和续流开关管 S_2 关断，电感电流 i_L 下降，电感处于放电阶段；当电感电流 i_L 下降至参考电流信号 I_{ref} 时，比较器 2 输出翻转，RS 触发器 2 输出高电平，续流开关管 S_2 导通，主开关管 S_1 和二极管 D_1 关断，电感进入续流阶段，直到下一个工作周期开始[70-72]。

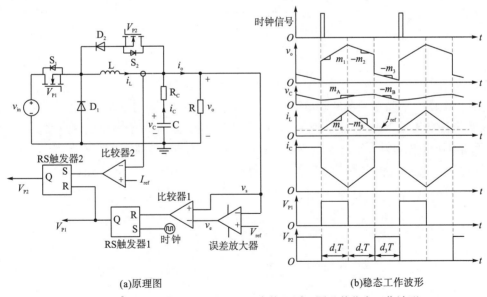

(a)原理图　　(b)稳态工作波形

图 2.7　V^2 型 CRC 控制 PCCM Buck 变换器原理图及其稳态工作波形

由于 V^2 控制属于对电压纹波信号的控制方式，因此和电压型控制相比，更需要着重分析输出电压纹波的工作波形。V^2 型 CRC 控制 PCCM Buck 变换器的稳态工作波形如图 2.7(b) 所示，其中 m_1、$-m_2$ 和 $-m_3$ 分别为电感充电、放电和续流阶段对应的输出电压纹波的变化斜

率，$m_α$、$-m_β$ 分别为电感充电、放电阶段的电感电流纹波的变化斜率，m_A、$-m_B$ 分别为电容充电、放电阶段的电容电压 v_C 纹波的变化斜率。这里值得注意的是，线性下降的斜率前已取负号，这样确保所有的斜率均为正值，方便之后的计算。对于图 2.7(b)，特别限定对应的续流参考信号 I_{ref} 大于负载电流，这样的假设是为了方便分析电容电压 v_C 的纹波波形。

根据电感充、放电过程，PCCM Buck 变换器的电感电流在上升、下降的斜率 $m_α$、$-m_β$ 表达式分别为

$$\begin{cases} m_α = \dfrac{v_{in} - v_o}{L} \\ m_β = \dfrac{v_o}{L} \end{cases} \tag{2.18}$$

根据图 2.7(b) 的波形，在电感充电、放电阶段，由于电感电流 i_L 始终大于负载电流 i_o，电感向负载侧传递能量时电容充电，电容电压 v_C 非线性上升；在电感续流阶段，由于负载侧能量来自电容放电，当负载电流 i_o 相对稳定时，根据电容放电的表达式可知电容电压 v_C 在短时间内近似线性下降，此时 v_C 可以取近似线性斜率 $-m_B$。而在电感充电、放电阶段，由波形图可知流入电容的电流 i_C 平均值相等，由电容的伏安关系

$$\frac{\mathrm{d} v_C}{\mathrm{d} t} = \frac{i_C}{C} \tag{2.19}$$

可知，对电容电压 v_C 的变化趋势取线性近似后，电感充、放电阶段的线性等效斜率相同。因此，电容电压 v_C 纹波的线性近似按照电容充电、放电阶段区分，斜率可以分别写为 m_A、$-m_B$，具体的表示式为

$$\begin{cases} m_A = \dfrac{d_3}{1 - d_3} \dfrac{v_o}{RC} \\ m_B = \dfrac{v_o}{RC} \end{cases} \tag{2.20}$$

式中，m_B 由电容放电表达式确定；m_A 由电容电荷平衡原理求得。

输出电压 v_o 的斜率由输出侧电容电压 v_C 的纹波斜率和电容的等效串联电阻 R_C 两端电压纹波的斜率共同合成。在电感充电、放电阶段，负载电流相对于电感电流纹波保持恒定，R_C 两端电压纹波的斜率正比于电感电流斜率；在电感续流阶段，电容向负载提供稳定的负载电流 i_o，R_C 两端电压恒定，纹波斜率为零。因此，输出电压 v_o 的斜率表达式为

$$\begin{cases} m_1 = \dfrac{(v_{in} - v_o)R_C}{L} + m_A \\ m_2 = \dfrac{v_o R_C}{L} - m_A \\ m_3 = \dfrac{v_o}{RC} \end{cases} \tag{2.21}$$

输出电压 v_o 除了具有三个工作阶段的线性斜率，在信号 V_{P1}、信号 V_{P2} 的上升沿均存在电压阶跃。电压阶跃是由于电容和电感切换向负载供能的瞬间，电容的 ESR 两端电压瞬间变化导致的电压差，阶跃幅度与寄生参数 R_C 和恒定参考电流 I_{ref} 有关。若忽略续流阶段电感电流的下降变化，可以近似认为一个开关周期内两次电压阶跃的幅度一致。

2. V^2 型 DRC 控制 PCCM Buck 变换器

在 V^2 型 CRC 控制 PCCM Buck 变换器的基础上引入 DRC 控制，V_{P1} 信号作为时钟信号，控制采样/保持器对电感电流 i_L 进行采样和保持，获得信号 i_{LS}。负载电流采样信号 i_o 作为 DRC 控制信号的另一部分来源。信号 i_{LS} 乘以增益系数 k_1，信号 i_o 乘以增益系数 k_2，将两者相加，最终得到动态参考电流信号 i_{ref}，DRC 信号 i_{ref} 的数学表达式为

$$i_{ref} = k_1 i_{LS} + k_2 i_o \tag{2.22}$$

用动态信号 i_{ref} 替换图 2.7(a) 中的恒定参考电流 I_{ref}，即可得到 V^2 型 DRC 控制 PCCM Buck 变换器。折中考虑增益系数 k_1、k_2 对变换器的效率和输出电压纹波的影响，选择增益系数 $k_1=k_2=0.5$。选择 V^2 控制方式与这种特定的 DRC 控制相结合，是出于以下两方面的考虑：首先，DRC 控制能稍微提高电压型 PCCM Buck 变换器对负载跳变的动态响应性能。然而，电压型控制 PCCM Buck 变换器本身的瞬态响应速度并不优秀，因此需要将 DRC 控制与其他动态响应性能较好的控制方式相结合。其次，DRC 控制的一个特点在于 DRC 信号只与负载电流和电感电流有关，主开关管的电压型控制与续流开关管的控制电路不会互相干扰，变换器的稳压和动态响应性能不受影响，控制电路的设计也相对简单。V^2 控制采集输出电压进行纹波控制，能够继承电压型控制中控制电路设计简单的特点。其他控制方式如峰值电流型控制和平均电流型控制，由于反馈回路采集电感电流信息，主开关管 S_1 和续流开关管 S_2 之间的影响使 PCCM Buck 变换器的控制环路分析和设计复杂程度大幅增加，仿真结果中动态响应性能的提升也不明显。

3. V^2 型定续流时间控制 PCCM Buck 变换器

V^2 型定续流时间控制 PCCM Buck 变换器的主开关管采用 V^2 控制，续流开关管采用定续流时间控制，其原理图和稳态工作波形如图 2.8 所示。

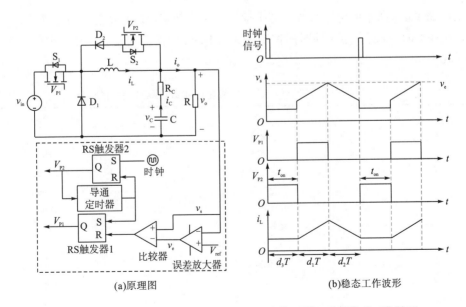

(a)原理图　　　　　(b)稳态工作波形

图 2.8　V^2 型定续流时间控制 PCCM Buck 变换器原理及其稳态工作波形

在图 2.8(a)中，V^2 型定续流时间控制的控制部分如虚线框内所示，主要由误差放大器、比较器、RS 触发器 1、RS 触发器 2 和导通定时器组成；主电路部分与图 2.7(a)相同；在图 2.8(b)中，t_{on} 为预先设定的续流开关管的固定导通时间。

V^2 型定续流时间控制 PCCM Buck 变换器的工作原理为：每个开关周期开始时刻，时钟信号使 RS 触发器 2 置位，续流开关管 S_2 导通，主开关管 S_1、二极管 D_1 关断，此时电感电流通过开关管 S_2、二极管 D_2 续流，理想情况下，电感电流保持为一定值不变；续流开关管 S_2 导通固定时间 t_{on} 后，导通定时器输出高电平，使 RS 触发器 2 复位、RS 触发器 1 置位，V_{P2} 为低电平，V_{P1} 为高电平，续流开关管 S_2 关断，主开关管 S_1 导通，此时电感电流 i_L 和输出电压 v_o 近似线性上升；采样输出电压信号与参考电压 V_{ref} 的差值经过误差放大器补偿后生成控制电压 v_e；比较输出电容 ESR 纹波电压采样信号 v_s 与控制电压 v_e 的大小，当 v_s 上升至控制电压 v_e 时，比较器输出高电平，使 RS 触发器 1 复位，V_{P1} 为低电平，此时 V_{P2} 仍为低电平，开关管 S_1、S_2 关断，二极管 D_1 导通，此时电感电流和输出电压近似线性下降。直到下一个时钟信号来临，使 RS 触发器 2 置位，开关管 S_2 导通，进入下一个开关周期。

2.3 三态 Buck 变换器性能分析

2.3.1 稳态性能分析

稳态性能分析主要通过电压型 CRC 控制和电压型定关断时间控制 PCCM Buck 变换器的对比分析以及电压型 DRC 控制 PCCM Buck 变换器来说明。

1. 电压型 CRC 控制和电压型定关断时间控制 PCCM Buck 变换器的稳态性能对比分析

采用如表 2.1 所示的电路参数，基于搭建的实验装置，进行实验研究。在不同负载条件下，传统 CRC 控制和定关断时间控制 PCCM Buck 变换器的稳态工作波形分别如图 2.9 和图 2.10 所示。

表 2.1   PCCM Buck 变换器电路参数(稳态性能分析)

符号	物理量	数值
v_{in}	输入电压	40V
v_o	输出电压	8V
L	电感	250μH
R_L	电感等效串联电阻	100mΩ
C	输出电容	470μF
R_C	电容等效串联电阻	50mΩ
v_D	二极管正向导通压降	0.4V
R_{on}	开关管导通电阻	50mΩ
T	开关周期	40μs
R	负载电阻	7.5～19.5Ω

在图 2.9 中，v_o 为输出电压，i_L 为电感电流，V_{P1} 为主开关管脉冲控制信号，V_{P2} 为续流开关管脉冲控制信号。对比图 2.9(a) 和 (b) 可得：对于 CRC 控制 PCCM Buck 变换器，由重载条件改变到轻载条件时，电感电流的续流值不发生变化，而续流时间增大，续流时间的增大会增加电路损耗，降低效率。

由图 2.10 可得：对于电压型定关断时间控制 PCCM Buck 变换器，当负载条件由重载变为轻载时，电感电流的续流值降低，而续流时间基本不发生变化，即实现了动态续流。

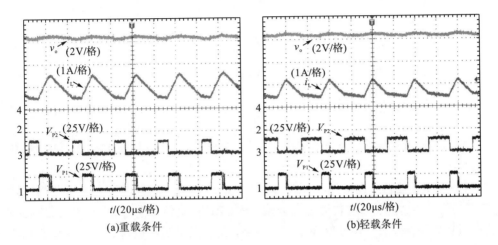

图 2.9　电压型 CRC 控制 PCCM Buck 变换器的稳态工作波形

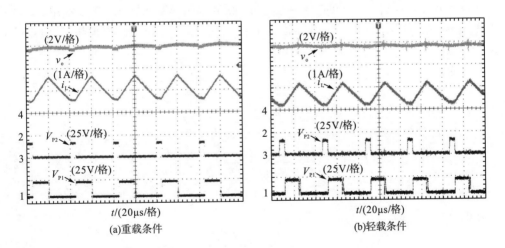

图 2.10　电压型定关断时间控制 PCCM Buck 变换器的稳态工作波形

2. 电压型 DRC 控制 PCCM Buck 变换器的稳态性能分析

图 2.11 为电压型 DRC 控制 PCCM Buck 变换器的稳态实验波形。由图 2.11 分析可得：输出电压稳定在 3V，说明电路工作在稳态；由主开关管驱动信号和电感电流波形可知，电路工作于 PCCM。

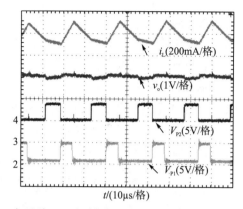

图 2.11   电压型 DRC 控制 PCCM Buck 变换器的稳态实验波形

2.3.2   负载范围分析

负载范围分析主要通过电压型 CRC 控制与电压型 DRC 控制 PCCM Buck 变换器的对比分析来说明。

与传统 CRC 控制方式相比，DRC 控制方式在电流环控制上进行了改进，续流阶段的 DRC 控制信号能够随负载变化而动态调整。在 DRC 控制信号中，为了防止稳态时续流占空比所占比例不会过大，保证变换器工作效率，选择反馈负载电流 i_o 信号与系数 k_2 相乘，最终续流电流会相对接近负载电流值；为了提高宽负载范围下变换器的动态性能，引入电感电流信号并与系数 k_1 相乘，同负载电流信息一起调节瞬态响应过程中的续流电流参考值。

以 $k_1 = k_2 = 0.5$ 为例，即动态参考电流 i_{ref} 取负载电流和电感电流的权重相等，由式 (2.17) 可得

$$i_{ref} = \frac{1}{2}I_p + \frac{1}{2}i_o = \frac{I_g}{d_1} - \frac{(v_{in} - v_o)d_1T}{2L} \tag{2.23}$$

式中，I_p、I_g 分别由式 (2.24) 和式 (2.25) 确定。

电感电流峰值 I_p 关于放电阶段占空比 d_2 的表达式为

$$I_p = \frac{L(I_{on} + v_D d_2 T)(R + R_C) + R v_C d_2 T}{[L - (R_L + R_{on})d_2 T](R + R_C) - R_C R d_2 T} \tag{2.24}$$

一个开关周期内输入电流的平均值 I_g 可以表示为电感充电阶段的电感电流在整个开关周期的平均值，即

$$I_g = \frac{[I_p + i_{L3}(d_3 T)]d_1}{2} \tag{2.25}$$

为了下面的简化分析，假设变换器工作在理想情况下，即忽略能量损耗，由变换器效率 η 与主开关管占空比 d_1 关系式表达：

$$\eta = \frac{2v_o^2}{R v_{in} I_g (M + N + Q)} \tag{2.26}$$

式中

$$M = \frac{LI_{on} + \dfrac{RV_o Td_2}{R+R_C}}{L - \left(R_L + \dfrac{RR_C}{R+R_C}\right)Td_2}, \quad N = I_{on}\left[1 - \frac{R_L(1-d_1-d_2)T}{L}\right], \quad Q = -\frac{v_D(1-d_1-d_2)T}{L}$$

进一步可得理想电路中 DRC 控制的主开关管占空比 d_1 的表达式为

$$d_1 = \frac{L}{3(v_{in}-v_o)T}\left[-\frac{v_o}{R} + \sqrt{\left(\frac{v_o}{R}\right)^2 + \frac{6v_o{}^2(v_{in}-v_o)T}{Rv_{in}L}}\right] \tag{2.27}$$

类似地，可得对应 CRC 控制的主开关管占空比 d_1 的表达式为

$$d_1 = \frac{L}{(v_{in}-v_o)T}\left[-I_{ref} + \sqrt{I_{ref}^2 + \frac{2v_o{}^2(v_{in}-v_o)T}{Rv_{in}L}}\right] \tag{2.28}$$

将表 2.2 参数代入式(2.27)和式(2.28)中，并取 CRC 控制下的恒定参考电流 I_{ref}=2A，使 CRC 控制和 DRC 控制在 R=3Ω 附近具有相同的稳态工作状态，表现为主开关管占空比 d_1 相同，得到如图 2.12 所示的占空比 d_1 随负载 R 变化的曲线对比图。

表 2.2　PCCM Buck 变换器电路参数（负载范围分析）

符号	物理量	数值
v_{in}	输入电压	10V
v_o	输出电压	3V
L	电感	250μH
R_L	电感等效串联电阻	50mΩ
C	电容	470μF
R_C	电容等效串联电阻	20mΩ
v_D	二极管正向导通压降	0.4V
R_{on}	场效应管(MOS)导通电阻	20mΩ
T	开关周期	20μs
R	负载电阻	1.5～9Ω

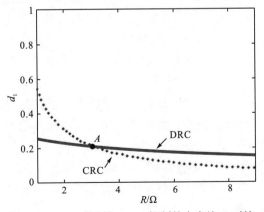

图 2.12　CRC 控制与 DRC 控制的占空比 d_1 对比

由图 2.12 可知：DRC 控制下负载变化对稳态占空比 d_1 的影响更小，即 DRC 控制降低了负载变化对主开关管占空比的影响，换而言之，在主开关管占空比 d_1 的可变化范围内 PCCM 变换器的负载范围变宽。因此，与 CRC 控制相比，DRC 控制扩大了变换器的负载工作范围。需要指出的是：在交点 A 左侧，随着负载增大（R 减小），CRC 控制的开关变换器将逐渐过渡至 CCM。由于式 (2.28) 仅在 PCCM 下才成立，因此 A 点左侧的 CRC 控制曲线有一部分与实际情况不同。

下面分析 CRC 和 DRC 控制 PCCM 变换器分别在加载和减载情况下的电感电流波形的变化。假定负载跳变前，采用 CRC 和 DRC 控制方式的 PCCM Buck 变换器工作在相同的稳定状态，当负载减小后，CRC 和 DRC 控制的稳态电感电流波形对比如图 2.13(a) 所示；当负载增加后，CRC 和 DRC 控制的稳态电感电流波形对比如图 2.13(b) 所示。其中 d_1T、d_2T 和 d_3T 分别对应 CRC 控制的充电、放电和续流阶段，d_1^*T、d_2^*T 和 d_3^*T 分别对应 DRC 控制的充电、放电和续流阶段。

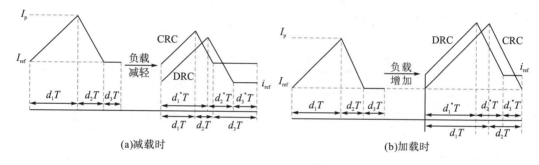

图 2.13   负载变化前后电感电流稳态波形

通过观察图 2.13(a) 可知：当负载减轻后，变换器于轻载条件下稳态工作时，CRC 控制的恒定参考电流 I_{ref} 保持不变，由于变换器输出功率降低，电感充电、放电阶段占空比比例大幅降低，续流阶段占空比比例大幅提高，由于电感在续流阶段不传递能量，变换器在一个开关周期内较多的时间近似于闲置状态；DRC 控制的动态参考值 i_{dc} 随负载电流的减小而减小，因此电感充电、放电时间的比例减小幅度较小，避免轻载条件下续流阶段占空比 d_3T 的比例过大。此外由数学建模分析结果可知，在轻载条件下，CRC 控制 PCCM Buck 变换器中电感电流续流阶段过长，会影响其轻载效率；而 DRC 控制方式通过改变动态参考电流信号，在确保电路工作在 PCCM 的条件下，减小了负载跳变前后续流占空比的变化，保证了电路的轻载工作效率。

在图 2.13(b) 中：当负载增加后，变换器于重载条件下稳态工作时，CRC 控制原本采用的恒定参考电流 I_{ref} 可能相对偏小，此时续流阶段 d_3T 逐渐趋近为零，变换器从 PCCM 进入 CCM，PCCM 所具有的动态响应性能优势不复存在，变换器甚至会因为控制环路的 PI 参数不适用而不能正常工作。总而言之，PCCM 变换器的负载工作范围受限；DRC 控制的动态参考值 i_{ref} 在重载工作条件下随负载电流提高，保证变换器始终工作在 PCCM，确保了变换器的负载工作范围。

2.3.3　负载动态性能分析

负载动态性能分析主要通过电压型 CRC 控制与电压型 DRC 控制 PCCM Buck 变换器的对比分析、电压型 CRC 控制和电压型定关断时间控制 PCCM Buck 变换器的对比分析，以及 V^2 型 CRC 控制与 V^2 型 DRC 控制 PCCM Buck 变换器的对比分析来说明。

1. 电压型 CRC 控制与电压型 DRC 控制 PCCM Buck 变换器的负载动态性能对比分析

1）仿真对比分析

根据表 2.2 所示的电路参数，利用 PSIM 软件搭建电压型 CRC 控制和电压型 DRC 控制 PCCM Buck 变换器的仿真电路，对比分析 CRC 控制和 DRC 控制 PCCM Buck 变换器的负载动态性能，仿真结果如图 2.14 所示。

图 2.14(a)和(b)分别为 DRC 控制和 CRC 控制的在负载为 3~5Ω 加载、减载情况时的输出电压瞬态波形。电压外环采用了相同的环路设计，电流内环 CRC 控制的恒定参考电流 $I_{dc}=2A$，DRC 控制的系数 $k_1=k_2=0.5$，保证在重载条件下两者稳态波形一致。比较负载 R 在跳变时 CRC 控制和 DRC 控制的输出电压超调量和调节时间。

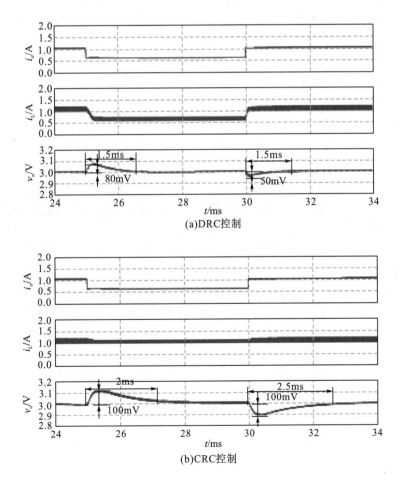
(a)DRC 控制
(b)CRC 控制

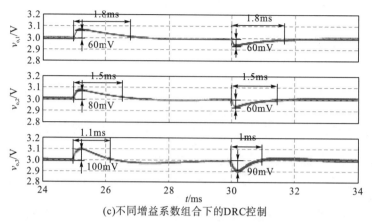

(c)不同增益系数组合下的DRC控制

图 2.14   负载跳变时输出电压的瞬态响应波形仿真结果

负载加载时，DRC 控制的调整时间为 1.5ms，超调量为 50mV；CRC 控制的调整时间为 2.5ms，超调量为 100mV。负载减载时，DRC 控制的调整时间为 1.5ms，超调量为 80mV；CRC 控制的调整时间为 2ms，超调量为 100mV。可以看出：无论是负载加载还是负载减载，DRC 控制的 PCCM Buck 变换器均显现出更快的输出电压瞬态响应速度。仿真结果与理论分析一致。

图 2.14(c)为增益系数 k_1、k_2 在不同组合下负载跳变时的动态性能对比。输出电压 $v_{o,1}$、$v_{o,2}$、$v_{o,3}$ 分别对应增益系数组合 $k_1=0.2$、$k_2=0.8$，$k_1=k_2=0.5$ 和 $k_1=0.8$、$k_2=0.2$。由图 2.14(c)可以看出：当增益系数 k_1 权重较大时，超调量较大，调节时间较短；当增益系数 k_2 权重较大时，超调量较小，调节时间较长。因此，增益系数 $k_1=k_2=0.5$ 是比较折中的选择，实验验证中也采用增益系数 $k_1=k_2=0.5$ 的组合。

2)实验对比分析

负载在 3~5Ω 范围内变化时，电压型 DRC 控制和电压型 CRC 控制 PCCM Buck 变换器的输出电压瞬态实验波形分别如图 2.15 和图 2.16 所示，实验数据如表 2.3 所示。

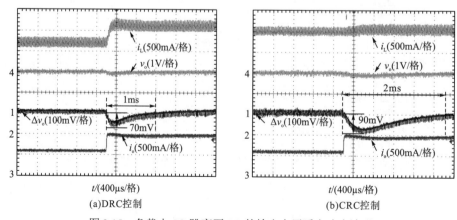

图 2.15   负载由 5Ω 跳变至 3Ω 的输出电压瞬态响应波形

图 2.15 中：当负载由 5Ω 跳变至 3Ω 时，DRC 控制的调整时间为 1ms，超调量为 70mV；

CRC 控制的调整时间为 2ms，超调量为 90mV。图 2.16 中：当负载由 3Ω 跳变至 5Ω 时，DRC 控制的调整时间为 1.4ms，超调量为 60mV；CRC 控制的调整时间为 2.2ms，超调量为 100mV。

由图 2.15 和图 2.16 可以看出：DRC 的响应速度和超调量明显优于 CRC 控制；并且轻载条件下 DRC 控制的输出电压纹波也明显小于 CRC 控制。图 2.15 和图 2.16 的实验结果与图 2.14(a) 和(b) 的仿真结果基本一致。

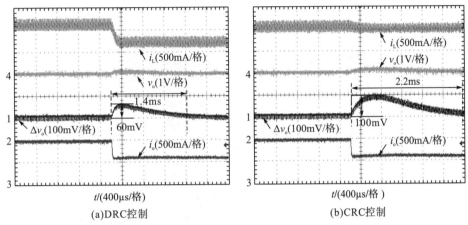

(a)DRC 控制 (b)CRC 控制

图 2.16 负载由 3Ω 跳变至 5Ω 的输出电压瞬态响应波形

表 2.3 电压型 PCCM Buck 变换器的动态性能对比

续流控制方式	负载跳变范围	输出电压超调量	调节时间
CRC 控制	3Ω 跳变至 5Ω	100mV	2.2ms
	5Ω 跳变至 3Ω	90mV	2.0ms
DRC 控制	3Ω 跳变至 5Ω	60mV	1.4ms
	5Ω 跳变至 3Ω	70mV	1.0ms

2. 电压型 CRC 控制和电压型定关断时间控制 PCCM Buck 变换器的负载动态性能对比分析

1) 仿真对比分析

根据表 2.1 所示的电路参数，利用 PSIM 软件搭建电压型 CRC 控制和电压型定关断时间控制 PCCM Buck 变换器的仿真电路，对比分析 CRC 控制和电压型定关断时间控制 PCCM Buck 变换器的负载动态性能。两种控制 PCCM Buck 变换器在负载减轻和负载加重时的输出电压瞬态波形分别如图 2.17(a) 和(b) 所示。

由图 2.17(a) 可知：在 30.0ms 时刻，负载突然减轻(负载电流由 1A 跳变为 0.5A)，再次恢复稳定时，CRC 控制的调整时间为 2ms，超调量为 60mV；定关断时间控制的调整时间为 0.3ms，超调量为 20mV。

由图 2.17(b) 可知：在 30.0ms 时刻，负载突然加重(负载电流由 0.5A 跳变为 1A)，此时 CRC 控制的调整时间为 2.25ms，超调量为 80mV；定关断时间控制的调整时间为 0.25ms，超调量为 40mV。

综上可得结论：无论是负载减轻还是负载加重，与 CRC 控制相比，定关断时间控制 PCCM Buck 变换器都具有更好的负载瞬态性能。

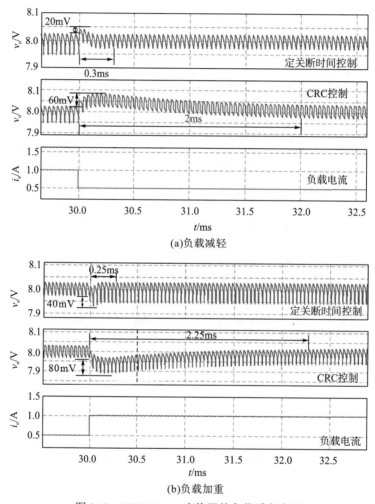

(a)负载减轻

(b)负载加重

图 2.17　PCCM Buck 变换器的负载瞬态波形

2)实验对比分析

负载在 8～16Ω 范围内加重、减轻时，传统 CRC 控制和定关断时间控制 PCCM Buck 变换器的输出电压瞬态实验波形分别如图 2.18 和图 2.19 所示。

由图 2.18 可得：当负载电阻从 16Ω 跳变至 8Ω（负载电流从 0.5A 跳变至 1A）时，CRC 控制重新恢复稳定需要的调整时间为 2.5ms，提出的定关断时间控制所需的调整时间为 0.9ms。同理，由图 2.19 可得：当负载电阻从 8Ω 跳变至 16Ω（负载电流从 1A 跳变至 0.5A）时，CRC 控制重新恢复稳定需要的调整时间为 2.6ms，提出的定关断时间控制所需的调整时间仍为 0.9ms。

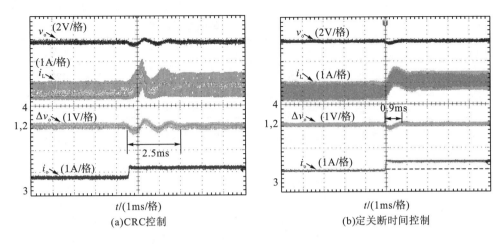

图 2.18　负载由 16Ω 跳变至 8Ω 时 PCCM Buck 变换器的瞬态响应波形

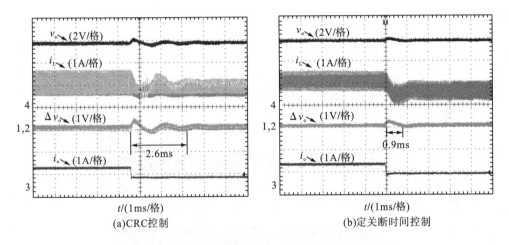

图 2.19　负载由 8Ω 跳变至 16Ω 时变换器瞬态响应波形

综合图 2.18 和图 2.19 可得结论：无论负载加重还是负载减轻，本章所提出的定关断时间控制 PCCM Buck 变换器的响应速度明显优于传统 CRC 控制变换器，与图 2.17 所示仿真结果所得结论相同。

由于电路寄生参数的存在，图 2.18 和图 2.19 的实验结果与图 2.17(a) 和 (b) 所示仿真结果有所差距，但仍可得到相应的结论，即实验结果验证了理论分析和仿真结果的正确性。

3. V^2 型 CRC 控制和 V^2 型 DRC 控制 PCCM Buck 变换器的负载动态性能对比分析

1) 仿真对比分析

选择表 2.4 所示的电路参数，利用 PSIM 软件搭建 V^2 型 PCCM Buck 变换器仿真模型并进行负载动态性能分析，验证理论分析的正确性。为了对比分析 V^2 型 CRC 控制和 V^2 型 DRC 控制的负载动态性能，主开关管控制环路中的误差放大器采用相同的 PI 参数，CRC 控制的恒定参考电流 $I_{dc}=1A$，DRC 控制的系数 $k_1=k_2=0.5$，保证两者在重载条件下的稳态工作波形一致。

表 2.4   PCCM Buck 变换器电路参数

符号	物理量	数值
v_{in}	输入电压	10V
v_o	输出电压	2.5V
L	电感	100μH
R_L	电感等效串联电阻	20mΩ
C	电容	470μF
R_C	电容等效串联电阻	150mΩ
v_d	二极管正向导通压降	0.4V
R_{on}	场效应管导通电阻	10mΩ
T	开关周期	20μs
R	负载电阻	3~9Ω

图 2.20(a)和(b)分别为负载在3~9Ω变化时，V^2型 DRC 控制和 V^2型 CRC 控制 PCCM Buck 变换器的输出电压 v_o 瞬态响应波形。由图可以看出：V^2型 DRC 控制对负载跳变的瞬态响应性能优于 V^2型 CRC 控制，且轻载时输出电压纹波更小。

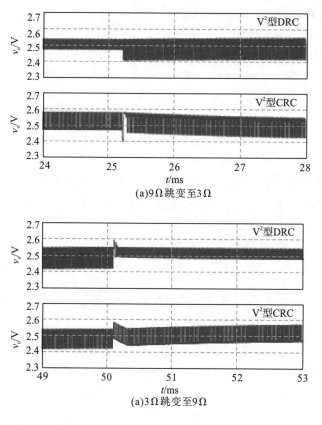

图 2.20   负载在3~9Ω跳变时变换器的瞬态响应波形仿真

2）实验对比分析

这里采用与表 2.4 所示相同的仿真参数搭建实验电路，验证仿真结果。

图 2.21（a）和（b）分别为负载从 9Ω 跳变至 3Ω 时和负载从 3Ω 跳变至 9Ω 时 V^2 型 DRC 控制 PCCM Buck 变换器的输出电压和电感电流的瞬态响应波形；图 2.21（c）和（d）分别为负载从 9Ω 跳变至 3Ω 时和负载从 3Ω 跳变至 9Ω 时 V^2 型 CRC 控制 PCCM Buck 变换器的瞬态响应波形。变换器的瞬态实验数据如表 2.5 所示。

观察负载突变时 V^2 型 CRC 控制和 V^2 型 DRC 控制的输出电压纹波和电感电流瞬态波形，对比分析两种控制方式的瞬态性能。当负载由 9Ω 跳变至 3Ω 时，V^2 型 DRC 控制的调整时间为 160μs，超调量为 220mV；V^2 型 CRC 控制的调整时间为 200μs，超调量为 180mV。当负载由 3Ω 跳变至 9Ω 时，V^2 型 DRC 控制的调整时间为 160μs，超调量为 120mV；V^2 型 CRC 控制的调整时间为 180μs，超调量为 150mV。轻载条件下 V^2 型 DRC 控制的输出电压纹波明显减小，V^2 型 DRC 控制的动态性能稍优于 V^2 型 CRC 控制。

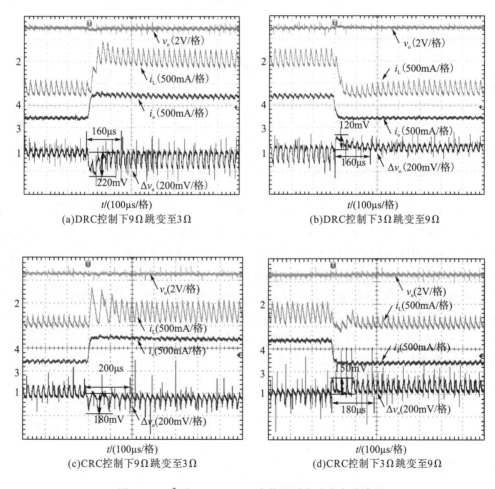

图 2.21　V^2 型 PCCM Buck 变换器瞬态响应实验波形

表 2.5 V^2 型 PCCM Buck 变换器的瞬态响应性能对比

续流控制方式	负载跳变范围	输出电压超调量	调节时间
CRC 控制	3Ω 跳变至 9Ω	150mV	180μs
	9Ω 跳变至 3Ω	180mV	200μs
DRC 控制	3Ω 跳变至 9Ω	120mV	160μs
	9Ω 跳变至 3Ω	220mV	160μs

对比 V^2 型 DRC 控制 PCCM Buck 变换器和 V^2 型 CRC 控制 PCCM Buck 变换器的波形可知，V^2 型 DRC 控制 PCCM Buck 变换器的轻载输出电压纹波更小。瞬态性能实验中，V^2 型 CRC 控制 PCCM Buck 变换器的波形已经达到最大负载范围变化。由于实验器件中存在寄生参数，V^2 型 CRC 控制 PCCM Buck 变换器的参考电流信号 I_{ref} 取值如果进一步提高，变换器会由于寄生参数对控制信号的干扰和噪声，无法在轻载条件下稳定工作。因此，CRC 控制 PCCM Buck 变换器的负载工作范围较小，而 DRC 控制 PCCM Buck 变换器能够提高负载工作范围。

2.4 本 章 小 结

本章主要介绍了三态 Buck 变换器的拓扑结构、工作原理，并以传统电压型控制 PCCM Buck 变换器为例，详细分析了 PCCM Buck 变换器工作时可能存在的开关过程，基于开关导通与关断时的分段光滑动力学方程，对 PCCM Buck 变换器的开关模态进行完整描述，建立了 PCCM Buck 变换器的离散时间模型。

本章也介绍了三态 Buck 变换器的几种控制策略，主要有电压型 CRC、DRC 及定时间关断控制策略和 V^2 型 CRC、DRC 及定续流时间控制策略，并对每种控制策略的性能进行了对比分析，主要分析了电压型 CRC 控制和电压型定关断时间控制以及电压型 DRC 控制下 PCCM Buck 变换器的稳态性能；电压型 CRC 控制与电压型 DRC 控制下 PCCM Buck 变换器的负载范围；最后负载动态性能通过电压型 CRC 控制与电压型 DRC 控制 PCCM Buck 变换器的对比分析，电压型 CRC 控制和电压型定关断时间控制 PCCM Buck 变换器的对比分析，以及 V^2 型 CRC 控制与 V^2 型 DRC 控制 PCCM Buck 变换器的对比分析得出了不同控制策略对 PCCM Buck 变换器负载动态性能改善的程度。

第3章 三态 Boost 变换器分析与控制

3.1 三态 Boost 变换器

3.1.1 三态 Boost 变换器工作原理

图 3.1 为三态 Boost 变换器的拓扑结构及其稳态工作波形，其中 v_{in} 和 v_o 分别为输入电压和输出电压，S_1 和 S_2 分别为主开关管和续流开关管，D_1 和 D_2 为二极管，L 为电感，C 为电容，R 为负载电阻，i_L 为电感电流，V_{P1} 和 V_{P2} 分别为开关管 S_1、S_2 的驱动信号，T 为开关周期，d_1、d_2 和 d_3 分别为电感电流充电阶段、放电阶段和续流阶段的占空比，且 $d_1+d_2+d_3=1$。

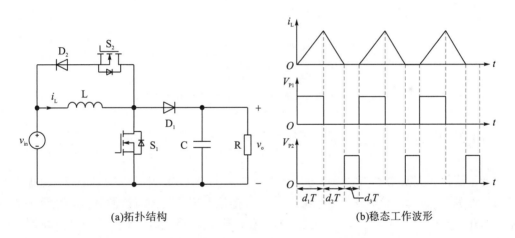

(a)拓扑结构   (b)稳态工作波形

图 3.1 三态 Boost 变换器的拓扑结构及其稳态工作波形

在一个开关周期内，三态 Boost 变换器的电感电流有三种工作模态，即充电模态、放电模态和续流模态，各模态对应的等效电路如图 3.2 所示。

充电模态 (d_1T)：主开关管 S_1 导通，二极管 D_1 关断，如图 3.2(a)所示。输入电压加在电感两端，电感电流线性上升，电感储能，此时通过电容放电为负载提供能量。

放电模态 (d_2T)：主开关管 S_1 关断，二极管 D_1 导通，如图 3.2(b)所示。电感电流线性下降，电感在给负载提供能量的同时，还给电容充电。

续流模态 (d_3T)：主开关管 S_1 关断，续流开关管 S_2 导通，二极管 D_2 导通，如图 3.2(c)所示。此时，电感通过 S_2 和 D_2 组成的续流回路续流，电容放电为负载提供能量。理想情况下，续流时电感电流值保持不变。但在实际电路中，由于寄生参数的功率损耗，续流期间的电感电流轻微下降。

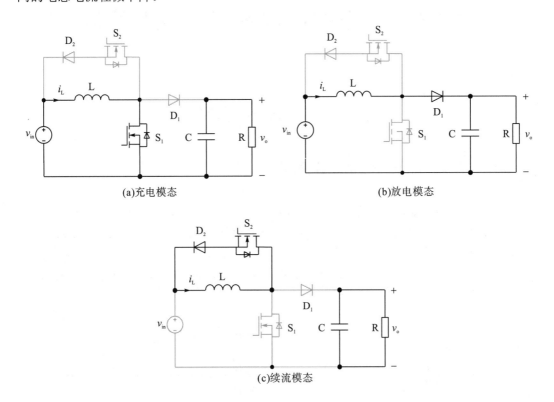

图 3.2　三态 Boost 变换器不同工作模态的等效电路

3.1.2　三态 Boost 变换器小信号模型

为了简化开关变换器的建模和分析，更直观、方便地分析开关变换器电路，这里采用时间平均等效电路法。该方法的关键是采用受控电压源或者受控电流源等效替代开关变换器中的开关元件，得到电路结构不变的等效电路，从而可以很方便地使用基本的电路分析方法对开关变换器的直流稳态和交流小信号特性进行分析[60]。

在建立开关变换器的时间平均等效电路模型之前，先做如下假设：

(1)开关变换器是唯一可解的；

(2)开关变换器工作于周期稳态；

(3)开关变换器的开关频率远大于变换器的最大特征频率。

在上述假设条件下，可以对三态 Boost 变换器进行时间平均等效电路变换。由 3.1.1 节的分析可知，三态 Boost 变换器在一个开关周期 T 内存在三种工作模态：当 $0<t<d_1T$ 时，主开关管 S_1 导通，二极管 D_1 关断，续流开关管 S_2 关断；当 $d_1T<t<d_2T$ 时，主开关管 S_1 关断，二极管 D_1 导通，续流开关管 S_2 关断；当 $d_2T<t<d_3T$ 时，主开关管 S_1 关断，二极管 D_1 关断，续流开关管 S_2 导通。

当三态 Boost 变换器的开关频率远大于它的特征频率时，在一个开关周期内，可以认为电路的状态变量保持不变，即电感电流和电容电压保持恒定[60]。因此，可以将电感看成电流为 $\bar{i}_{\mathrm{L}}$ 的电流源，将电容看成电压为 $\bar{v}_{\mathrm{C}}$ 的电压源。由周期性开关线性网络的时间平均等效电路原理，采用受控电流源 $\bar{i}_{\mathrm{S2}}$ 代替主开关管 $\mathrm{S_1}$、$\bar{i}_{\mathrm{S2}}$ 代替续流开关管 $\mathrm{S_2}$，受控电压源 $\bar{v}_{\mathrm{D1}}$ 代替二极管 $\mathrm{D_1}$，可得到三态 Boost 变换器的时间平均等效电路，如图 3.3 所示，其中

$$\bar{i}_{\mathrm{S1}} = \frac{1}{T}\int_0^T i_{\mathrm{S1}}(t)\,\mathrm{d}t = \frac{1}{T}\int_0^{d_1 T} i_{\mathrm{L}}(t)\,\mathrm{d}t = d_1\bar{i}_{\mathrm{L}} \tag{3.1}$$

$$\bar{i}_{\mathrm{S2}} = \frac{1}{T}\int_0^T i_{\mathrm{S2}}(t)\,\mathrm{d}t = \frac{1}{T}\int_{d_2 T}^{d_3 T} i_{\mathrm{L}}(t)\,\mathrm{d}t = d_3\bar{i}_{\mathrm{L}} \tag{3.2}$$

$$\bar{v}_{\mathrm{D1}} = \frac{1}{T}\int_0^T v_{\mathrm{D1}}(t)\,\mathrm{d}t = d_1\bar{v}_{\mathrm{C}} + d_3(\bar{v}_{\mathrm{C}} - \bar{v}_{\mathrm{in}}) \tag{3.3}$$

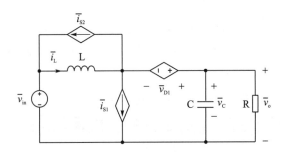

图 3.3 三态 Boost 变换器时间平均等效电路

当存在小信号扰动时，有

$$
\begin{cases}
\bar{i}_{\mathrm{S1}} = I_{\mathrm{S1}} + \hat{i}_{\mathrm{S1}} \\
\bar{i}_{\mathrm{S2}} = I_{\mathrm{S2}} + \hat{i}_{\mathrm{S2}} \\
\bar{v}_{\mathrm{D1}} = V_{\mathrm{D1}} + \hat{v}_{\mathrm{D1}} \\
d_1 = D_1 + \hat{d}_1 \\
d_2 = D_2 + \hat{d}_2 \\
d_3 = D_3 + \hat{d}_3 \\
\bar{i}_{\mathrm{L}} = I_{\mathrm{L}} + \hat{i}_{\mathrm{L}} \\
\bar{v}_{\mathrm{C}} = V_{\mathrm{C}} + \hat{v}_{\mathrm{C}} \\
\bar{v}_{\mathrm{in}} = V_{\mathrm{in}} + \hat{v}_{\mathrm{in}}
\end{cases} \tag{3.4}
$$

式中，$\bar{i}_{\mathrm{S1}}$、$\bar{i}_{\mathrm{S2}}$、$\bar{v}_{\mathrm{D1}}$、d_1、d_2、d_3、$\bar{i}_{\mathrm{L}}$、$\bar{v}_{\mathrm{C}}$ 和 $\bar{v}_{\mathrm{in}}$ 为时间平均分量；I_{S1}、I_{S2}、V_{D1}、D_1、D_2、D_3、I_{L}、V_{C} 和 V_{in} 为直流分量；$\hat{i}_{\mathrm{S1}}$、$\hat{i}_{\mathrm{S2}}$、$\hat{v}_{\mathrm{D1}}$、$\hat{d}_1$、$\hat{d}_2$、$\hat{d}_3$、$\hat{i}_{\mathrm{L}}$、$\hat{v}_{\mathrm{C}}$ 和 $\hat{v}_{\mathrm{in}}$ 为小信号扰动分量，小信号扰动分量远小于直流分量。

将式 (3.4) 代入式 (3.1)～式 (3.3)，通过忽略二次及以上小信号扰动项，得到三态 Boost 变换器时间平均等效电路中的受控电流源和受控电压源，分别为

$$\bar{i}_{\mathrm{S1}} = I_{\mathrm{S1}} + \hat{i}_{\mathrm{S1}} = D_1 I_{\mathrm{L}} + D_1\hat{i}_{\mathrm{L}} + I_{\mathrm{L}}\hat{d}_1 \tag{3.5}$$

$$\bar{i}_{\mathrm{S2}} = I_{\mathrm{S2}} + \hat{i}_{\mathrm{S2}} = D_3 I_{\mathrm{L}} + D_3\hat{i}_{\mathrm{L}} + I_{\mathrm{L}}\hat{d}_3 \tag{3.6}$$

$$\overline{v}_{D1} = V_{D1} + \hat{v}_{D1} = (D_1 + D_3)V_C - D_3V_{in} + V_C\hat{d}_1 + (V_C - v_{in})\hat{d}_3 - D_3\hat{v}_{in} + (D_1 + D_3)\hat{v}_C \quad (3.7)$$

分离式(3.5)～式(3.7)中的直流稳态和交流小信号量，可以分别得到三态 Boost 变换器的直流稳态等效电路和交流稳态等效电路。

令图 3.3 和式(3.5)～式(3.7)中的 $\hat{d}_1 = \hat{d}_3 = \hat{i}_L = \hat{v}_C = \hat{v}_{in} = 0$ 可以得到如图 3.4 所示的三态 Boost 变换器直流稳态等效电路，图中受控电流源和受控电压源的直流稳态值分别为

$$I_{S1} = D_1 I_L \quad (3.8)$$

$$I_{S2} = D_3 I_L \quad (3.9)$$

$$V_{D1} = (D_1 + D_3)V_C - D_3V_{in} \quad (3.10)$$

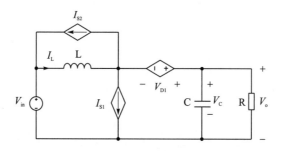

图 3.4   三态 Boost 变换器的直流稳态等效电路

在分析直流稳态特性时，可以将电容看成开路，将电感看成短路，则由图 3.4 所示的三态 Boost 变换器直流稳态等效电路，有

$$V_{in} = -V_{D1} + V_o \quad (3.11)$$

$$I_L = I_{S1} + I_{S2} + \frac{V_o}{R} \quad (3.12)$$

$$V_o = V_C \quad (3.13)$$

$$D_1 + D_2 + D_3 = 1 \quad (3.14)$$

由式(3.8)～式(3.14)可得三态 Boost 变换器的直流电压传输比 M 和电感电流直流分量 I_L 为

$$M = \frac{V_o}{V_{in}} = \frac{D_1 + D_2}{D_2} \quad (3.15)$$

$$I_L = \frac{V_o}{RD_2} \quad (3.16)$$

当仅考虑式(3.5)～式(3.7)中的小信号扰动项时，可以得到如图 3.5 所示的三态 Boost 变换器交流小信号等效电路，图中受控电流源和受控电压源的交流小信号值为

$$\hat{i}_{S1} = D_1\hat{i}_L + I_L\hat{d}_1 \quad (3.17)$$

$$\hat{i}_{S2} = D_3\hat{i}_L + I_L\hat{d}_3 \quad (3.18)$$

$$\hat{v}_{D1} = V_C\hat{d}_1 + (V_C - V_{in})\hat{d}_3 - D_3\hat{v}_{in} + (D_1 + D_3)\hat{v}_C \quad (3.19)$$

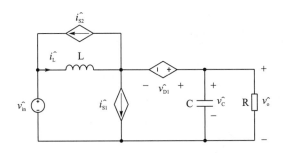

图 3.5　三态 Boost 变换器的交流小信号等效电路

对于三态 Boost 变换器的交流小信号等效电路，采用基尔霍夫定律可得

$$\hat{v}_{in} - sL\hat{i}_L + \hat{v}_{D1} - \hat{v}_o = 0 \tag{3.20}$$

$$\hat{i}_L = \hat{i}_{S1} + \hat{i}_{S2} + \hat{v}_o\left(sC + \frac{1}{R}\right) \tag{3.21}$$

$$\hat{v}_o = \hat{v}_C \tag{3.22}$$

当续流开关管 S_2 采用恒定续流时间 (FFT) 控制时，S_2 受 d_3 控制，即 FFT 续流控制策略控制占空比为 d_3，此时，三态 Boost 变换器的交流小信号模型需包含 $\hat{d}_3$ 扰动量；当续流开关管 S_2 采用恒定放电时间控制、CRC 控制和 DRC 控制时，S_2 受 d_2 控制，即此时的续流控制策略控制占空比为 d_2，交流小信号模型需包含 $\hat{d}_2$ 扰动量。

联立式 (3.13)～式 (3.22)，并同时令 $\hat{v}_{in} = \hat{d}_3 = 0$，可以得到续流开关管采用 FFT 控制时三态 Boost 变换器的控制-输出传递函数 $G_{vd1}(s)$ 为

$$G_{vd1}(s) = \frac{\hat{v}_o(s)}{\hat{d}_1(s)} = \frac{\dfrac{V_o}{D_2} - \dfrac{sLV_o}{RD_2^3}}{\dfrac{LC}{D_2^2}s^2 + \dfrac{L}{RD_2^2}s + 1} \tag{3.23}$$

当续流开关管 S_2 采用恒定放电时间控制、CRC 控制和 DRC 控制时，需要将 $\hat{d}_3$ 扰动量替换为 $\hat{d}_2$ 扰动量。由 3.1.1 节可知，$d_1 + d_2 + d_3 = 1$，因此

$$\hat{d}_3 = -(\hat{d}_1 + \hat{d}_2) \tag{3.24}$$

将式 (3.24) 代入式 (3.18) 和式 (3.19) 得

$$\hat{i}_{S2} = D_3\hat{i}_L - I_L(\hat{d}_1 + \hat{d}_2) \tag{3.25}$$

$$\hat{v}_{D1} = V_{in}\hat{d}_1 + (V_{in} - V_C)\hat{d}_2 - D_3\hat{v}_{in} + (D_1 + D_3)\hat{v}_C \tag{3.26}$$

联立式 (3.13)～式 (3.17)、式 (3.20)～式 (3.22)、式 (3.25) 和式 (3.26)，并同时令 $\hat{d}_2 = \hat{v}_{in} = 0$ 可以得到续流开关管采用恒定放电时间控制、CRC 控制和 DRC 控制时三态 Boost 变换器的控制-输出传递函数 $G_{vd1}(s)$ 为

$$G_{vd1}(s) = \frac{\hat{v}_o(s)}{\hat{d}_1(s)} = \frac{V_{in}}{D_2}\frac{1}{\dfrac{LC}{D_2^2}s^2 + \dfrac{L}{RD_2^2}s + 1} \tag{3.27}$$

与传统 CCM Boost 变换器相比，工作于 PCCM 的三态 Boost 变换器之所以能够消除

控制-输出传递函数 $G_{vd1}(s)$ 的右半平面(RHP)零点,是因为 PCCM 增加了一个控制自由度 d_3,当占空比 d_1 变化时,可以通过调节 d_3 使得占空比 d_2 不变。换言之,由于 d_3 的存在,d_1 和 d_2 可以单独控制[21, 22]。在恒定续流时间(FFT)控制中,d_3 固定,d_2 会受 d_1 影响,因此 FFT 控制会使得 $G_{vd1}(s)$ 的 RHP 零点重新出现。通过对比式(3.23)和式(3.27)可知,FFT 控制三态 Boost 变换器的 $G_{vd1}(s)$ 存在一个 RHP 零点,并且该 RHP 零点随着工作点的变化而移动;而采用其他续流控制策略的三态 Boost 变换器的 $G_{vd1}(s)$ 消除了 RHP 零点。因此,可以得出如下结论:三态 Boost 变换器控制-输出传递函数 RHP 零点的存在与否,与续流控制策略相关。

3.1.3　三态 Boost 变换器控制策略

1. 电压型控制三态 Boost 变换器

当三态 Boost 变换器的续流开关管采用恒定参考电流(CRC)控制时[9,35],轻载工作时续流阶段过长,严重影响了变换效率,若要保证较高的轻载效率,则需降低续流电流值,但变换器的负载范围将受到限制;当负载的功率变化幅度较大时,CRC 控制可能会引起控制系统失稳,导致系统不能正常工作。电压型 DRC 控制策略主开关管采用电压型控制、续流开关管采用 DRC 控制,该控制方式通过采样变换器的电感电流和负载电流信号,并将两者进行加权平均,获得电感续流的动态参考电流信号。与电压型 CRC 控制相比,电压型 DRC 控制提高了变换器的轻载效率和负载瞬态性能,拓宽了负载范围。

图 3.6 为电压型 DRC 控制三态 Boost 变换器的电路原理框图及其稳态工作波形。

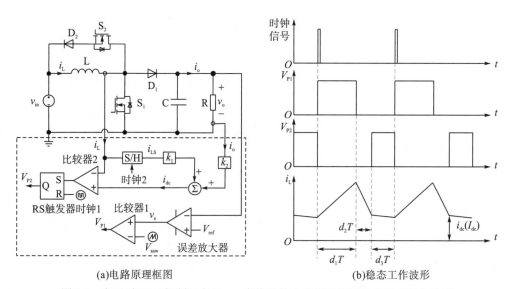

(a)电路原理框图　　　　　　(b)稳态工作波形

图 3.6　电压型 DRC 控制三态 Boost 变换器的电路原理框图及其稳态工作波形

在图 3.6(a)中,控制器如虚线框所示,外环采用电压型控制,内环采用电流型控制,主要包括:比较器 1 和比较器 2、误差放大器、RS 触发器和采样保持(S/H)模块,其中 v_{in}、

v_o 和 V_{ref} 分别为输入电压、输出电压和参考电压，S_1 和 S_2 分别为主开关管和续流开关管，R 为负载电阻，i_L 和 i_o 分别为电感电流和负载电流，V_{P1} 和 V_{P2} 分别为开关管 S_1 和 S_2 的驱动信号。时钟信号 1 与锯齿波信号 V_{saw} 的周期相同并且同步，时钟信号 2 控制 S/H 模块，i_{LS} 为 S/H 模块对电感电流进行采样和保持的电流，i_{dc} 是加权平均后的谷值参考电流。

图 3.6(a) 电路主要工作原理为：电压环将输出电压 v_o 与参考电压 V_{ref} 比较后，通过误差放大器得到误差信号 v_e，v_e 与三角载波 V_{saw} 比较得到脉冲信号 V_{P1}，V_{P1} 通过驱动电路来驱动主开关管 S_1 的导通和关断，从而调节变换器输出电压的大小。

电流环将谷值参考电流 i_{dc} 与电感电流 i_L 进行比较，当电感电流低于 i_{dc} 时，比较器 2 翻转，使 RS 触发器置位并输出高电平信号，续流开关管 S_2 导通，实现电感电流的续流。其中，选择 V_{P1} 信号作为 S/H 模块的采样脉冲信号，对三态 Boost 变换器的电感电流 i_L 进行采样/保持，获取电感电流值 i_{LS}，并乘以可变系数 k_1，得到第一信号；检测三态 Boost 变换器的输出电流 i_o，并乘以另一可变系数 k_2，得到第二信号。第一信号和第二信号经过加法器，得到动态变化的谷值参考电流信号 i_{dc}。其表达式为

$$i_{dc} = k_1 i_{LS} + k_2 i_o \tag{3.28}$$

值得注意的是，对于此处的三态 Boost 变换器，$k_2=v_o(1-k_1)/v_{in}$，且 $0 \leqslant k_1 \leqslant 1$。因为当仅考虑负载电流支路时，即 $k_1=0$，若要使三态 Boost 变换器工作于 PCCM，则需保证电感电流平均值 I_L 大于输入电流平均值 I_g，所以只要满足 $i_{dc}>I_g$，即 $i_{dc}>v_o i_o/v_{in}$，三态 Boost 变换器即可达到工作于 PCCM 的条件。因此，负载电流 i_o 的系数要在权重系数的基础上乘以 v_o/v_{in}。

将动态变化的谷值参考电流 i_{dc} 变为固定值 I_{dc} 时，电压型 DRC 控制退化为电压型 CRC 控制。

在图 3.6(b) 所示三态 Boost 变换器的稳态工作波形中，在一个开关周期内，电感电流有三个工作阶段，其中 d_1、d_2 和 d_3 分别为电感电流充电阶段、放电阶段和续流阶段的占空比，T 为开关周期，$i_{dc}(I_{dc})$ 是谷值参考电流。充电阶段，主开关管 S_1 导通、续流开关管 S_2 关断，输入电压 v_{in} 通过开关管 S_1 为电感 L 充电，电感电流上升；放电阶段，电感 L 通过二极管 D_1 向电容 C 及负载 R 放电，电感电流下降；当电感电流 i_L 线性下降到 $i_{dc}(I_{dc})$ 时，续流开关管 S_2 和二极管 D_2 导通，输入电感 L 被短路，变换器进入续流阶段。理想情况下，电感电流 i_L 的大小保持为 $i_{dc}(I_{dc})$，持续时间为 $d_3 T$。但在实际电路中，由于存在电感等效串联电阻、续流开关管 S_2 和二极管 D_2 等引起的功率损耗，续流期间的电感电流不会保持不变，而是逐渐下降。因此，续流时间越长、电感电流参考值越大，电路损耗越严重，效率越低[23, 28, 72]。

2. 电流型控制三态 Boost 变换器

图 3.7 为电流型 CRC 控制三态 Boost 变换器的电路原理框图及其稳态工作波形。图 3.7 所示电路主要工作原理为：在每个开关周期开始时刻，时钟脉冲使 RS 触发器 1 置位并输出高电平信号，主开关管 S_1 导通，二极管 D_1 关断，电感电流 i_L 由初始值线性上升；当 i_L 上升至控制信号 i_C 时，比较器 1 翻转，使 RS 触发器 1 复位并输出低电平信号，主开

关管 S_1 关断，二极管 D_1 导通，电感电流 i_L 由峰值 i_C 线性下降，其中 i_C 由检测的输出电压与 V_{ref} 的差值经误差放大器后生成；当 i_L 下降至恒定的谷值参考电流 I_{dc} 时，比较器 2 翻转，使 RS 触发器 2 置位并输出高电平信号，续流开关管 S_2 导通，二极管 D_2 导通，电感 L 被短路，变换器进入续流阶段。理想情况下，续流时电感电流值保持 I_{dc} 不变，直到下一个时钟脉冲到来开始一个新的开关周期。但在实际电路中，由于存在电感等效串联电阻、续流开关管 S_2 和二极管 D_2 等引起的功率损耗，续流期间的电感电流不会保持不变，而是轻微下降[73]。

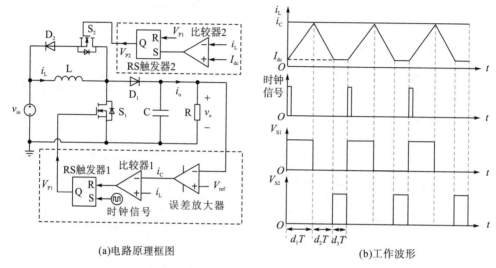

(a)电路原理框图   (b)工作波形

图 3.7   电流型 CRC 控制三态 Boost 变换器的电路原理框图及其稳态工作波形

图 3.8 为动态参考电流 i_{ref} 的产生电路。将图 3.6(a) 中的恒定参考电流 I_{dc} 替换为图 3.8 的动态参考电流 i_{ref}，即可获得电流型 DRC 控制三态 Boost 变换器的原理图。

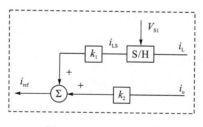

图 3.8 i_{ref} 的原理框图

3.1.4   三态 Boost 变换器性能分析

1. 效率分析

这里以电压型控制三态 Boost 变换器为例进行效率分析。与传统的 Boost 变换器不同，三态 Boost 变换器增加了一个续流开关管 S_2 和二极管 D_2，在续流阶段存在额外的导通损耗，导致其效率有所降低。图 3.9 为 CRC 控制和 DRC 控制三态 Boost 变换器在负载减轻后的电感电流稳态波形。其中，d_1T、d_2T 和 d_3T，d_1^*T、d_2^*T 和 d_3^*T 分别为 CRC 控制、DRC 控制在充电、放电和续流阶段的时间。为了比较 CRC 控制和 DRC 控制三态 Boost 变换器工作于轻载时的效率，应保证两种控制方式在重载时的工作情况相同，即必须保证两种控制策略在重载条件下的稳态波形一致，所以 CRC 控制的谷值参考电流 I_{dc} 应等于 DRC 控制在重载条件下的谷值参考电流值。

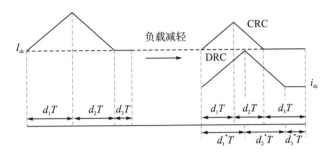

图 3.9　负载减轻后电感电流的稳态波形示意图

由图 3.9 可知：CRC 控制的谷值参考电流 I_{dc} 保持不变，当负载（即输出功率）降低后，电感充电阶段占空比 d_1 和放电阶段占空比 d_2 的比例降低，续流阶段占空比 d_3 比例提高；而 DRC 控制的谷值参考电流 i_{dc} 随负载减轻（负载电流的减小）而减小，因此电感充电阶段占空比 d_1^* 和放电阶段占空比 d_2^* 的比例减小幅度较小，有效地避免了在轻载条件下续流阶段占空比 d_3^* 过大。

三态 Boost 变换器的直流电压传输比[21, 22]为

$$\frac{V_o}{V_{in}} = 1 + \frac{d_1}{d_2} \tag{3.29}$$

由式 (3.29) 可知，当续流占空比 d_3 确定后，电感电流放电阶段占空比 d_2 由电感电流充电阶段占空比 d_1 决定。

综上所述，为了提高三态 Boost 变换器的效率，应该尽可能提高主开关管 S_1 的占空比，减小续流阶段占空比。对于电流环采用传统 CRC 控制的三态 Boost 变换器，当变换器工作于轻载时，续流阶段的时间 d_3T 在一个开关周期中所占的比例较大，严重影响了变换器传递能量的效率。对于电流环采用 DRC 控制的三态 Boost 变换器，可以通过降低轻载时的续流值，从而提高效率。

图 3.10 和图 3.11 分别给出了电压型 CRC 控制和电压型 DRC 控制三态 Boost 变换器工作在轻载 (25W) 和重载时 (50W) 时的稳态实验波形。比较图 3.10(a) 和图 3.11(a) 可知，电压型 CRC 控制和电压型 DRC 控制在重载时的稳态实验波形基本一致。比较图 3.10(b) 和图 3.11(b) 可知：轻载时，电压型 DRC 控制的续流占空比和续流值相比于电压型 CRC 控制要小。

理论分析可知，电感电流续流时间越长，续流值越大，电路的损耗也就越大，效率越低。两种控制策略的效率曲线如图 3.12 所示，其中虚线为电压型 DRC 控制三态 Boost 变换器的效率，实线为电压型 CRC 控制三态 Boost 变换器的效率。由图可知，相比于传统

的电压型 CRC 控制三态 Boost 变换器，电压型 DRC 控制三态 Boost 变换器的轻载效率高。需要注意的是，由于电压型 CRC 控制和电压型 DRC 控制在重载情况下的稳态波形一致，因此它们的重载效率相同；当负载大于 50W 时，电压型 CRC 控制可能不能工作于 PCCM，此时的效率曲线已经失去意义。

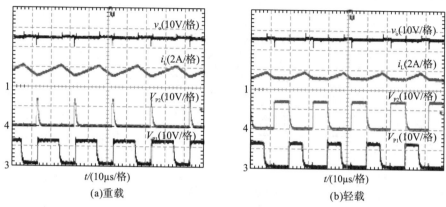

图 3.10　电压型 CRC 控制三态 Boost 变换器的稳态实验波形

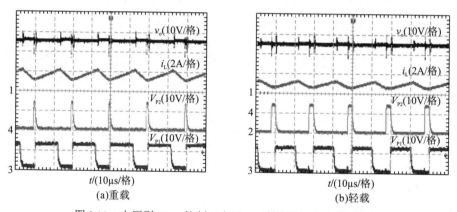

图 3.11　电压型 DRC 控制三态 Boost 变换器的稳态实验波形

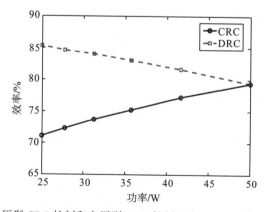

图 3.12　电压型 CRC 控制和电压型 DRC 控制三态 Boost 变换器的效率曲线

2. 负载范围分析

这里以电压型控制三态 Boost 变换器为例进行负载范围分析。假定负载跳变前，CRC 控制和 DRC 控制三态 Boost 变换器工作在相同的稳定状态。负载增加时，CRC 控制和 DRC 控制三态 Boost 变换器的稳态电感电流波形如图 3.13 所示。由图 3.13 可知：当负载增加，变换器稳定工作在重载条件时，若 CRC 控制的谷值参考电流 I_{dc} 相对偏小，此时续流阶段的时间 d_3T 可能趋近为零，变换器进入 CCM，导致 PCCM 所具有的瞬态性能优势不复存在，还可能造成控制环路的 PI 参数不适用而使变换器不能正常工作。然而，DRC 控制的谷值参考电流 i_{dc} 随着负载增加（负载电流的增大）而增大，反之减小，确保变换器始终工作在 PCCM，保证了变换器的负载范围。

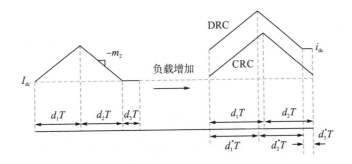

图 3.13　负载增加后电感电流的稳态波形示意图

下面分别对 CRC 控制和 DRC 控制三态 Boost 变换器的负载范围进行推导。

由 3.1.1 节的工作原理分析可知，电感电流只有在放电阶段向负载提供能量，因此可以得到 CRC 控制三态 Boost 变换器的负载电流平均值 I_o 的表达式为

$$I_o = I_{dc}d_2 + \frac{1}{2}m_2 d_2^2 T = \frac{V_o}{R} \tag{3.30}$$

式中，m_2 为电感电流下降阶段的斜率，为

$$m_2 = \frac{V_o - V_{in}}{L} \tag{3.31}$$

根据前文分析，三个占空比具有如下关系：

$$d_1 + d_2 + d_3 = 1 \tag{3.32}$$

联立式 (3.29)~式 (3.32) 可得占空比 d_3 的表达式为

$$d_3 = 1 - \left[\frac{-I_{dc} + \sqrt{I_{dc}^2 + \dfrac{2TV_o}{LR}(V_o - V_{in})}}{\dfrac{T}{L}(V_o - V_{in})} \right] \frac{V_o}{V_{in}} \tag{3.33}$$

若续流阶段占空比满足 $d_3 > 0$，则表明三态 Boost 变换器能够工作于 PCCM，结合式 (3.33)，有

$$R > \frac{2V_o^2}{\left[\frac{V_{in}T}{LV_o}(V_o - V_{in}) + 2I_{dc}\right]V_{in}} \tag{3.34}$$

式(3.34)可表征为 CRC 控制三态 Boost 变换器的负载范围。同理，可得 DRC 控制三态 Boost 变换器的负载范围表达式为

$$R > \frac{2V_o^2}{\left[\frac{V_{in}T}{LV_o}(V_o - V_{in}) + 2i_{dc}\right]V_{in}} \tag{3.35}$$

由工作原理分析可知：

$$i_{dc} = k_1 i_{dc} + (1 - k_1)\frac{V_o}{V_{in}}i_o \tag{3.36}$$

化简式(3.36)可得

$$i_{dc} = \frac{V_o^2}{RV_{in}} \tag{3.37}$$

将式(3.37)代入式(3.35)可得

$$R > \frac{2V_o^2}{\left[\frac{V_{in}T}{LV_o}(V_o - V_{in}) + \frac{2V_o^2}{RV_{in}}\right]V_{in}} \tag{3.38}$$

化简式(3.38)，得到 DRC 控制三态 Boost 变换器的负载范围为

$$R > 0 \tag{3.39}$$

由式(3.39)可知，DRC 控制三态 Boost 变换器在全负载范围内均能工作于 PCCM。

综上所述，与 CRC 控制方式相比，DRC 控制三态 Boost 变换器的负载范围更宽。

图 3.14 为采用两种控制策略的三态 Boost 变换器的稳态实验波形。由图 3.14 可以看出：当负载相同时，CRC 控制的续流开关管 S_2 的驱动信号 V_{P2} 是一条等于零的直线，即续流占空比为零，说明此时变换器工作于 CCM；DRC 控制的 V_{P2} 有一个很小的占空比，续流占空比不为零，说明三态 Boost 变换器仍能工作于 PCCM。因此，与 CRC 控制相比，DRC 控制具有更宽的负载范围。

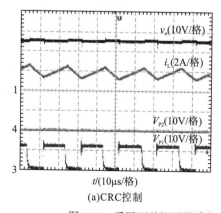

(a)CRC控制

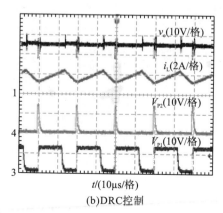

(b)DRC控制

图 3.14 采用两种控制策略的三态 Boost 变换器的稳态实验波形

3. 负载动态性能分析

1) 电压型控制三态 Boost 变换器

在电压型 CRC 控制三态 Boost 变换器中，由于谷值参考电流 I_{dc} 采用固定值，当输出电流发生变化时，变换器只能在输出电压改变时才能检测到并反馈回来进行纠正，所以此时负载瞬态响应速度较慢。与电压型 CRC 控制三态 Boost 变换器相比，电压型 DRC 控制三态 Boost 变换器的谷值参考电流 i_{dc} 随着电感电流和负载电流的改变而动态变化。当负载改变时，输出电流的变化立即引起谷值参考电流 i_{dc} 的变化，从而动态控制三态 Boost 变换器续流开关管的续流值大小和续流占空比大小，在保证三态 Boost 变换器稳定性能的同时，提高了变换器的负载瞬态性能。

因此，与电压型 CRC 控制方式相比，电压型 DRC 控制三态 Boost 变换器具有更好的负载瞬态性能。

图 3.15 和图 3.16 分别为电压型 CRC 控制和电压型 DRC 控制三态 Boost 变换器在负载发生跳变时的瞬态实验波形。可以看出，无论是减载还是加载，电压型 DRC 控制的瞬态调节时间和超调量都小于电压型 CRC 控制的结果。因此，负载发生跳变时，相比于传统的电压型 CRC 控制，电压型 DRC 控制三态 Boost 变换器具有更优的瞬态性能。

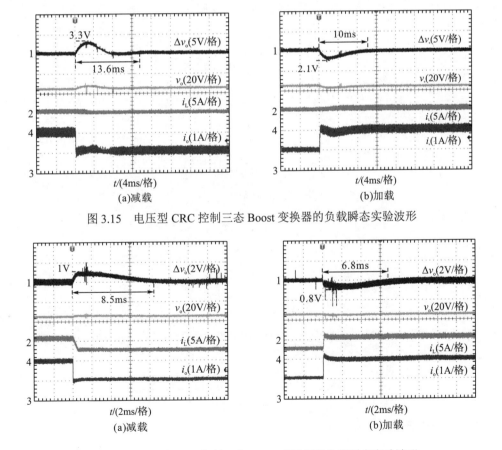

图 3.15　电压型 CRC 控制三态 Boost 变换器的负载瞬态实验波形

图 3.16　电压型 DRC 控制三态 Boost 变换器的负载瞬态实验波形

2) 电流型控制三态 Boost 变换器

由 3.1.2 节可知，根据周期性开关线性网络的时间平均等效电路原理，可得三态 Boost 变换器的交流小信号等效电路，如图 3.17 所示。值得注意的是，求解开环输出阻抗 $Z_o(s)$ 和输出电流-电感电流传递函数 $A_i(s)$ 时，需要引入负载电流信息，其中 $A_i(s)$ 是电流型控制小信号模型不可缺少的，反映了输出电流对电感电流的影响[74,75]。因此，与图 3.5 相比，图 3.17 所示三态 Boost 变换器的交流小信号等效电路引入了负载电流 i_o。

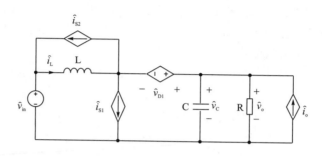

图 3.17　三态 Boost 变换器的交流小信号等效电路

为了方便叙述，这里重新给出流过开关管 S_1 和 S_2 的电流 $\hat{i}_{S1}$ 和 $\hat{i}_{S2}$、二极管 D_1 的两端电压 $\hat{v}_{D1}$：

$$\hat{i}_{S1} = D_1\hat{i}_L + I_L\hat{d}_1 \tag{3.40}$$

$$\hat{i}_{S2} = D_3\hat{i}_L - I_L(\hat{d}_1 + \hat{d}_2) \tag{3.41}$$

$$\hat{v}_{D1} = V_{in}\hat{d}_1 + (V_{in} - V_C)\hat{d}_2 - D_3\hat{v}_{in} + (D_1 + D_3)\hat{v}_C \tag{3.42}$$

基于图 3.17 所示的等效电路，由基尔霍夫定律可得

$$\hat{v}_{in} - sL\hat{i}_L + \hat{v}_{D1} - \hat{v}_o = 0 \tag{3.43}$$

$$\hat{i}_L = \hat{i}_{S1} + \hat{i}_{S2} + \hat{v}_o\left(sC + \frac{1}{R}\right) - \hat{i}_o \tag{3.44}$$

并且

$$\hat{v}_o = \hat{v}_C \tag{3.45}$$

$$V_o = V_C \tag{3.46}$$

$$I_L = \frac{V_o}{RD_2} \tag{3.47}$$

$$D_1 + D_2 + D_3 = 1 \tag{3.48}$$

联立式(3.45)～式(3.48)，可得三态 Boost 变换器功率级各传递函数的表达式。

开环输入-输出传递函数 $G_{vg}(s)$ 为

$$G_{vg}(s) = \frac{\hat{v}_o(s)}{\hat{v}_{in}(s)}\bigg|_{\hat{d}_1=0, \hat{d}_2=0, \hat{i}_o=0} = \frac{D_1 + D_2}{D_2}\frac{1}{\Delta(s)} \tag{3.49}$$

开环输入-电感电流传递函数 $G_{ig}(s)$ 为

$$G_{ig}(s) = \frac{\hat{i}_L(s)}{\hat{v}_{in}(s)}\bigg|_{\hat{d}_1=0, \hat{d}_2=0, \hat{i}_o=0} = (D_1 + D_2)\frac{\dfrac{C}{D_2^2}s + \dfrac{1}{RD_2^2}}{\Delta(s)} \tag{3.50}$$

开环控制-输出传递函数 $G_{vd1}(s)$ 和 $G_{vd2}(s)$ 为

$$G_{vd1}(s) = \frac{\hat{v}_o(s)}{\hat{d}_1(s)}\bigg|_{\hat{v}_g=0, \hat{d}_2=0, \hat{i}_o=0} = \frac{V_{in}}{D_2}\frac{1}{\Delta(s)} \tag{3.51}$$

$$G_{vd2}(s) = \frac{\hat{v}_o(s)}{\hat{d}_2(s)}\bigg|_{\hat{v}_g=0, \hat{d}_1=0, \hat{i}_o=0} = \frac{V_{in}D_1}{D_2^2}\frac{\dfrac{sL(D_1+D_2)}{RD_1D_2^2} - 1}{\Delta(s)} \tag{3.52}$$

开环控制-电感电流传递函数 $G_{id1}(s)$ 和 $G_{id2}(s)$ 为

$$G_{id1}(s) = \frac{\hat{i}_L(s)}{\hat{d}_1(s)}\bigg|_{\hat{v}_{in}=0, \hat{d}_2=0, \hat{i}_o=0} = \frac{V_{in}}{D_2^2}\frac{sC + \dfrac{1}{R}}{\Delta(s)} \tag{3.53}$$

$$G_{id2}(s) = \frac{\hat{i}_L(s)}{\hat{d}_2(s)}\bigg|_{\hat{v}_{in}=0, \hat{d}_1=0, \hat{i}_o=0} = -\frac{V_{in}(2D_1+D_2)}{RD_2^3}\frac{\dfrac{sCRD_1}{2D_1+D_2} + 1}{\Delta(s)} \tag{3.54}$$

开环输出阻抗 $Z_o(s)$ 为

$$Z_o(s) = \frac{\hat{v}_o(s)}{\hat{i}_o(s)}\bigg|_{\hat{v}_{in}=0, \hat{d}_1=0, \hat{d}_2=0} = \frac{L}{D_2^2}\frac{s}{\Delta(s)} \tag{3.55}$$

开环输出电流-电感电流传递函数 $A_i(s)$ 为

$$A_i(s) = \frac{\hat{i}_L(s)}{\hat{i}_o(s)}\bigg|_{\hat{v}_{in}=0, \hat{d}_1=0, \hat{d}_2=0} = -\frac{1}{D_2}\frac{1}{\Delta(s)} \tag{3.56}$$

其中

$$\Delta(s) = \frac{LC}{D_2^2}s^2 + \frac{L}{RD_2^2}s + 1 \tag{3.57}$$

由图 3.17 可知,输入交流小信号包括输入电压扰动 $\hat{v}_{in}(s)$、控制信号扰动 $\hat{d}_1(s)$、$\hat{d}_2(s)$ 和负载扰动 $\hat{i}_o(s)$,因此可得输出电压小信号扰动量 $\hat{v}_o(s)$ 和电感电流小信号扰动量 $\hat{i}_L(s)$ 的表达式分别为

$$\hat{v}_o(s) = G_{vd1}(s)\hat{d}_1(s) + G_{vd2}(s)\hat{d}_2(s) + G_{vg}(s)\hat{v}_{in}(s) + Z_o(s)\hat{i}_o(s) \tag{3.58}$$

$$\hat{i}_L(s) = G_{id1}(s)\hat{d}_1(s) + G_{id2}(s)\hat{d}_2(s) + G_{ig}(s)\hat{v}_{in}(s) + A_i(s)\hat{i}_o(s) \tag{3.59}$$

对于图 3.7 所示的电流型 CRC 控制三态 Boost 变换器,首先建立其功率级小信号模型,其次需要建立控制环节的小信号模型,在此基础上才能建立其完整的小信号模型。

图 3.18 为电流型 CRC 控制环节的稳态波形,其中 m_1 和 m_2 分别为电感电流的上升斜率和下降斜率。

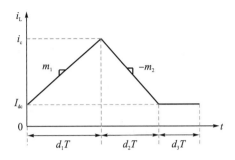

图 3.18　电流型 CRC 控制环节的稳态波形

由图 3.18 可知，在整个开关周期内，电感电流平均值表达式为

$$\overline{i_L}(t) = d_1\left[\overline{i_c}(t) - \frac{m_1 d_1 T}{2}\right] + d_2\left[\frac{\overline{i_c}(t) + I_{dc}}{2}\right] + (1 - d_1 - d_2)I_{dc} \tag{3.60}$$

式中，$\overline{i_L}$ $i_L(t)$ 为电感电流平均值；$\overline{i_c}(t)$ 为电流控制环路控制信号的平均值；斜率 m_1 由式(3.61)表示：

$$m_1 = \frac{v_{in}}{L} \tag{3.61}$$

对式(3.60)中各变量进行小信号分离扰动，忽略二次及以上小信号扰动项，得到

$$\hat{i}_L = G_1\hat{d}_1 + G_2\hat{d}_2 + G_3\hat{v}_{in} + G_4\hat{i}_c + G_5\hat{I}_{dc} \tag{3.62}$$

式中，$G_1 = I_c - \dfrac{V_g D_1 T}{L} - I_{dc}$，$G_2 = \dfrac{I_c - I_{dc}}{2}$，$G_3 = -\dfrac{D_1^2 T}{2L}$，$G_4 = D_1 + \dfrac{D_2}{2}$，$G_5 = 1 - D_1 - \dfrac{D_2}{2}$。

同理，稳态时由图 3.18 可得

$$m_2 d_2 T = \overline{i_c}(t) - I_{dc} \tag{3.63}$$

式中，斜率 m_2 为

$$m_2 = \frac{v_o - v_{in}}{L} \tag{3.64}$$

对式(3.63)中各变量进行小信号分离扰动，忽略二次及以上小信号扰动项，有

$$\hat{d}_2 = G_6(\hat{i}_c - \hat{I}_{dc}) + G_7(\hat{v}_o - \hat{v}_{in}) \tag{3.65}$$

式中，$G_6 = \dfrac{L}{(V_o - V_{in})T}$，$G_7 = -\dfrac{D_2}{V_o - V_{in}}$。

将式(3.65)代入式(3.59)，化简得 $\hat{d}_1$ 的表达式为

$$\hat{d}_1 = \frac{1}{G_1}(\hat{i}_L + F_1\hat{v}_o + F_2\hat{v}_{in} + F_3\hat{i}_c + F_4\hat{I}_{dc}) \tag{3.66}$$

式中，$F_1 = -G_2 G_7$，$F_2 = G_2 G_7 - G_3$，$F_3 = -(G_4 + G_2 G_6)$，$F_4 = G_2 G_6 - G_5$。

在式(3.58)、式(3.59)、式(3.65)和式(3.66)所表示的模型的基础上，考虑电流控制环路模型[62]，可以建立包括功率级和控制级的电流型 CRC 控制三态 Boost 变换器的完整交流小信号模型，如图 3.19 所示。其中，$H_v(s)$ 表示电压控制环路的输出电压采样函数，$G_c(s)$ 为电压控制环路的补偿网络传递函数。

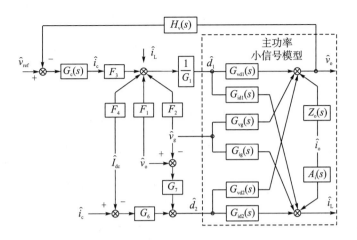

图 3.19　电流型 CRC 控制三态 Boost 变换器的小信号框图

基于图 3.19，结合式 (3.28)，可得如图 3.20 所示的电流型 DRC 控制三态 Boost 变换器的完整交流小信号模型。其中，$F_5 = k_1$，$F_6 = k_2 / R$。

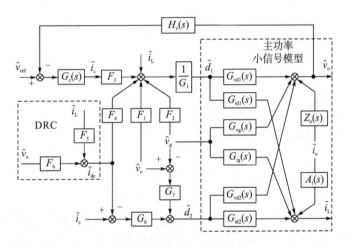

图 3.20　电流型 DRC 控制三态 Boost 变换器的小信号框图

根据图 3.19 和图 3.20 所示的电流型 CRC 控制和电流型 DRC 控制三态 Boost 变换器的小信号框图，可得电流型控制的等效功率级电路传递函数，即控制-输出传递函数，分别为

$$G_{vc\_CRC}(s) = \frac{\hat{v}_o(s)}{\hat{i}_c(s)}\bigg|_{\hat{v}_{in}=0,\hat{i}_o=0,\hat{I}_{dc}=0} = \frac{G_{vd2}(s)G_6 + n_2}{1 - n_1 - G_{vd2}(s)G_7} \tag{3.67}$$

$$G_{vc\_DRC}(s) = \frac{\hat{v}_o(s)}{\hat{i}_c(s)}\bigg|_{\hat{v}_{in}=0,\hat{i}_o=0} = \frac{G_{vd1}(s)h_2 + G_{vd2}(s)h_1h_4}{h_1 - G_{vd1}(s)h_3 - G_{vd2}(s)h_1h_5} \tag{3.68}$$

式中

$$n_1 = \frac{G_{vd1}(s)[G_{id2}(s)G_7 + F_1]}{G_1 - G_{id1}(s)}$$

$$n_2 = \frac{G_{vd1}(s)[G_{id2}(s)G_6 + F_3]}{G_1 - G_{id1}(s)}$$

$$h_1 = G_1 - (1 + F_4 F_5)G_{id1}(s) + \frac{(1 + F_4 F_5)G_6 F_5 G_{id1}(s)G_{id2}(s)}{1 + G_6 F_5 G_{id2}(s)}$$

$$h_2 = \frac{(1 + F_4 F_5)G_6 G_{id2}(s)}{1 + G_6 F_5 G_{id2}(s)} + F_3$$

$$h_3 = (F_1 + F_4 F_6) + \frac{(1 + F_4 F_5)(G_7 - G_6 F_6)G_{id2}(s)}{1 + G_6 F_5 G_{id2}(s)}$$

$$h_4 = \frac{G_6}{1 + G_6 F_5 G_{id2}(s)}\left[1 - \frac{h_2 F_5 G_{id1}(s)}{h_1}\right]$$

$$h_5 = \frac{G_7 - G_6 F_6}{1 + G_6 F_5 G_{id2}(s)} - \frac{h_3 G_6 F_5 G_{id1}(s)}{[1 + G_6 F_5 G_{id2}(s)]h_1}$$

求出等效功率级电路的传递函数后,进一步可得电流型控制三态 Boost 变换器的等效小信号框图,如图 3.21 所示。

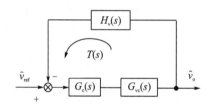

图 3.21 电流型控制三态 Boost 变换器的等效小信号框图

由图 3.21 可得电流型控制三态 Boost 变换器的电压外环环路增益 $T(s)$ 为

$$T(s) = G_c(s)G_{vc}(s)H_v(s) \tag{3.69}$$

环路增益的穿越频率 f_c 越高,系统动态特性越好,但同时需要考虑高频开关频率及其谐波噪声[71]。因此,一般将补偿后的环路增益穿越频率设置在 1/20～1/5 开关频率处。考虑 $G_c(s)$ 为 PI 补偿器,得补偿后的环路增益伯德图如图 3.22 所示,其中实线和虚线分别对应电流型 CRC 控制和电流型 DRC 控制的环路增益。从图 3.22 可以看出,设计的补偿器使得环路增益的穿越频率为 5kHz,并且获得了 90° 的相位裕量。

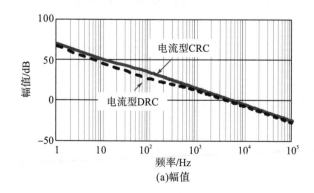

(a)幅值

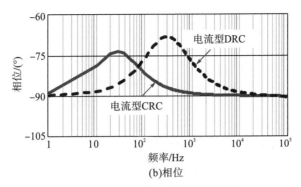

图 3.22　补偿后的环路增益伯德图

输出阻抗体现的是负载变化时变换器的瞬态响应速度；在低频范围内，输出阻抗越低，负载瞬态响应速度越快[43, 76]。

基于图 3.19 所示的电流型 CRC 控制三态 Boost 变换器的完整小信号模型，可推得变换器的闭环输出阻抗为

$$Z_{\text{out\_CRC}}(s) = \frac{\hat{v}_o(s)}{\hat{i}_o(s)}\bigg|_{\hat{v}_g=0, \hat{v}_{\text{ref}}=0, \hat{I}_{\text{dc}}=0} = \frac{a + Z_o(s)}{1 - b - c} \tag{3.70}$$

式中

$$a = \frac{G_{\text{vd1}}(s)A_i(s)}{G_1 - G_{\text{id1}}(s)}$$

$$b = \frac{[G_{\text{vd1}}(s)G_{\text{id2}}(s)G_7 + G_{\text{vd1}}(s)F_1]}{G_1 - G_{\text{id1}}(s)} + \frac{[G_{\text{id2}}(s)G_6 + F_3]H_v(s)G_c(s)G_{\text{vd1}}(s)}{G_1 - G_{\text{id1}}(s)}$$

$$c = G_{\text{vd2}}(s)G_6 H_v(s)G_c(s) + G_{\text{vd2}}(s)G_7$$

同理，基于图 3.20 可得电流型 DRC 控制三态 Boost 变换器的闭环输出阻抗为

$$Z_{\text{out\_DRC}}(s) = \frac{\hat{v}_o(s)}{\hat{i}_o(s)}\bigg|_{\hat{v}_g=0, \hat{v}_{\text{ref}}=0} = \frac{\dfrac{e_3 G_{\text{vd1}}(s)}{e_1} - J_1 - J_2 + Z_o(s)}{1 - \left[\dfrac{e_2 G_{\text{vd1}}(s)}{e_1} + J_3 - J_4\right]} \tag{3.71}$$

式中

$$J_1 = \frac{e_3 G_6 F_6 G_{\text{vd2}}(s)G_{\text{id1}}(s)}{e_1[1 + G_6 F_6 G_{\text{id2}}(s)]}$$

$$J_2 = \frac{G_6 F_6 G_{\text{vd2}}(s)A_i(s)}{1 + G_6 F_6 G_{\text{id2}}(s)}$$

$$J_3 = \frac{G_{\text{vd2}}(s)[G_6 H_v(s)G_c(s) - G_6 F_5 + G_7]}{1 + G_6 F_6 G_{\text{id2}}(s)}$$

$$J_4 = \frac{e_2 G_6 F_6 G_{\text{vd2}}(s)G_{\text{id1}}(s)}{e_1[1 + G_6 F_6 G_{\text{id2}}(s)G_{\text{vd2}}(s)]}$$

$$e_1 = G_1 - G_{\text{id1}}(s) - F_4 F_6 G_{\text{id1}}(s) + \frac{G_6 F_6 G_{\text{id1}}(s)G_{\text{id2}}(s)(1 + F_4 F_6)}{1 + G_6 F_6 G_{\text{id2}}(s)}$$

$$e_2 = \frac{[G_6 H_v(s) G_c(s) - G_6 F_5 + G_7] G_{id2}(s)(1 + F_4 F_6)}{1 + G_6 F_6 G_{id2}(s)} + F_1 + F_3 H_v(s) G_c(s) + F_4 F_5$$

$$e_3 = A_i(s)(1 + F_4 F_6) - \frac{G_6 F_6 (1 + F_4 F_6) A_i(s) G_{id2}(s)}{1 + G_6 F_6 G_{id2}(s)}$$

图 3.23 为在 SIMPLIS 仿真软件中搭建的电流型 CRC 控制和电流型 DRC 控制三态 Boost 变换器闭环输出阻抗的频率响应曲线，其中实线代表理论结果，点线为仿真结果。通过对比可知，仿真与理论的频率响应曲线基本一致，仿真结果验证了式 (3.70) 和式 (3.71) 的正确性，说明图 3.19 和图 3.20 所示三态 Boost 变换器的完整小信号模型是正确的。

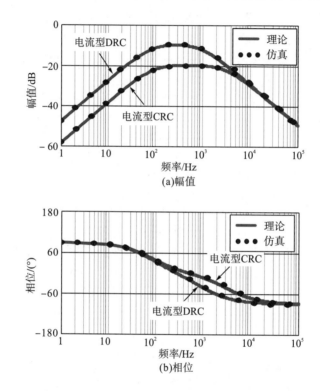

图 3.23   三态 Boost 变换器的闭环输出阻抗伯德图

从图 3.23 可以看出：在高频段，电流型 CRC 控制和电流型 DRC 控制三态 Boost 变换器具有相同的输出阻抗，这是由于在高频段，变换器的输出阻抗主要由输出滤波电容决定；在整个低频率范围内，电流型 CRC 控制具有比电流型 DRC 控制更低的输出阻抗，因此电流型 CRC 控制三态 Boost 变换器的输出电压受负载电流扰动的影响小，即电流型 CRC 控制具有更快的负载瞬态响应速度。当主开关管采用电压型控制时，DRC 控制与 CRC 控制相比，前者具有更快的负载瞬态响应速度。

图 3.24 和图 3.25 分别为电流型 CRC 控制和电流型 DRC 控制三态 Boost 变换器在减载和加载时的瞬态实验波形。无论是减载还是加载，电压型 DRC 控制的瞬态调节时间和超调量都小于电压型 CRC 控制的结果；但是，无论负载如何跳变，电流型 DRC 控制的瞬态调节时间和超调量都大于电流型 CRC 控制的结果，实验结果验证了理论分析的正确性。

因此，当负载发生跳变时，采用四种控制策略的三态 Boost 变换器的负载瞬态性能从优到劣依次为：电流型 CRC 控制、电流型 DRC 控制、电压型 DRC 控制、电压型 CRC 控制。

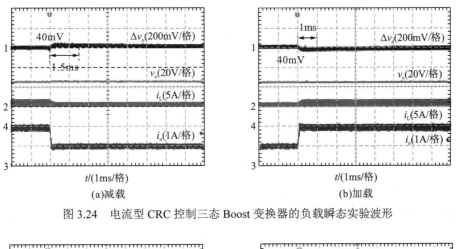

(a)减载　　　　　　　　　　　　　　(b)加载

图 3.24　电流型 CRC 控制三态 Boost 变换器的负载瞬态实验波形

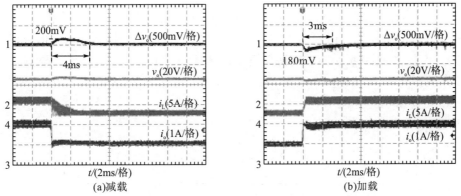

(a)减载　　　　　　　　　　　　　　(b)加载

图 3.25　电流型 DRC 控制三态 Boost 变换器的负载瞬态实验波形

3.2　三态二次型 Boost 变换器

3.2.1　三态二次型 Boost 变换器工作原理

二次型 Boost 变换器仅用一个开关管即可实现两个传统 Boost 变换器级联的电压增益，拓宽了变换器的输入电压范围。但是，当二次型 Boost 变换器的输入电感和中间电感均工作于 CCM 时，其控制-输出传递函数含有三个 RHP 零点和两个很大的谐振峰值点，并且根据控制-输出传递函数的伯德图可知其相频特性下降速度极快，因此不仅增加了变换器控制环路补偿器的设计难度，也影响了变换器对负载变化的动态响应速度。PCCM Boost 变换器消除了传统 Boost 变换器工作于 CCM 时控制-输出传递函数存在的 RHP 零点，简化了控制回路补偿器的设计难度，提高了变换器对负载变化时的动态响应速度。本节将 PCCM 技术应用到二次型 Boost 变换器，提出 PCCM 二次型 Boost 变换器，其输入电感工作于 CCM，中间电感工作于 PCCM。

图 3.26 为传统二次型 Boost 变换器，它由功率开关管 S_1、输入电感 L_1、中间电感 L_2，中间电容 C_1、输出电容 C_2 和二极管 D_1、D_2、D_3 组成。

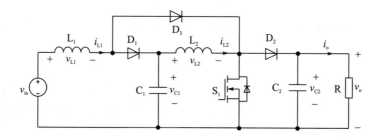

图 3.26　传统二次型 Boost 变换器

根据二次型 Boost 变换器中间电容 C_1 的电荷平衡可得

$$I_{L2} = (1-d_1)I_{L1} \tag{3.72}$$

式中，I_{L1}、I_{L2} 分别为输入电感 L_1 和中间电感 L_2 的电流平均值；d_1 为二次型 Boost 变换器开关管 S_1 的导通占空比。由式 (3.72) 可知，$I_{L2} < I_{L1}$。因此，对中间电感 L_2 的电流进行续流，在续流过程中损耗更小，进而使变换器获得更优的效率。

用续流开关管 S_2 代替二次型 Boost 变换器的二极管 D_3，可以得到如图 3.27 所示的 PCCM 二次型 Boost 变换器。

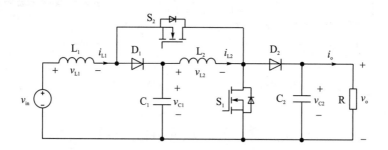

图 3.27　PCCM 二次型 Boost 变换器

PCCM 二次型 Boost 变换器的输出电压可以通过调节开关管 S_1 进行调节，变换器的输出电流可以通过调节开关管 S_2 进行调节。而传统二次型 Boost 变换器的输出电压和负载电流只能通过调节开关管 S_1 进行调节。因此，PCCM 二次型 Boost 变换器比传统二次型 Boost 变换器易于优化控制参数设计，简化控制环路补偿器的设计，提高变换器对负载变化时的动态响应速度。

图 3.28 为 PCCM 二次型 Boost 变换器在两种不同控制策略下所对应的主要工作波形图，V_{P1} 和 V_{P2} 分别为开关管 S_1、S_2 的驱动波形，i_{L1} 和 i_{L2} 分别为输入电感 L_1 和中间电感 L_2 的电流，v_{L1} 和 v_{L2} 分别为输入电感 L_1 和中间电感 L_2 的电压，$i_{L\text{-ref}}$ 为中间电感 L_2 的续流参考值。

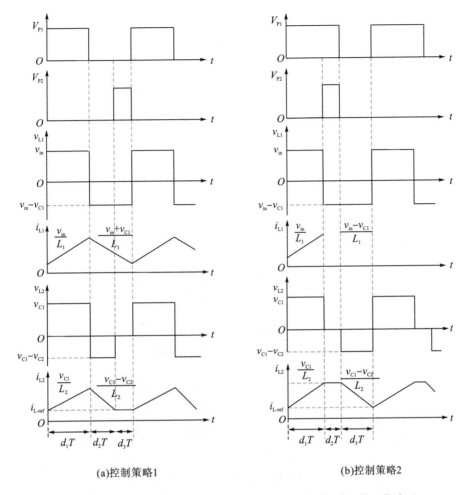

(a)控制策略1　　　　　　　　　　　(b)控制策略2

图 3.28　PCCM 二次型 Boost 变换器在不同控制策略下的工作波形

由图 3.28(a)可知中间电感 L_2 的工作模式为：充电(S_1 导通、S_2 关断)→放电(S_1、S_2 均关断)→续流(S_1 关断、S_2 导通)。由图 3.28(b)可知中间电感 L_2 的工作模式为：充电(S_1 导通、S_2 关断)→续流(S_1、S_2 均导通)→放电(S_1、S_2 均关断)。控制策略 1 和控制策略 2 都能使中间电感电流工作于 PCCM，但从实际应用角度看控制策略 1 和控制策略 2 是有区别的，控制策略 1 中电感 L_2 的续流参考值 $i_{\text{L-ref}}$ 为电感 L_2 的电流谷值，而控制策略 2 中电感 L_2 的续流参考值 $i_{\text{L-ref}}$ 为电感 L_2 的电流峰值，在续流过程中控制策略 2 的损耗更大，进而导致变换器的效率降低。因此，与控制策略 2 相比，控制策略 1 更加具有实用性，本节只针对控制策略 1 进行研究。

PCCM 二次型 Boost 变换器在一个开关周期内存在如图 3.29 所示的三个工作模态，图 3.28(a)为它在一个周期内的主要波形。

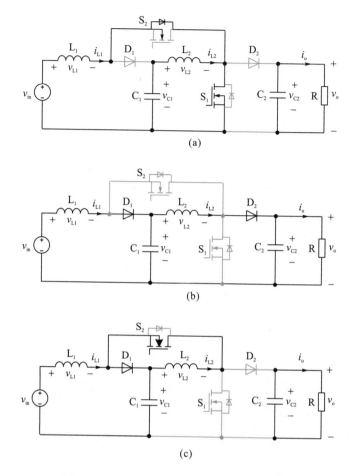

图 3.29 PCCM 二次型 Boost 变换器工作模态

工作模态 $1(t_0 \leqslant t < t_1)$：如图 3.29(a) 所示，开关管 S_1 导通、S_2 关断。输入电压 v_{in} 通过续流开关管 S_2 的体二极管和功率开关管 S_1 为输入电感 L_1 充电，中间电容 C_1 通过功率开关管 S_1 为中间电感 L_2 充电，输出电容 C_2 向负载 R 放电。

工作模态 $2(t_1 \leqslant t < t_2)$：如图 3.29(b) 所示，开关管 S_1、S_2 均关断。输入电感 L_1 通过二极管 D_1 向中间电容 C_1 放电，中间电感 L_2 通过二极管 D_2 向输出电容 C_2 及负载 R 放电，当中间电感电流 i_{L2} 线性下降到电流参考值 $i_{L\text{-ref}}$ 时，该模态结束。

工作模态 $3(t_2 \leqslant t < t_3)$：如图 3.29(c) 所示，开关管 S_1 关断、S_2 导通。中间电感 L_1 通过二极管 D_1 继续向中间电容 C_1 放电，由于续流开关管 S_2 和二极管 D_1 均导通，中间电感 L_2 被短路，其电流 i_{L2} 维持电流参考值 $i_{L\text{-ref}}$ 保持不变，输出电容 C_2 向负载 R 放电。

3.2.2 三态二次型 Boost 变换器小信号模型

根据图 3.29 中的三种工作模态，可以写出对应的状态空间平均方程。
工作模态 $1(t_0 \leqslant t < t_1)$：

$$\begin{bmatrix} \dfrac{\mathrm{d}i_{L1}}{\mathrm{d}t} \\[2mm] \dfrac{\mathrm{d}i_{L2}}{\mathrm{d}t} \\[2mm] \dfrac{\mathrm{d}v_{C1}}{\mathrm{d}t} \\[2mm] \dfrac{\mathrm{d}v_{C2}}{\mathrm{d}t} \end{bmatrix} = \begin{bmatrix} 0 & 0 & 0 & 0 \\[1mm] 0 & 0 & \dfrac{1}{L_2} & 0 \\[1mm] 0 & -\dfrac{1}{C_1} & 0 & 0 \\[1mm] 0 & 0 & 0 & -\dfrac{1}{RC_2} \end{bmatrix} \begin{bmatrix} i_{L1} \\ i_{L2} \\ v_{C1} \\ v_{C2} \end{bmatrix} + \begin{bmatrix} \dfrac{1}{L} \\ 0 \\ 0 \\ 0 \end{bmatrix} v_{\mathrm{in}} \tag{3.73}$$

工作模态 2 ($t_1 \leqslant t < t_2$):

$$\begin{bmatrix} \dfrac{\mathrm{d}i_{L1}}{\mathrm{d}t} \\[2mm] \dfrac{\mathrm{d}i_{L2}}{\mathrm{d}t} \\[2mm] \dfrac{\mathrm{d}v_{C1}}{\mathrm{d}t} \\[2mm] \dfrac{\mathrm{d}v_{C2}}{\mathrm{d}t} \end{bmatrix} = \begin{bmatrix} 0 & 0 & -\dfrac{1}{L_1} & 0 \\[1mm] 0 & 0 & \dfrac{1}{L_2} & -\dfrac{1}{L_2} \\[1mm] 0 & -\dfrac{1}{C_1} & 0 & 0 \\[1mm] 0 & 0 & 0 & -\dfrac{1}{RC_2} \end{bmatrix} \begin{bmatrix} i_{L1} \\ i_{L2} \\ v_{C1} \\ v_{C2} \end{bmatrix} + \begin{bmatrix} \dfrac{1}{L} \\ 0 \\ 0 \\ 0 \end{bmatrix} v_{\mathrm{in}} \tag{3.74}$$

工作模态 3 ($t_2 \leqslant t < t_3$):

$$\begin{bmatrix} \dfrac{\mathrm{d}i_{L1}}{\mathrm{d}t} \\[2mm] \dfrac{\mathrm{d}i_{L2}}{\mathrm{d}t} \\[2mm] \dfrac{\mathrm{d}v_{C1}}{\mathrm{d}t} \\[2mm] \dfrac{\mathrm{d}v_{C2}}{\mathrm{d}t} \end{bmatrix} = \begin{bmatrix} 0 & 0 & -\dfrac{1}{L_1} & 0 \\[1mm] 0 & 0 & 0 & 0 \\[1mm] 0 & -\dfrac{1}{C_1} & 0 & 0 \\[1mm] 0 & 0 & 0 & -\dfrac{1}{RC_2} \end{bmatrix} \begin{bmatrix} i_{L1} \\ i_{L2} \\ v_{C1} \\ v_{C2} \end{bmatrix} + \begin{bmatrix} \dfrac{1}{L} \\ 0 \\ 0 \\ 0 \end{bmatrix} v_{\mathrm{in}} \tag{3.75}$$

由图 3.28(a)可知:

$$d_1 T + d_2 T + d_3 T = T \tag{3.76}$$

式中,$d_1 T$、$d_2 T$ 和 $d_3 T$ 分别为变换器在三个模态内的工作时间,T 为开关周期。为保证 PCCM 二次型 Boost 变换器工作于 PCCM,要求 $d_3 > 0$。

根据伏秒平衡原理,电感 L_1、L_2 两端电压在一个稳态开关周期内的平均值为零,可得

$$\int_{t_0}^{t_1} v_{\mathrm{in}} \, \mathrm{d}t + \int_{t_1}^{t_3} (v_{\mathrm{in}} - v_{C1}) \, \mathrm{d}t = 0 \tag{3.77}$$

$$\int_{t_0}^{t_1} v_{C1} \, \mathrm{d}t + \int_{t_1}^{t_2} (v_{C1} - v_{C2}) \, \mathrm{d}t + \int_{t_2}^{t_3} 0 \, \mathrm{d}t = 0 \tag{3.78}$$

由式(3.77)和式(3.78),化简可得

$$V_{\mathrm{in}} d_1 T + (V_{C1} - V_{\mathrm{in}})(d_2 + d_3) T = 0 \tag{3.79}$$

$$V_{C1} d_1 T + (V_{C1} - V_{C2}) d_2 T = 0 \tag{3.80}$$

式中,V_{in}、V_{C1}、V_{C2} 分别为电压 v_{in}、v_{C1}、v_{C2} 的直流分量。

由式(3.76)、式(3.79)和式(3.80)可得 PCCM 二次型 Boost 变换器的电容 C_1 两端电压和直流稳态传输比分别为

$$V_{C1} = \frac{1}{1-d_1} V_{in} \tag{3.81}$$

$$M = \frac{V_o}{V_{in}} = \frac{1}{1-d_1}\left(1 + \frac{d_1}{d_2}\right) \tag{3.82}$$

式中，V_o 为电压 v_o 的直流分量。

根据中间电容 C_1 的电荷平衡，可得

$$I_{L1}(1-d_1)T - \left(i_{\text{L-ref}} + \frac{V_{C1}d_1 T}{2L_2}\right)(1-d_3)T = 0 \tag{3.83}$$

由输入和输出功率匹配关系可得 $V_{in}I_{L1} = V_o I_o$，将其代入式(3.83)后联立式(3.81)，并忽略电感 L_2 的电流纹波可得中间电感 L_2 的电流参考值 $i_{\text{L-ref}}$ 为

$$i_{\text{L-ref}} = \frac{V_o I_o}{(1-d_3)V_{C1}} \tag{3.84}$$

由以上分析可知，PCCM 二次型 Boost 变换器有四个控制变量，即 d_1、d_2、d_3 和 $i_{\text{L-ref}}$，又因为 $d_1+d_2+d_3=1$，所以控制其中三个变量即可实现变换器的设计。根据控制方式的不同，将变换器分为定续流值 PCCM 二次型 Boost 变换器、定放电时间 PCCM 二次型 Boost 变换器和定续流时间 PCCM 二次型 Boost 变换器。定续流值 PCCM 二次型 Boost 变换器的续流参考值 $i_{\text{L-ref}}$ 为固定值；在一个开关周期内定放电时间 PCCM 二次型 Boost 变换器的中间电感放电时间 $d_2 T$ 为固定值，定续流时间 PCCM 二次型 Boost 变换器的中间电感续流时间 $d_3 T$ 为固定值；因为 d_1 为电压环的控制变量，若 d_1 固定，则变换器不再具有稳压功能，所以研究 d_1 为固定值的 PCCM 二次型 Boost 变换器没有实际意义。

3.2.3 三态二次型 Boost 变换器控制策略研究

由以上分析可知，PCCM 二次型 Boost 变换器有四个控制变量。

1. 定续流值 PCCM 二次型 Boost 变换器

当中间电感 L_2 的电流参考值 $i_{\text{L-ref}}$ 为固定值时，通过控制 d_1 和 d_2 两个变量，即得定续流值 PCCM 二次型 Boost 变换器。

1)变换器控制设计

如图 3.30 所示定续流值 PCCM 二次型 Boost 变换器控制原理图，输出电压 v_o 与参考电压 V_{ref} 比较后通过 PI 控制器得到电压环误差信号 u，电压环误差信号 u 与三角载波比较得到开关管 S_1 的控制脉冲；中间电感电流 i_{L2} 与固定电流参考值 $i_{\text{L-ref}}$ 比较后得到续流开关管 S_2 的控制脉冲。

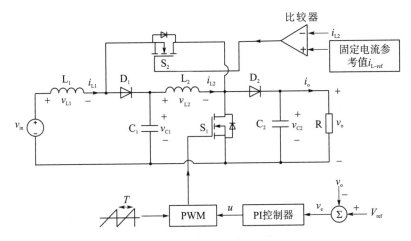

图 3.30　定续流值 PCCM 二次型 Boost 变换器控制原理图

定续流值 PCCM 二次型 Boost 变换器的输出电压和负载电流可以通过调节占空比 d_1 和 d_2 进行控制；而传统二次型 Boost 变换器的输出电压和负载电流只能通过调节占空比 d_1 进行控制。因此，定续流值 PCCM 二次型 Boost 变换器比传统二次型 Boost 变换器增加了一个控制变量，简化了控制环路补偿器设计，易于优化控制参数设计。

根据式 (3.81)、式 (3.82) 和式 (3.84) 可得

$$d_1 = \frac{P_o(V_o - V_{in})}{i_{L\text{-}ref} V_o V_{in} + P_o V_o} \tag{3.85}$$

$$d_3 = \frac{V_{in}(i_{L\text{-}ref}^2 V_o V_{in} - P_o^2)}{i_{L\text{-}ref}^2 V_o V_{in}^2 + i_{L\text{-}ref} P_o V_o V_{in}} \tag{3.86}$$

$$d_2 = 1 - d_1 - d_3 \tag{3.87}$$

因为 $i_{L\text{-}ref}$ 为固定值，当电路参数确定时，由式 (3.85)～式 (3.87) 可以计算出各个工作模式所对应的工作时间。为保证变换器工作于 PCCM，必须使 $d_3 > 0$，根据式 (3.86) 可得

$$d_3 = \frac{V_{in}(i_{L\text{-}ref}^2 V_o V_{in} - P_o^2)}{i_{L\text{-}ref}^2 V_o V_{in}^2 + i_{L\text{-}ref} P_o V_o V_{in}} > 0 \tag{3.88}$$

整理式 (3.88) 可得

$$i_{L\text{-}ref} > \frac{P_o}{\sqrt{V_o V_{in}}} \tag{3.89}$$

在选择 $i_{L\text{-}ref}$ 时，根据输出功率 P_o、输入电压 V_{in} 和输出电压 V_o，代入式 (3.89) 确定 $i_{L\text{-}ref}$ 的取值范围，即可保证定续流值 PCCM 二次型 Boost 变换器工作于 PCCM。

由式 (3.89) 可知，续流值越大变换器可越稳定地工作于 PCCM，但续流值变大会增大续流损耗进而降低变换器的效率[21]。

图 3.31 为额定功率负载下的定续流值 PCCM 二次型 Boost 变换器续流时间占空比与续流值关系曲线。由式 (3.88) 可知，定续流值 PCCM 二次型 Boost 变换器的续流时间占空比 d_3 不仅与输入电压 V_{in} 和输出电压 V_o 有关，还与负载功率 P_o 有关。

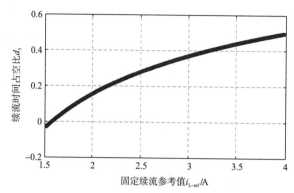

图 3.31　定续流值 PCCM 二次型 Boost 变换器续流时间占空比与续流值关系

由图 3.32 可知：当负载功率增加时，变换器的续流时间占空比 d_3 可能消失从而中间电感电流进入 CCM；当负载功率降低时，续流时间占空比增大，进而降低了变换器的效率。所以定续流值 PCCM 二次型 Boost 变换器仅适用于输入电压 V_{in}、输出电压 V_o 和负载功率 P_o 均稳定的场合。

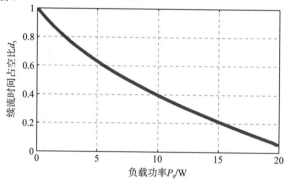

图 3.32　定续流值 PCCM 二次型 Boost 变换器续流时间占空比与负载功率关系

2) 状态空间平均等效模型

本节采取状态空间平均等效法建立定续流值 PCCM 二次型 Boost 变换器的等效模型。

以 $x(t)=[i_{L1}(t)，i_{L2}(t)，v_{C1}(t)，v_{C2}(t)]^T$ 为状态变量，选取输入电压 $v_{in}(t)$ 为输入量，以 $y(t)=[v_o(t)]$ 为输出量，其中上标 T 为向量的转置运算。在一个稳态开关周期内，PCCM 二次型 Boost 变换器存在如下三个状态方程。

状态 1：

$$\dot{x}(t) = A_1 x(t) + B_1 v_{in}(t)$$
$$y(t) = C_1 x(t) \tag{3.90}$$

状态 2：

$$\dot{x}(t) = A_2 x(t) + B_2 v_{in}(t)$$
$$y(t) = C_2 x(t) \tag{3.91}$$

状态 3：

$$\dot{x}(t) = A_3 x(t) + B_3 v_{in}(t)$$
$$y(t) = C_3 x(t) \tag{3.92}$$

由模态分析可知，上述方程中：

$$A_1 = \begin{bmatrix} 0 & 0 & 0 & 0 \\ 0 & 0 & \dfrac{1}{L_2} & 0 \\ 0 & -\dfrac{1}{C_1} & 0 & 0 \\ 0 & 0 & 0 & -\dfrac{1}{RC_2} \end{bmatrix}, \quad A_2 = \begin{bmatrix} 0 & 0 & -\dfrac{1}{L_1} & 0 \\ 0 & 0 & \dfrac{1}{L_2} & -\dfrac{1}{L_2} \\ 0 & -\dfrac{1}{C_1} & 0 & 0 \\ 0 & 0 & 0 & -\dfrac{1}{RC_2} \end{bmatrix}, \quad A_3 = \begin{bmatrix} 0 & 0 & -\dfrac{1}{L_1} & 0 \\ 0 & 0 & 0 & 0 \\ 0 & -\dfrac{1}{C_1} & 0 & 0 \\ 0 & 0 & 0 & -\dfrac{1}{RC_2} \end{bmatrix}$$

$$B_1 = \left[\dfrac{1}{L_1}, 0, 0, 0\right]^{\mathrm{T}}, \quad B_2 = \left[\dfrac{1}{L_1}, 0, 0, 0\right]^{\mathrm{T}}, \quad B_3 = \left[\dfrac{1}{L_1}, 0, 0, 0\right]^{\mathrm{T}}$$

$$C_1 = [0, 0, 0, 1], \quad C_2 = [0, 0, 0, 1], \quad C_3 = [0, 0, 0, 1]$$

根据状态空间平均等效原理，可得如下状态空间平均方程：

$$\begin{cases} AX + BV_{\mathrm{in}} = 0 \\ Y = CX \end{cases} \tag{3.93}$$

式中，X 和 Y 分别为状态向量 $x(t)$、输出量 $y(t)$ 的稳态直流分量；V_{in} 为输入电压 $v_{\mathrm{in}}(t)$ 的稳态直流分量。则

$$\begin{cases} A = d_1 A_1 + d_2 A_2 + d_3 A_3 \\ B = d_1 B_1 + d_2 B_2 + d_3 A_3 \\ C = d_1 C_1 + d_2 C_2 + d_3 C_3 \end{cases} \tag{3.94}$$

将 A_1、A_2 和 A_3，B_1、B_2 和 B_3，C_1 和 C_2 代入式 (3.94) 可得

$$A = \begin{bmatrix} 0 & 0 & -\dfrac{1-d_1}{L_1} & 0 \\ 0 & 0 & \dfrac{d_1+d_2}{L_2} & \dfrac{-d_2}{L_2} \\ \dfrac{1-d_1}{C_1} & \dfrac{-d_1-d_1}{C_1} & 0 & 0 \\ 0 & \dfrac{d_2}{C_2} & 0 & -\dfrac{1}{RC_2} \end{bmatrix}, \quad B = \left[\dfrac{1}{L_1}, 0, 0, 0\right]^{\mathrm{T}}, \quad C = [0, 0, 0, 1]$$

因此可得 PCCM 二次型 Boost 变换器的状态空间平均方程如下：

$$\begin{bmatrix} \dfrac{\mathrm{d}i_{\mathrm{L1}}}{\mathrm{d}t} \\ \dfrac{\mathrm{d}i_{\mathrm{L2}}}{\mathrm{d}t} \\ \dfrac{\mathrm{d}v_{\mathrm{C1}}}{\mathrm{d}t} \\ \dfrac{\mathrm{d}v_{\mathrm{C2}}}{\mathrm{d}t} \end{bmatrix} = \begin{bmatrix} 0 & 0 & -\dfrac{1-d_1}{L_1} & 0 \\ 0 & 0 & \dfrac{d_1+d_2}{L_2} & \dfrac{-d_2}{L_2} \\ \dfrac{1-d_1}{C_1} & \dfrac{-d_1-d_1}{C_1} & 0 & 0 \\ 0 & \dfrac{d_2}{C_2} & 0 & -\dfrac{1}{RC_2} \end{bmatrix} \begin{bmatrix} i_{\mathrm{L1}} \\ i_{\mathrm{L2}} \\ v_{\mathrm{C1}} \\ v_{\mathrm{C2}} \end{bmatrix} + \begin{bmatrix} \dfrac{1}{L_1} \\ 0 \\ 0 \\ 0 \end{bmatrix} v_{\mathrm{in}} \tag{3.95}$$

对电路参数扰动后定义如下：

$$i_{L1} = I_{L1} + \hat{i}_{L1}, \quad i_{L2} = I_{L2} + \hat{i}_{L2}, \quad v_{C1} = V_{C1} + \hat{v}_{C1}, \quad v_{C2} = V_{C2} + \hat{v}_{C2}$$
$$v_{in} = V_{in} + \hat{v}_{in}, \quad d_1 = D_1 + \hat{d}_1, \quad d_2 = D_2 + \hat{d}_2 \tag{3.96}$$

式中，大写的变量为直流稳态量；带"^"的变量为扰动量。

通过对状态方程分离扰动，经整理，可得交流小信号的状态空间平均方程为

$$\begin{cases} \dfrac{\mathrm{d}\hat{i}_{L1}}{\mathrm{d}t} = -\dfrac{1-D_1}{L_1}\hat{v}_{C1} + \dfrac{V_{C1}}{L_1}\hat{d}_1 + \dfrac{1}{L_1}\hat{v}_{in} \\[3mm] \dfrac{\mathrm{d}\hat{i}_{L2}}{\mathrm{d}t} = \dfrac{D_1+D_2}{L_2}\hat{v}_{C1} + \dfrac{V_{C1}}{L_2}(\hat{d}_1+\hat{d}_2) - \dfrac{V_{C2}}{L_2}\hat{d}_2 - \dfrac{D_2}{L_2}\hat{v}_{C2} \\[3mm] \dfrac{\mathrm{d}\hat{v}_{C1}}{\mathrm{d}t} = \dfrac{1-D_1}{C_1}\hat{i}_{L1} - \dfrac{I_{L1}}{C_1}\hat{d}_1 - \dfrac{I_{L2}}{C_1}(\hat{d}_1+\hat{d}_2) - \dfrac{D_1+D_2}{C_1}\hat{i}_{L2} \\[3mm] \dfrac{\mathrm{d}\hat{v}_{C2}}{\mathrm{d}t} = \dfrac{D_2}{C_2}\hat{i}_{L2} + \dfrac{I_{L2}}{C_2}\hat{d}_2 - \dfrac{1}{RC_2}\hat{v}_{C2} \end{cases} \tag{3.97}$$

式(3.97)中的辅助方程为

$$\frac{\mathrm{d}\hat{i}_{L1}}{\mathrm{d}t} = 0, \quad \hat{i}_{L1} = \frac{V_{in}T}{2L_1}\hat{d}_1 + \frac{D_1 T}{2L_1}\hat{v}_{in} \tag{3.98}$$

由式(3.97)和式(3.98)可得

$$\hat{d}_2 = \frac{V_{C1}}{V_{C2}-V_{C1}}\hat{d}_1 + \frac{D_1+D_2}{V_{C2}-V_{C1}}\hat{v}_{C1} - \frac{D_2}{V_{C2}-V_{C1}}\hat{v}_{C2} \tag{3.99}$$

对式(3.97)进行拉普拉斯变换，联立式(3.98)和式(3.99)，令 $\hat{v}_{in}=0$，可得定续流值 PCCM 二次型 Boost 变换器控制-输出传递函数 $G_{v_o\text{-}d_1}(s)$ 为

$$G_{v_o\text{-}d_1}(s) = \frac{\hat{v}_o(s)}{\hat{d}_1(s)} = \frac{b_2 s^2 + b_1 s + b_0}{s^3 + a_2 s^2 + a_1 s + a_0} \tag{3.100}$$

令 $P = \dfrac{I_{L2}}{V_{C2}-V_{C1}}$, $Q = \dfrac{T}{2L_2}$, $U = \dfrac{1-D_1}{C_1 C_2}$，则式(3.100)中：

$$b_2 = \frac{(P+QD_2)V_{C1}}{C_2}$$

$$b_1 = -\frac{PQV_{C1}D_1 D_2}{C_1} - PQUD_1^2 D_2 - QU(I_{L1}+I_{L2})D_1 D_2$$

$$b_0 = \frac{PUV_{C1}(1+D_2)}{L_2} + \frac{QUV_{C1}D_2}{L_1}$$

$$a_2 = \frac{PD_2}{C_2} + \frac{1}{RC_2} + \frac{(D_1+D_2)(P+QD_1)}{C_1}$$

$$a_1 = \frac{(D_1+D_2)(PUI_{L2}+QSD_1)}{R} + \frac{(1-D_1)^2}{L_1 C_1} + PQUD_1^2 D_2$$

$$a_0 = \frac{PUD_2(1-D_1)}{L_1} + \frac{U(1-D_1)}{RL_1}$$

由式(3.100)可知定续流值 PCCM 二次型 Boost 变换器控制-输出传递函数的零点为

$$s_{1,2} = \frac{-b_1 \pm \sqrt{b_1^2 - 4b_2 b_0}}{2b_2} \tag{3.101}$$

因为 $b_0 > 0$，$b_1 < 0$，$b_2 > 0$，可知 $s_{1,2}$ 均在右半平面。

3) 频域分析

为了分析定续流值 PCCM 二次型 Boost 变换器的频域特性，采用主电路参数如表 3.1 所示。根据式 (3.100)，绘制定续流值 PCCM 二次型 Boost 变换器 $G_{v_o\text{-}d_1}(s)$ 的伯德图如图 3.33 所示。分析可知，定续流值 PCCM 二次型 Boost 变换器 $G_{v_o\text{-}d_1}(s)$ 函数的零点为 21980 和 138530，极点为 44 和 $14463 \pm j12855$。因为其共轭极点的阻尼比为 $\zeta = 0.75$，阻尼比较大，所以由图 3.33 可知其幅频特性只有一个很小的谐振峰值点，而传统二次型 Boost 变换器含有两个很大的谐振峰值点；其相频特性在 0～2000Hz 的相位余量大于零且下降速度较传统二次型 Boost 变换器缓慢。因此，定续流值 PCCM 二次型 Boost 变换器可降低其控制环路补偿器的设计难度，提高变换器的带宽，从而获得更优的负载响应速度。

表 3.1　定续流值 PCCM 二次型 Boost 变换器频域分析参数

符号	物理量	数值
V_{in}	输入电压	5V
L_1	输入电感	70μH
L_2	中间电感	100μH
C_1	中间电容	470μF
C_2	输出电容	470μF
f	开关频率	50kHz
V_o	输出电压	24V
$i_{L\text{-ref}}$	固定续流电流参考值	2A

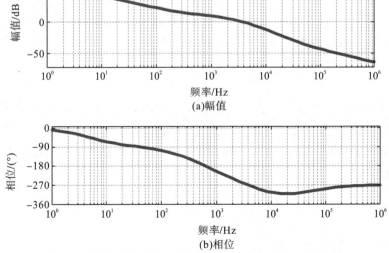

(a) 幅值

(b) 相位

图 3.33　定续流值 PCCM 二次型 Boost 变换器 $G_{v_o\text{-}d_1}(s)$ 伯德图

2. 定放电时间 PCCM 二次型 Boost 变换器

当中间电感 L_2 的放电时间占空比 d_2 为固定值时，通过控制 d_1 和 $i_{L\text{-ref}}$ 两个变量，即得定放电时间 PCCM 二次型 Boost 变换器。

1）变换器控制设计

定放电时间 PCCM 二次型 Boost 变换器的控制原理框图如图 3.34 所示。输出采样电压 kv_o（k 为输出电压采样系数）与参考电压 V_{ref} 比较，通过 PI 控制器 $A(s)$ 得到电压误差信号 u，电压误差信号 u 与三角载波比较，得到开关管 S_1 的控制脉冲；将开关管 S_1 的控制脉冲反向，叠加固定死区时间 d_2T，得到开关管 S_2 的控制脉冲。

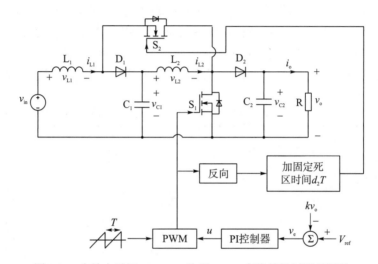

图 3.34   定放电时间 PCCM 二次型 Boost 变换器控制原理框图

当定放电时间 PCCM 二次型 Boost 变换器的中间电感 L_2 放电时间 d_2T 确定后，根据 PCCM 二次型 Boost 变换器的电压增益表达式可得 d_1 为

$$d_1 = \frac{d_2(V_o - V_{in})}{d_2V_o + V_{in}} \tag{3.102}$$

为保证变换器的中间电感 L_2 工作于 PCCM，要求 $d_3 > 0$，即

$$d_3 = 1 - d_1 - d_2 = 1 - \frac{d_2(V_o - V_{in})}{d_2V_o + V_{in}} - d_2 > 0 \tag{3.103}$$

由式（3.103）可知：当 d_2 确定后，定放电时间 PCCM 二次型 Boost 变换器的续流时间占空比 d_3 与输入电压 V_{in} 和输出电压 V_o 有关，但与负载功率无关。所以定放电时间 PCCM 二次型 Boost 变换器适用于输入电压 V_{in} 和输出电压 V_o 稳定，负载功率可动态变化的应用场合。

由式（3.103）整理可得

$$d_2 < \sqrt{\frac{V_{in}}{V_o}} \tag{3.104}$$

在选择 d_2 时，根据输入电压 V_{in} 与输出电压 V_o 比值，代入式（3.104）即可确定 d_2 的取值范围，进而保证中间电感 L_2 工作于 PCCM。

由模态分析可知，电容 C_1 在工作模态 1 和工作模态 2 内通过中间电感 L_2 放电且放电电流为 i_{L2}，在工作模态 2 和工作模态 3 内输入电感电流 i_{L1} 给电容 C_1 充电，则根据电容 C_1 电荷平衡可得

$$I_{L1}(1-d_1)T - \left[i_{\text{L-ref}} + \frac{(V_o - V_{C1})d_2 T}{2L_2} \right](1-d_3)T = 0 \tag{3.105}$$

根据输入输出平均功率守恒可得 $V_{in}I_{L1} = V_o I_o$，将其代入式 (3.105)，可得

$$i_{\text{L-ref}} = \frac{V_o}{R d_2} - \frac{V_o^2 d_2 T}{2L_2(V_o - V_{in})} + \frac{V_{in}^2 T}{2L_2(V_o - V_{in})} \tag{3.106}$$

式中，R 为负载电阻。由式 (3.106) 可知，当 d_2 确定后，中间电感续流参考值也就确定了，且 d_2 越小，$i_{\text{L-ref}}$ 越大，则续流损耗越大，变换器的效率越低。

因此，选择 d_2 时，在满足 $L_1 > \dfrac{(1-d_1)^2 d_2^2 d_1 R}{2(d_1+d_2)^2 f}$ 的前提下，应尽量使 $i_{\text{L-ref}}$ 值小。

根据式 (3.106)，绘制出的中间电感续流值 $i_{\text{L-ref}}$ 与 d_2 的关系曲线如图 3.35 所示，由图可知：d_2 越小，续流值越大，从而导致变换器的效率越低；d_2 越大，续流值越小，但由式 (3.82) 可知 d_2 越大，变换器的电压增效越低，所以在选择 d_2 时需要折中处理。

2）状态空间平均等效模型

定放电时间 PCCM 二次型 Boost 变换器的放电时间 $d_2 T$ 是固定的，因为在恒频控制中 T 为定值，则 d_2 的扰动为零，即

$$\hat{d}_2 = 0 \tag{3.107}$$

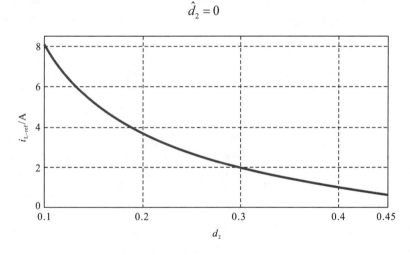

图 3.35　中间电感续流值 $i_{\text{L-ref}}$ 与 d_2 的关系曲线

定放电时间 PCCM 二次型 Boost 变换器的建模过程与定续流值 PCCM 二次型 Boost 变换器的不同之处仅在辅助条件中增加 $d_2=0$，根据状态空间平均等效原理，可得定放电时间 PCCM 二次型 Boost 变换器的控制-输出传递函数 $G_{v_o\text{-}d_1}$ 为

$$G_{v_o\text{-}d_1}(s) = \frac{\hat{v}_o(s)}{\hat{d}_1(s)} = \frac{b_2 s^2 + b_1 s + b_0}{s^3 + a_2 s^2 + a_1 s + a_0} \tag{3.108}$$

式中

$$a_0 = \frac{(1-d_1)^2}{L_1 C_1 C_2 R}$$

$$a_1 = \frac{(d_1+d_2)d_1 T}{2L_2 C_1 C_2 R} + \frac{(1-d_1)^2}{L_1 C_1}$$

$$a_2 = \frac{1}{RC_2} + \frac{d_1+d_2}{2L_2 C_1}$$

$$b_0 = \frac{(1-d_1)(d_2-d_1+d_1{}^2)V_{C1}T}{2L_1 L_2 C_1 C_2}$$

$$b_1 = -\frac{(d_1+d_2)d_1 d_2 V_{C2} T}{2L_2 C_1 C_2 R(1-d_1)} - \frac{(d_1{}^2+2d_1 d_2)d_1 V_{C1} T^2}{4L_2{}^2 C_1 C_2}$$

$$b_2 = \frac{(d_2-d_1)V_{C1}T}{2L_2 C_2}$$

3）频域分析

根据式(3.98)，用如表 3.2 所示的主电路参数对定放电时间 PCCM 二次型 Boost 变换器进行频域分析。输出到控制传递函数 $G_{v_o\text{-}d_1}(s)$ 的伯德图如图 3.36 所示。根据分析可知，定放电时间 PCCM 二次型 Boost 变换器控制-输出传递函数 $G_{v_o\text{-}d_1}(s)$ 的零点为-265430 和 2250，极点为-38904、-7896 和-30，不存在共轭极点，所以其幅频特性没有谐振峰值点。而二次型 Boost 变换器含有两个很大的谐振峰值点；其相频特性在 0～2000Hz 下降速度较二次型 Boost 变换器缓慢。因此，定放电时间 PCCM 二次型 Boost 变换器可降低其控制环路补偿器的设计难度，提高变换器的闭环带宽，从而获得更优的负载响应速度。

表 3.2　定放电时间 PCCM 二次型 Boost 变换器频域分析参数

符号	物理量	数值
V_{in}	输入电压	5V
L_1	输入电感	70μH
L_2	中间电感	100μH
C_1	中间电容	470μF
C_2	输出电容	470μF
f	开关频率	50kHz
V_o	输出电压	24V
D_2	固定放电时间占空比	1.2

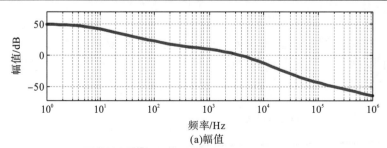

(a)幅值

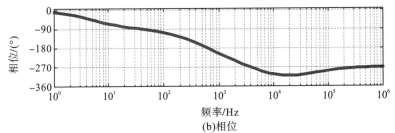

图 3.36   定放电时间 PCCM 二次型 Boost 变换器 $G_{v_o\text{-}d_1}(s)$ 伯德图

3. 定续流时间 PCCM 二次型 Boost 变换器

当中间电感 L_2 的续流时间占空比 d_3 为固定值时，通过控制 d_1 和 $i_{L\text{-ref}}$ 两个变量，即得定续流时间 PCCM 二次型 Boost 变换器。

1）变换器控制设计

如图 3.37 所示，定续流时间 PCCM 二次型 Boost 变换器包含电压环和续流环两个相互独立的控制环路。输出电压 v_o 与参考电压 V_{ref} 比较后通过 PI 控制器得到电压环误差信号 u，电压环误差信号 u 与三角载波比较得到开关管 S_1 的控制脉冲；电感电流 i_{L2} 与生成的电流参考值 $i_{L\text{-ref}}$ 比较后得到开关管 S_2 的控制脉冲。

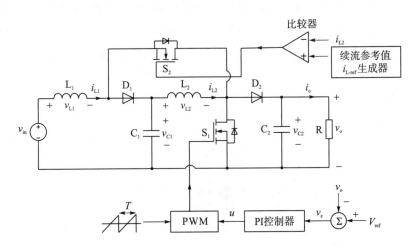

图 3.37   定续流时间 PCCM 二次型 Boost 变换器控制原理图

定续流时间 PCCM 二次型 Boost 变换器的输出电压可以通过调节电压环占空比 d_1 进行控制，变换器的输出电流可以通过固定续流环占空比 d_3，调节中间电感电流的续流参考值 $i_{L\text{-ref}}$ 进行控制；而传统二次型 Boost 变换器的输出电压和负载电流只能通过调节占空比 d_1 进行控制。因此，定续流时间 PCCM 二次型 Boost 变换器比二次型 Boost 变换器增加了一个控制自由度，简化了控制环路补偿器的设计，易于优化控制参数设计，提高变换器动态响应速度。

由模态分析可知，电容 C_1 在工作模态 1 和工作模态 2 通过中间电感 L_2 放电且放电电流为 i_{L2}，在工作模态 2 和工作模态 3 输入电感电流 i_{L1} 给电容 C_1 充电，根据电容 C_1 电荷平衡

可得

$$i_{\text{L-ref}}(1-d_1)T - \left(i_{\text{L-ref}} + \frac{V_{C1}d_3T}{2L_2}\right)(1-d_3)T = 0 \qquad (3.109)$$

由输入和输出功率匹配关系可得 $V_{\text{in}}I_{L1}=V_oI_o$，忽略中间电感 L_2 的电流纹波可得

$$i_{\text{L-ref}} = \frac{V_oI_o}{(1-d_3)V_{C1}} = K\frac{V_oI_o}{V_{C1}} \qquad (3.110)$$

式中，I_o 为电流 i_o 的直流分量，$K=1/(1-d_3)$。当 $K>1$ 时可知 $d_3>0$，即中间电感 L_2 的电流存在续流状态，变换器可工作于 PCCM。为了增加实验的可比性，在选择 K 值时使其续流占空比 d_3 与定续流值和定放电时间 PCCM 二次型 Boost 变换器一致。

根据式(3.110)设计定续流时间 PCCM 二次型 Boost 变换器中间电感电流续流参考值 $i_{\text{L-ref}}$ 生成器。通过采样输出电压 V_o、输出电流 I_o 和中间电容电压 V_{C1}，将输出电压和输出电流相乘后再除以中间电容电压，最后比例放大 K 倍后即可得到中间电感电流的续流参考值 $i_{\text{L-ref}}$。

因为 $K=1/(1-d_3)$，可知 d_3 及 d_1 与 d_2 的关系为

$$d_3 = 1 - \frac{1}{K} \qquad (3.111)$$

$$K = \frac{1}{1-d_3} = \frac{1}{d_1+d_2} \qquad (3.112)$$

由式(3.111)可知，定续流时间 PCCM 二次型 Boost 变换器的续流占空比 d_3 仅与控制参数有关，而与输入电压 V_{in}、输出电压 V_o 和负载功率 P_o 均无关。所以定续流时间 PCCM 二次型 Boost 变换器适用于输入电压 V_{in}、输出电压 V_o 和负载功率 P_o 均可动态变化的应用场合。

将式(3.111)代入式(3.112)，可得定续流时间 PCCM 二次型 Boost 变换器的 d_1、d_2 及直流稳态传输比分别为

$$d_1 = \frac{(1+K) - \sqrt{(1+K)^2 - 4K\left(1-\dfrac{V_{\text{in}}}{V_o}\right)}}{2K} \qquad (3.113)$$

$$d_2 = \frac{(1-K) + \sqrt{(1+K)^2 - 4K\left(1-\dfrac{V_{\text{in}}}{V_o}\right)}}{2K} \qquad (3.114)$$

$$M = \frac{V_o}{V_{\text{in}}} = \frac{1}{1-d_1}\left(1 + \frac{d_1}{\dfrac{1}{K}-d_1}\right) \qquad (3.115)$$

当变换器参数确定后，K 为固定值，由式(3.115)可知定续流时间 PCCM 二次型 Boost 变换器的直流稳态传输比仅与控制量 d_1 有关。

2) 状态空间平均等效模型

因为定续流时间 PCCM 二次型 Boost 变换器的放电时间 d_1T 是固定的，在恒频控制中 T 为定值，则 d_3 的扰动为零，即

$$\hat{d}_3 = 0 \qquad (3.116)$$

定续流时间 PCCM 二次型 Boost 变换器的建模过程与定续流值 PCCM 二次型 Boost

变换器的不同之处仅在辅助条件中增加 $\hat{d}_3 = 0$，根据状态空间平均等效原理，可得定续流时间 PCCM 二次型 Boost 变换器的控制-输出传递函数 $G_{v_o\text{-}d_1}(s)$ 为

$$G_{v_o\text{-}d_1}(s) = \frac{\hat{v}_o(s)}{\hat{d}_1(s)} = \frac{b_2 s^2 + b_1 s + b_0}{s^3 + a_2 s^2 + a_1 s + a_0} \tag{3.117}$$

式中

$$a_0 = \frac{(1-D_1)^2}{L_1 C_1 C_2 R}$$

$$a_1 = \frac{(D_1 + D_2)D_1 T}{2L_2 C_1 C_2 R} + \frac{(1-D_1)^2}{L_1 C_1}$$

$$a_2 = \frac{1}{RC_2} + \frac{D_1 + D_2}{2L_2 C_1}$$

$$b_0 = \frac{(1-D_1)(D_2 - D_1 + D_1^2)V_{C1}T}{2L_1 L_2 C_1 C_2}$$

$$b_1 = -\frac{(D_1 + D_2)D_1 D_2 V_{C2}T}{2L_2 C_1 C_2 R(1-D_1)} - \frac{(D_1^2 + 2D_1 D_2)D_1 V_{C1}T^2}{4L_2^2 C_1 C_2}$$

$$b_2 = \frac{(D_2 - D_1)V_{C1}T}{2L_2 C_2}$$

3) 频域分析

根据式(3.117)，用如表 3.3 所示的主电路参数对定续流时间 PCCM 二次型 Boost 变换器进行频域分析。输出到控制传递函数 $G_{v_o\text{-}d_1}(s)$ 的伯德图如图 3.38 所示。

表 3.3　定续流时间 PCCM 二次型 Boost 变换器频域分析参数

符号	物理量	数值
V_{in}	输入电压	5V
L_1	输入电感	70μH
L_2	中间电感	100μH
C_1	中间电容	470μF
C_2	输出电容	470μF
f	开关频率	50kHz
V_o	输出电压	24V
K	控制回路系数	1.2

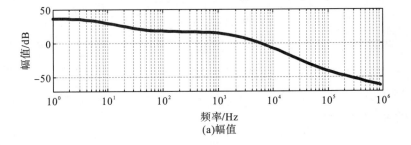

(a)幅值

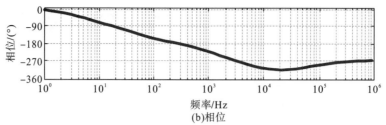

图 3.38　定续流时间 PCCM 二次型 Boost 变换器 $G_{v_o\text{-}d_1}(s)$ 伯德图

根据分析可知，定续流时间 PCCM 二次型 Boost 变换器控制-输出传递函数 $G_{v_o\text{-}d_1}(s)$ 的零点为-401060 和 290，仅含一个 RHP 零点，极点为-38904、-7896 和 30。因为没有共轭极点，所以其幅频特性没有谐振峰值点，而传统二次型 Boost 变换器含有两个很大的谐振峰值点；其相频特性的下降速度较传统二次型 Boost 变换器缓慢。因此，定续流时间 PCCM 二次型 Boost 变换器可优化控制环路参数设计，降低控制环路补偿器的设计难度，从而获得更优的负载响应速度。

4. PCCM 二次型 Boost 变换器应用场合分析

定续流值 PCCM 二次型 Boost 变换器的续流时间占空比 d_3 与输入电压 V_{in}、输出电压 V_o 和负载功率 P_o 有关；定放电时间 PCCM 二次型 Boost 变换器的续流时间占空比 d_3 与输入电压 V_{in}、输出电压 V_o 有关，与负载功率 P_o 无关；而定续流时间 PCCM 二次型 Boost 变换器的续流时间占空比 d_3 与输入电压 V_{in}、输出电压 V_o 和负载功率 P_o 均无关。根据上述分析，总结出 PCCM 二次型 Boost 变换器应用场合对比如表 3.4 所示。在输入电压 V_{in}、输出电压 V_o 及负载 R 均稳定的情况下，选用定续流值 PCCM 二次型 Boost 变换器时其设计较为简单。在输入电压 V_{in} 和输出电压 V_o 稳定，负载 R 可动态变化的情况下，可选用定放电时间 PCCM 二次型 Boost 变换器。在输入电压 V_{in}、输出电压 V_o 稳定和负载 R 均可动态变化的情况下，选用定续流时间 PCCM 二次型 Boost 变换器可满足要求。

表 3.4　PCCM 二次型 Boost 变换器应用场合对比

拓扑	适合的应用场合
定续流值 PCCM 二次型 Boost 变换器	输入电压 V_{in}、输出电压 V_o 及负载 R 均稳定
定放电时间 PCCM 二次型 Boost 变换器	输入电压 V_{in} 和输出电压 V_o 稳定，负载 R 可动态变化
定续流时间 PCCM 二次型 Boost 变换器	输入电压 V_{in}、输出电压 V_o 稳定和负载 R 均可动态变化

3.2.4　三态二次型 Boost 变换器性能分析

1. 负载动态性能分析

图 3.39～图 3.42 分别给出了传统二次型 Boost 变换器、定续流值 PCCM 二次型 Boost

变换器、定放电时间 PCCM 二次型 Boost 变换器、定续流时间 PCCM 二次型 Boost 变换器在稳态、加载和减载情况下的实验波形。

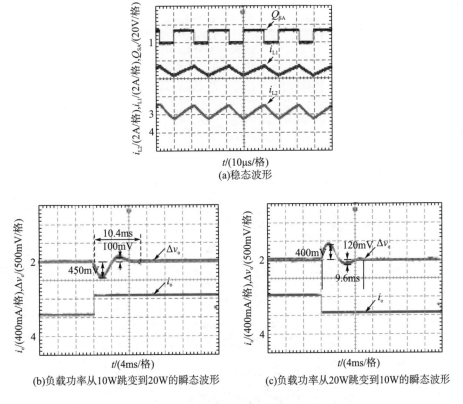

(a)稳态波形

(b)负载功率从10W跳变到20W的瞬态波形　　　　　(c)负载功率从20W跳变到10W的瞬态波形

图 3.39　传统二次型 Boost 变换器实验波形

　　图 3.39(a) 为传统二次型 Boost 变换器的稳态波形，由波形图可知其输入电感和中间电感均工作于 CCM。图 3.39(b) 为传统二次型 Boost 变换器负载功率从 10W 跳变到 20W 的瞬态波形，由波形图可知：调整时间为 10.4ms，跌落量为 450mV，超调量为 100mV。图 3.39(c) 为传统二次型 Boost 变换器负载功率从 20W 跳变到 10W 的瞬态波形，由波形图可知：调整时间为 9.6ms，跌落量为 120mV，超调量为 400mV。

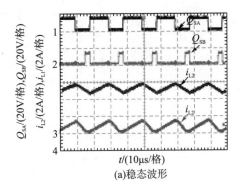

(a)稳态波形

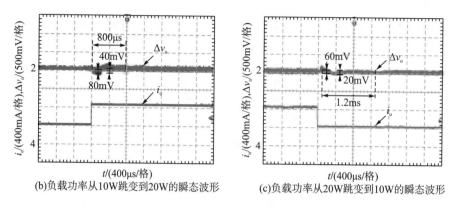

(b)负载功率从10W跳变到20W的瞬态波形   (c)负载功率从20W跳变到10W的瞬态波形

图 3.40   定续流值 PCCM 二次型 Boost 变换器实验波形

图 3.40(a) 为定续流值 PCCM 二次型 Boost 变换器的稳态波形，由波形图可知其输入电感工作于 CCM，中间电感工作于 PCCM。图 3.40(b) 为定续流值 PCCM 二次型 Boost 变换器负载功率从 10W 跳变到 20W 的瞬态波形，由波形图可知：调整时间为 800μs，跌落量为 80mV，超调量为 40mV。图 3.40(c) 为定续流值 PCCM 二次型 Boost 变换器负载功率从 20W 跳变到 10W 的瞬态波形，由波形图可知：调整时间为 1.2ms，跌落量为 20mV，超调量为 60mV。

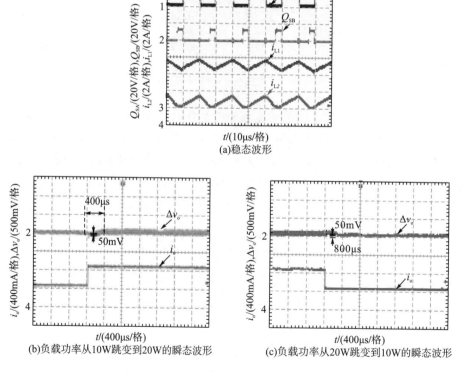

(a)稳态波形

(b)负载功率从10W跳变到20W的瞬态波形   (c)负载功率从20W跳变到10W的瞬态波形

图 3.41   定放电时间 PCCM 二次型 Boost 变换器实验波形

　　图 3.41(a)为定放电时间 PCCM 二次型 Boost 变换器的稳态波形,由波形图可知其输入电感工作于 CCM,中间电感工作于 PCCM。图 3.41(b)为定放电时间 PCCM 二次型 Boost 变换器负载功率从 10W 跳变到 20W 的瞬态波形,由波形图可知:调整时间为 400μs,跌落量为 50mV,超调量极小。图 3.41(c)为定放电时间 PCCM 二次型 Boost 变换器负载功率从 20W 跳变到 10W 的瞬态波形,由波形图可知:调整时间为 800μs,跌落量极小,超调量为 50mV。

　　图 3.42(a)为定续流时间 PCCM 二次型 Boost 变换器的稳态波形,由波形图可知其输入电感工作于 CCM,中间电感工作于 PCCM 模式。图 3.42(b)为定续流时间 PCCM 二次型 Boost 变换器负载功率从 10W 跳变到 20W 的瞬态波形,由波形图可知:调整时间为 800μs,跌落量为 50mV,超调量极小。图 3.42(c)为定续流时间 PCCM 二次型 Boost 变换器负载功率从 20W 跳变到 10W 的瞬态波形,由波形图可知:调整时间为 1.2ms,跌落量极小,超调量为 60mV。

　　从上述分析可知,PCCM 二次型 Boost 变换器的动态性能优于传统二次型 Boost 变换器。

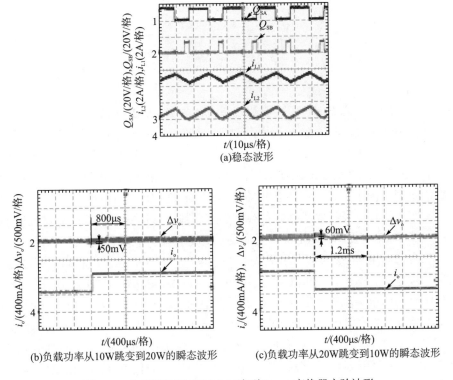

图 3.42　定续流时间 PCCM 二次型 Boost 变换器实验波形

2. 效率分析

　　图 3.43 为变换器的效率曲线,由图可知:传统二次型 Boost 变换器在额定功率 20W 时的效率比 PCCM 二次型 Boost 变换器高 4%左右;因为定放电时间 PCCM 二次型 Boost

变换器不需要采样电流，所以其效率在 PCCM 二次型 Boost 变换器中最高；定续流值 PCCM 二次型 Boost 变换器因其续流时间 d_3T 随功率的减小而增大，所以在轻载为 5W 时比其他两种 PCCM 二次型 Boost 变换器效率低 2%左右；定续流时间 PCCM 二次型 Boost 变换器需要采样中间电感电流和输出电流，所以其效率略低于定放电时间 PCCM 二次型 Boost 变换器。

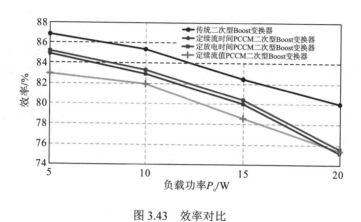

图 3.43　效率对比

3.3　本　章　小　结

本章主要介绍了三态 Boost 变换器和三态二次型 Boost 变换器。

针对三态 Boost 变换器，首先介绍了其工作原理，并采用时间平均等效电路法建立了小信号模型，推导了相应的控制-输出传递函数；然后详细分析了电压型 CRC 和电压型 DRC 控制三态 Boost 变换器的工作原理，并比较了它们的效率和负载瞬态性能，分别推导了它们的负载范围表达式。研究结果表明：与电压型 CRC 控制相比，电压型 DRC 控制三态 Boost 变换器具有轻载效率高、负载范围宽、瞬态性能好的优点；与电流型 DRC 控制相比，电流型 CRC 控制三态 Boost 变换器具有更快的负载瞬态响应速度。

针对三态二次型 Boost 变换器，首先介绍了其工作原理，并采用状态空间法建立了小信号模型，并进行了模态分析和直流稳态分析；然后根据控制方式的不同，提出了定续流值、定放电时间和定续流时间三种 PCCM 二次型 Boost 变换器，并分析了三种 PCCM 二次型 Boost 变换器的应用场合。接着研究了不同控制方式下 PCCM 二次型 Boost 变换器控制-输出传递函数的频域特性，由研究结果可知：定续流值 PCCM 二次型 Boost 变换器含有两个 RHP 零点，谐振峰值很小；定放电时间和定续流时间 PCCM 二次型 Boost 变换器含有一个 RHP 零点，没有谐振峰值点。

第4章　三态 Buck-Boost 变换器分析与控制

升降压变换器可以通过控制开关的占空比实现升压或者降压变换,具有灵活的电压增益,适用于电源电压在一定范围内波动的场合。同时,三态工作模式相比于传统的 CCM 和 DCM,带载能力和动态响应速度显著提升。本章主要分析三态升降压变换器的工作原理和特性,建立主电路的小信号模型,并研究不同的控制策略。

4.1　三态 Buck-Boost 变换器分析与控制

Buck-Boost 变换器电压增益灵活,可应用于功率因数校正(PFC)电路、光伏系统等,并具有良好的瞬态和稳态特性。但是工作于 CCM 的 Buck-Boost 变换器,其输出电压与开关占空比之间的传递函数存在 RHP 零点,存在非最小相位问题,影响控制器的带宽设计和 Buck-Boost 变换器的性能。虽然工作于 DCM 的 Buck-Boost 变换器输出电压与开关占空比之间的传递函数不存在 RHP 零点问题,但是较大的电感电流纹波对输出滤波电容的容值要求更高。因此,通过在 Buck-Boost 变换器电感两端并联一个开关,引入额外的控制选择度,使变换器工作于 PCCM,即三态 Buck-Boost 变换器。工作于 PCCM 的 Buck-Boost 变换器解决了 CCM 下 RHP 零点问题;同时相比于 DCM,电感电流纹波小,对输出滤波电容的容值要求低。

4.1.1　三态 Buck-Boost 变换器工作原理

图 4.1 为引入额外开关的三态 Buck-Boost 变换器主电路图,其主要由输入电压 v_{in}、功率开关管 S_1 与 S_2、续流二极管 D_1 与 D_2,滤波电感 L、滤波电容 C、负载 R、电感寄生

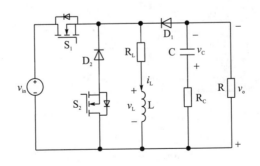

图 4.1　三态 Buck-Boost 变换器主电路图

电阻 R_L 和电容寄生电阻 R_C 构成。引入额外开关的三态 Buck-Boost 变换器有两个功率开关管，给电路的控制带来了极大的灵活性。工作于稳态的三态 Buck-Boost 变换器，在一个开关周期内有三个工作模态，如图 4.2 所示，其主要工作波形如图 4.3 所示。通过合理地控制三态 Buck-Boost 变换器的两个功率开关管导通、关断，可实现不同的工作模态之间的切换。

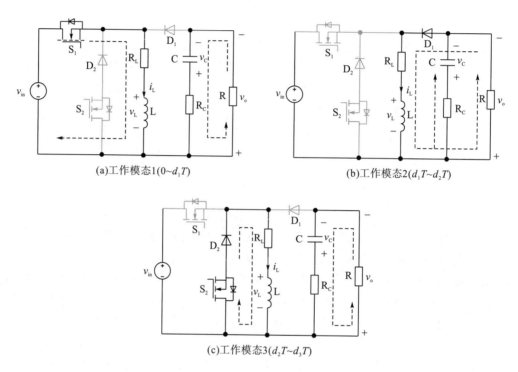

图 4.2 　三态 Buck-Boost 变换器工作模态

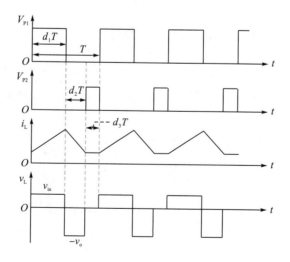

图 4.3 　三态 Buck-Boost 变换器主要工作波形

在工作模态分析时假设：

(1) 开关频率 f 远大于特征方程的特征频率 f_0，其中 $T = 1/f$；

(2) 输出电感 L 和输出电容 C 足够大；

(3) 所有的开关管、二极管均为理想元件。

基于上述假设，三态 Buck-Boost 变换器在一个开关周期内的三个工作模态如下：

工作模态 1 ($0 \sim d_1 T$)：功率开关管 S_1 导通，功率开关管 S_2 和续流二极管 D_1 与 D_2 关断；输入电压 v_{in}、功率开关管 S_1、电感寄生电阻 R_L 和滤波电感 L 形成回路，滤波电感 L 充电，电感电流 i_L 上升。同时，滤波电容 C、电容寄生电阻 R_C 和负载 R 形成回路，滤波电容 C 为负载 R 提供能量，电容电压幅值 v_C 下降。

工作模态 2 ($d_1 T \sim d_2 T$)：功率开关管 S_1 关断，功率开关管 S_2 和续流二极管 D_2 关断；续流二极管 D_1 导通，滤波电感 L、电感寄生电阻 R_L、电容寄生电阻 R_C、续流二极管 D_1、滤波电容 C 和负载 R 形成回路，滤波电感 L 放电，电感电流 i_L 下降；同时滤波电容 C 充电，滤波电感 L 为负载 R 和滤波电容 C 提供能量，电容电压幅值 v_C 上升。

工作模态 3 ($d_2 T \sim d_3 T$)：功率开关管 S_1 关断，功率开关管 S_2 和续流二极管 D_2 导通，续流二极管 D_1 关断；滤波电感 L、电感寄生电阻 R_L、功率开关管 S_2 和续流二极管 D_2 形成续流回路，电感电流 i_L 不变。同时，滤波电容 C、电容寄生电阻 R_C 和负载 R 形成回路，滤波电容 C 为负载 R 提供能量，电容电压幅值 v_C 下降。

由上述三态 Buck-Boost 变换器的工作模态及其主要工作波形可知：

$$d_1 T + d_2 T + d_3 T = T \tag{4.1}$$

式中，$d_1 T$、$d_2 T$ 和 $d_3 T$ 分别为三态 Buck-Boost 变换器在一个开关周期内三个模态的导通时间，T 为开关周期。

另外，根据一个开关周期内电感电流需要满足伏秒平衡可得

$$v_{in} \times d_1 T - v_o \times d_2 T + 0 \times d_3 T = 0 \tag{4.2}$$

因此，三态 Buck-Boost 变换器的电压增益为

$$\frac{v_o}{v_{in}} = \frac{d_1}{d_2} \tag{4.3}$$

4.1.2　三态 Buck-Boost 变换器小信号模型

根据 4.1.1 节三态 Buck-Boost 变换器的工作原理分析和主要工作波形，本节建立三态 Buck-Boost 变换器主电路的小信号模型[77, 78]。在本节分析中，存在两个基本假定：

(1) 开关变换器的开关频率 ($f = 1/T$) 远大于状态方程的特征频率 f_0，即 $f > f_0$；

(2) 开关变换器的输入向量 $u(t)$ 在一个开关周期内是常数，或是相对于开关频率的慢变化量。

由图 4.2 可知三态 Buck-Boost 变换器的三个工作模态及其等效电路。三态 Buck-Boost 变换器在工作模态 1 ($0 \sim d_1 T$) 内：输入电压 v_{in}、功率开关管 S_1、电感寄生电阻 R_L 和滤波电感 L 形成回路；同时，滤波电容 C、电容寄生电阻 R_C 和负载 R 形成回路。因此，其状态空间方程描述为

$$\begin{bmatrix} \dfrac{\mathrm{d}i_{\mathrm{L}}}{\mathrm{d}t} \\[3mm] \dfrac{\mathrm{d}v_{\mathrm{C}}}{\mathrm{d}t} \end{bmatrix} = \begin{bmatrix} \dfrac{-R_{\mathrm{L}}}{L} & 0 \\[3mm] 0 & \dfrac{-1}{C(R+R_{\mathrm{C}})} \end{bmatrix} \begin{bmatrix} i_{\mathrm{L}} \\[2mm] v_{\mathrm{C}} \end{bmatrix} + \begin{bmatrix} \dfrac{1}{L} \\[3mm] 0 \end{bmatrix} v_{\mathrm{in}} \tag{4.4}$$

三态 Buck-Boost 变换器在工作模式 2 ($d_1T \sim d_2T$) 内：续流二极管 D_1 导通，滤波电感 L、电感寄生电阻 R_{L}、电容寄生电阻 R_{C}、续流二极管 D_1、滤波电容 C 和负载 R 形成回路。因此，其状态空间方程描述为

$$\begin{bmatrix} \dfrac{\mathrm{d}i_{\mathrm{L}}}{\mathrm{d}t} \\[3mm] \dfrac{\mathrm{d}v_{\mathrm{C}}}{\mathrm{d}t} \end{bmatrix} = \begin{bmatrix} \dfrac{-\left(R_{\mathrm{L}}R + R_{\mathrm{L}}R_{\mathrm{C}} + R_{\mathrm{C}}R\right)}{L(R+R_{\mathrm{C}})} & \dfrac{-R}{L(R+R_{\mathrm{C}})} \\[3mm] \dfrac{R}{C(R+R_{\mathrm{C}})} & \dfrac{-1}{C(R+R_{\mathrm{C}})} \end{bmatrix} \begin{bmatrix} i_{\mathrm{L}} \\[2mm] v_{\mathrm{C}} \end{bmatrix} \tag{4.5}$$

三态 Buck-Boost 变换器在工作模式 3 ($d_2T \sim d_3T$) 内：滤波电感 L、电感寄生电阻 R_{L}、功率开关管 S_2 和续流二极管 D_2 形成续流回路；同时，滤波电容 C、电容寄生电阻 R_{C} 和负载 R 形成回路。因此，其状态空间方程描述为

$$\begin{bmatrix} \dfrac{\mathrm{d}i_{\mathrm{L}}}{\mathrm{d}t} \\[3mm] \dfrac{\mathrm{d}v_{\mathrm{C}}}{\mathrm{d}t} \end{bmatrix} = \begin{bmatrix} \dfrac{-R_{\mathrm{L}}}{L} & 0 \\[3mm] 0 & \dfrac{-1}{C(R+R_{\mathrm{C}})} \end{bmatrix} \begin{bmatrix} i_{\mathrm{L}} \\[2mm] v_{\mathrm{C}} \end{bmatrix} \tag{4.6}$$

通过对一个开关周期内所有变量进行时间平均，可以得到三态 Buck-Boost 变换器在一个开关周期内的状态空间平均方程：

$$\begin{bmatrix} \dfrac{\mathrm{d}i_{\mathrm{L}}}{\mathrm{d}t} \\[3mm] \dfrac{\mathrm{d}v_{\mathrm{C}}}{\mathrm{d}t} \end{bmatrix} = \begin{bmatrix} \dfrac{-\left(R_{\mathrm{L}}R + R_{\mathrm{L}}R_{\mathrm{C}} + d_2R_{\mathrm{C}}R\right)}{L(R+R_{\mathrm{C}})} & \dfrac{-d_2R}{L(R+R_{\mathrm{C}})} \\[3mm] \dfrac{d_2R}{C(R+R_{\mathrm{C}})} & \dfrac{-1}{C(R+R_{\mathrm{C}})} \end{bmatrix} \begin{bmatrix} i_{\mathrm{L}} \\[2mm] v_{\mathrm{C}} \end{bmatrix} + \begin{bmatrix} \dfrac{d_1}{L} \\[3mm] 0 \end{bmatrix} v_{\mathrm{in}} \tag{4.7}$$

基于式 (4.7) 所给出的状态空间平均方程，建立三态 Buck-Boost 变换器的小信号模型。当三态 Buck-Boost 变换器的控制变量 d_1 存在小信号扰动时，有

$$i_{\mathrm{L}} = I_{\mathrm{L}} + \hat{i}_{\mathrm{L}}, \quad v_{\mathrm{C}} = V_{\mathrm{C}} + \hat{v}_{\mathrm{C}}$$
$$d_1 = D_1 + \hat{d}_1, \quad d_2 = D_2 + \hat{d}_2, \quad d_3 = D_3 \tag{4.8}$$

于是，三态 Buck-Boost 变换器的状态空间平均方程为

$$\begin{bmatrix} \dfrac{\mathrm{d}}{\mathrm{d}t}\left(I_{\mathrm{L}} + \hat{i}_{\mathrm{L}}\right) \\[3mm] \dfrac{\mathrm{d}}{\mathrm{d}t}\left(V_{\mathrm{C}} + \hat{v}_{\mathrm{C}}\right) \end{bmatrix} = \begin{bmatrix} \dfrac{-\left(R_{\mathrm{L}}R + R_{\mathrm{L}}R_{\mathrm{C}} + d_2R_{\mathrm{C}}R\right)}{L(R+R_{\mathrm{C}})} & \dfrac{-d_2R}{L(R+R_{\mathrm{C}})} \\[3mm] \dfrac{d_2R}{C(R+R_{\mathrm{C}})} & \dfrac{-1}{C(R+R_{\mathrm{C}})} \end{bmatrix} \begin{bmatrix} I_{\mathrm{L}} + \hat{i}_{\mathrm{L}} \\[2mm] V_{\mathrm{C}} + \hat{v}_{\mathrm{C}} \end{bmatrix} + \begin{bmatrix} \dfrac{D_1 + \hat{d}_1}{L} \\[3mm] 0 \end{bmatrix} v_{\mathrm{in}} \tag{4.9}$$

进一步整理得

$$\begin{bmatrix} \dfrac{\mathrm{d}\hat{i}_{\mathrm{L}}}{\mathrm{d}t} \\[2ex] \dfrac{\mathrm{d}\hat{v}_{\mathrm{C}}}{\mathrm{d}t} \end{bmatrix} = \begin{bmatrix} \dfrac{-\left(R_{\mathrm{L}}R + R_{\mathrm{L}}R_{\mathrm{C}} + d_2 R_{\mathrm{C}}R\right)}{L\left(R + R_{\mathrm{C}}\right)} & \dfrac{-d_2 R}{L\left(R + R_{\mathrm{C}}\right)} \\[2ex] \dfrac{d_2 R}{C\left(R + R_{\mathrm{C}}\right)} & \dfrac{-1}{C\left(R + R_{\mathrm{C}}\right)} \end{bmatrix} \begin{bmatrix} \hat{i}_{\mathrm{L}} \\[1ex] \hat{v}_{\mathrm{C}} \end{bmatrix} + \begin{bmatrix} \dfrac{\hat{d}_1}{L} \\[1ex] 0 \end{bmatrix} v_{\mathrm{in}} \tag{4.10}$$

$$\begin{bmatrix} 0 \\[1ex] 0 \end{bmatrix} = \begin{bmatrix} \dfrac{-\left(R_{\mathrm{L}}R + R_{\mathrm{L}}R_{\mathrm{C}} + d_2 R_{\mathrm{C}}R\right)}{L\left(R + R_{\mathrm{C}}\right)} & \dfrac{-d_2 R}{L\left(R + R_{\mathrm{C}}\right)} \\[2ex] \dfrac{d_2 R}{C\left(R + R_{\mathrm{C}}\right)} & \dfrac{-1}{C\left(R + R_{\mathrm{C}}\right)} \end{bmatrix} \begin{bmatrix} I_{\mathrm{L}} \\[1ex] V_{\mathrm{C}} \end{bmatrix} + \begin{bmatrix} \dfrac{D_1}{L} \\[1ex] 0 \end{bmatrix} v_{\mathrm{in}} \tag{4.11}$$

对式(4.10)进行拉普拉斯变换可获得三态 Buck-Boost 变换器的小信号模型：

$$\begin{bmatrix} sI_{\mathrm{L}}(s) \\[1ex] sV_{\mathrm{C}}(s) \end{bmatrix} = \begin{bmatrix} \dfrac{-\left(R_{\mathrm{L}}R + R_{\mathrm{L}}R_{\mathrm{C}} + d_2 R_{\mathrm{C}}R\right)}{L\left(R + R_{\mathrm{C}}\right)} & \dfrac{-d_2 R}{L\left(R + R_{\mathrm{C}}\right)} \\[2ex] \dfrac{d_2 R}{C\left(R + R_{\mathrm{C}}\right)} & \dfrac{-1}{C\left(R + R_{\mathrm{C}}\right)} \end{bmatrix} \begin{bmatrix} I_{\mathrm{L}}(s) \\[1ex] V_{\mathrm{C}}(s) \end{bmatrix} + \begin{bmatrix} \dfrac{D_1(s)}{L} \\[1ex] 0 \end{bmatrix} v_{\mathrm{in}} \tag{4.12}$$

4.1.3　三态 Buck-Boost 变换器控制策略研究

1. PI 控制

由上述分析可知，对于三态 Buck-Boost 变换器，工作模式 1 的占空比为 d_1，即功率开关管 S_1 的导通占空比决定了被控输出量输出电压 v_o。功率开关管 S_2 的关断占空比 $1-d_3$ 为工作模式 1 占空比 d_1 与工作模式 2 占空比 d_2 的和。因此，在设计功率开关管 S_1 的控制环路时，可设计为电压 PI 反馈控制环路。参考电压 V_{ref} 减去输出电压 v_o 得到误差电压，然后通过 PI 反馈控制环的输出信号与三角载波信号进行比较，得到功率开关管 S_1 的控制脉冲；同时，根据设计的开关频率与变换器效率需求合理地选择三态 Buck-Boost 变换器电感电流的续流时间，通过预设的续流时间电压信号 V_{ref1} 与三角载波信号进行比较，得到功率开关管 S_2 的控制脉冲，以实现三态 Buck-Boost 变换器输出电压的调节。基于以上分析，三态 Buck-Boost 变换器的电压 PI 控制框图如图 4.4 所示。

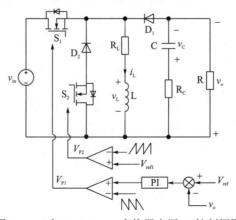

图 4.4　三态 Buck-Boost 变换器电压 PI 控制框图

值得注意的是，为了实现三态 Buck-Boost 变换器工作时序，功率开关管 S_1 的 PWM 模块采用三角后缘调制方式，辅助功率开关管 S_2 的 PWM 模块采用三角前缘调制方式，以保证辅助功率开关管 S_2 关断的同时主开关管 S_1 导通。

2. PT 控制

电压型 PT 控制三态 Buck-Boost 变换器的控制器分为脉冲序列控制器与伪连续控制器两个部分。控制策略在 DCM 控制的基础上设置了两个伪连续控制量，使伪连续控制器按照不同能量的电压控制脉冲产生不同的电流控制脉冲，控制的具体工作过程为：采样电路在每个开关周期的起始时刻采样输出电压 v_o，当 v_o 小于 V_{ref} 时，脉冲序列控制器产生高能量电压控制脉冲 PH_1，控制 S_1 导通，使电感电流 i_L 不断增加；当 PH_1 脉冲结束后，S_1 关断，i_L 下降；当 i_L 下降到设定的参考电流基准值 I_{ref} 时，伪连续控制器产生电流控制脉冲 PH_2，控制开关管 S_2 导通，i_L 通过 S_2 与 D_2 继续流通，直至下一个开关周期开始。当 v_o 不小于 I_{ref} 时，脉冲序列控制器产生低能量电压控制脉冲 PL_1，控制 S_1 导通，i_L 不断增加；当 PL_1 脉冲结束后，S_1 关断，i_L 下降；与产生 PH_1 脉冲的开关周期不同，在产生 PL_1 脉冲的开关周期，伪连续控制器是在 i_L 下降至设定的参考时间 T_{ref} 时产生电流控制脉冲 PL_2 来控制 S_2 导通的，之后 i_L 通过 S_2 与 D_2 继续流通，直至下一个周期开始。图 4.5 为两伪连续控制量 PT 控制三态 Buck-Boost 变换器控制框图[30]。

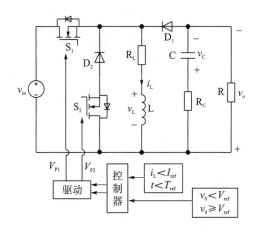

图 4.5   电压 PT 控制三态 Buck-Boost 变换器框图

传统的三态控制器仅设置一个伪连续控制量，即只有一个参考电流 I_{ref} 而没有参考时间，脉冲序列控制器在产生高能量电压控制脉冲 PH_1 或低能量电压控制脉冲 PL_1 时，伪连续控制器均在电感电流 i_L 下降到 I_{ref} 时产生相应的电流控制脉冲，控制 S_2 导通，在不考虑损耗的理想情况下，一个伪连续控制量 PT 控制三态 Buck-Boost 变换器的波形如图 4.6 所示。

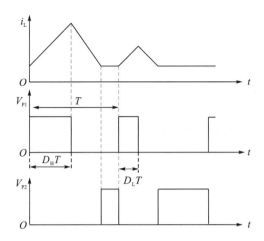

图 4.6 PT 控制三态 Buck-Boost 变换器的主要工作波形

对于 PT 控制三态 Buck-Boost 变换器，流经开关管 S_1 的电流波形如图 4.6 所示。周期为 T，在产生高能量电压控制脉冲 PH_1 的周期，S_1 导通时长为 $D_H T$，电感电流峰值为

$$\Delta I_L = \frac{v_{in} D_H T}{L} + i_{ref} \tag{4.13}$$

式中，L 为滤波电感；v_{in} 为输入电压；D_H 为 PH_1 的占空比；i_{ref} 为参考电流。流经 S_1 的电流在该开关周期内的平均值为

$$I_{S1H} = i_{ref} D_H + \frac{T v_{in} D_H^2}{2L} \tag{4.14}$$

Buck-Boost 变换器的输入端电流即流经 S_1 的电流，故在 PH_1 脉冲作用的周期，变换器从输入端获得的能量为

$$E_{iH} = v_{in} i_{ref} D_H T + \frac{(v_{in} D_H T)^2}{2L} \tag{4.15}$$

与此类似，可求得变换器在占空比为 D_L 的低能量电压控制脉冲 PL_1 作用的周期从输入端获得的能量为

$$E_{iL} = v_{in} i_{ref} D_L T + \frac{(v_{in} D_L T)^2}{2L} \tag{4.16}$$

同样假设三态 Buck-Boost 变换器工作于稳态时，由 μ_H 个 PH_1 脉冲与 μ_L 个 PL_1 脉冲组成一个 PT 循环周期，则变换器在一个 PT 循环周期内从输入端获得的总能量等于变换器的负载功率 P 除以变换器的能量转化效率 η，并结合式(4.15)和式(4.16)可以得到

$$P = \frac{2L\eta v_{in} i_{ref}\left(\mu_H D_H + \mu_L D_L\right) + v_{in}^2 T\eta\left(\mu_H D_H^2 + \mu_L D_L^2\right)}{2L\left(\mu_H + \mu_L\right)} \tag{4.17}$$

式(4.17)体现了 PT 控制三态 Buck-Boost 变换器的主电路与控制参数以及 PT 循环周期内高、低能量电压控制脉冲之间满足的定量关系，在设计主电路与控制电路时可以此作为参照。而且 P 与参考电流 i_{ref} 有关，会随着 i_{ref} 的增大而增加。由式(4.17)可得处于稳态时三态 Buck-Boost 变换器 PT 循环周期中 PH_1 脉冲与 PL_1 脉冲的数量之比为

$$\frac{\mu_{\mathrm{H}}}{\mu_{\mathrm{L}}} = \frac{2LP - 2L\eta v_{\mathrm{in}} i_{\mathrm{ref}} D_{\mathrm{L}} - \eta v_{\mathrm{in}}^2 D_{\mathrm{L}}^2 T}{2L\eta v_{\mathrm{in}} i_{\mathrm{ref}} D_{\mathrm{H}} + \eta v_{\mathrm{in}}^2 D_{\mathrm{B}}^2 T - 2LP} \tag{4.18}$$

观察式 (4.18) 可知，若输入电压不变而负载功率增大，则脉冲序列控制器产生的 PH_1 脉冲相对增多；若输入电压不变而负载功率减小，则脉冲序列控制器产生的 PL_1 脉冲相对增多。若负载功率不变、输入电压上升，则脉冲序列控制器产生的 PL_1 脉冲增加；若负载功率不变、输入电压下降，则脉冲序列控制器产生的 PH_1 脉冲增加。可见，PT 控制技术对主电路的控制是通过调整 PT 循环周期中高、低能量电压控制脉冲数目之比来完成的。

4.2   三态 Flyback 变换器

三态 Flyback 变换器主电路如图 4.7 所示。其主要由输入电压 v_{in}、续流二极管 D_1 与 D_2、功率开关管 S_1 与 S_2、隔离变压器 T、励磁电感 L_m、滤波电容 C 和输出负载 R 构成。引入额外开关的三态 Flyback 变换器有两个功率开关管，给电路控制带来了极大的灵活性。工作于稳态的三态 Flyback 变换器，在一个开关周期内有三个工作模态，如图 4.8 所示。此时，主电路的控制信号、电压和电流波形如图 4.9 所示。通过合理地控制三态 Flyback 变换器的两个功率开关管导通、关断，实现三态 Flyback 变换器在不同的工作模态之间的切换[9,79]。

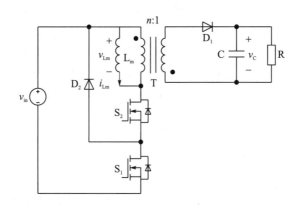

图 4.7   三态 Flyback 变换器主电路图

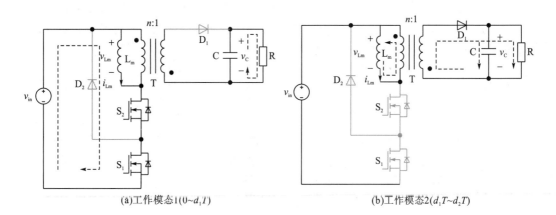

(a) 工作模态1 $(0 \sim d_1 T)$ (b) 工作模态2 $(d_1 T \sim d_2 T)$

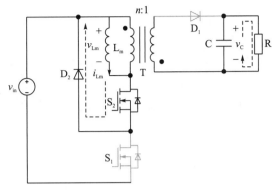

(c)工作模态3(d_2T~d_3T)

图 4.8　三态 Flyback 变换器工作模态

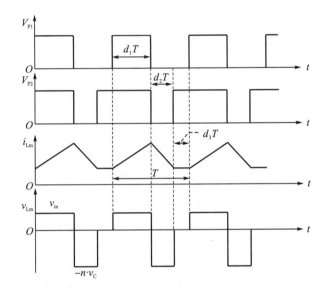

图 4.9　三态 Flyback 变换器主要工作波形

在工作模态分析时假设：

(1)开关频率 f 远大于特征方程的特征频率 f_0，其中 $T=1/f$；

(2)在开关周期内输入电压 v_{in} 保持不变，忽略电容和电感的寄生电阻；

(3)所有的开关管、二极管均为理想元件。

基于上述假设，三态 Flyback 变换器在一个开关周期内的三个工作模态如下。

工作模态 1(0~d_1T)：功率开关管 S_1、S_2 导通，续流二极管 D_1 与 D_2 关断。输入电压 v_{in}、功率开关管 S_1 与 S_2 和变压器励磁电感 L_m 形成回路，励磁电感 L_m 充电，电感电流 i_{Lm} 上升。同时，滤波电容 C 和负载 R 形成回路，电容 C 为负载 R 提供能量，电容电压 v_C 下降。

工作模态 2(d_1T~d_2T)：功率开关管 S_1、S_2 关断，续流二极管 D_2 关断，续流二极管 D_1 导通，变压器励磁电感 L_m、隔离变压器 T、续流二极管 D_1、滤波电容 C、负载 R 形成回路，电感 L 放电，电感电流 i_{Lm} 下降；同时滤波电容 C 充电，电感 L 为负载 R 和电容 C 提供能量，电容电压 v_C 上升。

工作模式 3 $(d_2T \sim d_3T)$：功率开关管 S_1 关断，功率开关管 S_2、二极管 D_2 导通，二极管 D_1 关断；励磁电感 L_m、功率开关管 S_2 与续流二极管 D_2 形成续流回路，电感电流 i_{Lm} 不变。同时，滤波电容 C 和负载 R 形成回路，电容 C 为负载 R 提供能量，电容电压 v_C 下降。

由图 4.9 可得

$$d_1T + d_2T + d_3T = T \tag{4.19}$$

式中，d_1T、d_2T 和 d_3T 分别为三态 Flyback 变换器在一个开关周期内三个模态的工作时间，T 为开关周期。

利用时间平均等效分析方法，根据变压器励磁电感 L_m 的伏秒平衡可得

$$v_{in} \times d_1T - n \cdot v_C \times d_2T + 0 \times d_3T = 0 \tag{4.20}$$

因此，三态 Flyback 变换器的电压增益为

$$\frac{v_C}{v_{in}} = \frac{1}{n} \times \frac{d_1}{d_2} \tag{4.21}$$

三态 Flyback 变换器的小信号模型建模方法和相应的控制策略与上述分析的三态功率变换器相似，在此不过多赘述。

4.3   电容电压三态 Cuk 变换器

传统三态主要指一个开关周期内电感电流具有三个状态：电感电流上升、电感电流下降、电感电流下降到一定值并保持。但是，本节介绍的电容电压三态 Cuk 变换器利用对偶原理，通过在中间储能电容上串联一个开关管，控制串联开关管开通或者关断，为储能电容电压创造开路或者断路状态，实现 Cuk 变换器的中间储能电容电压工作在三个状态：电容电压上升、电容电压下降、电容电压下降到一定值并保持。即形成电容电压三态 Cuk 变换器，其主电路如图 4.10 所示。其主要由输入电压 v_{in}、续流二极管 D_1、功率开关管 S_1 与 S_2、输入滤波电感 L_1、输出滤波电感 L_2、中间储能电容 C_1、输出滤波电容 C_2 和输出负载 R 构成。工作于稳态的三态 Cuk 变换器，在一个开关周期内有三个工作模态，如图 4.11 所示。此时，主电路的控制信号、电压和电流波形如图 4.12 所示。通过合理地控制三态 Cuk 变换器的两个功率开关管导通、关断，实现三态 Cuk 变换器在不同的工作模态之间的切换[9]。

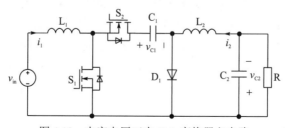

图 4.10   电容电压三态 Cuk 变换器主电路

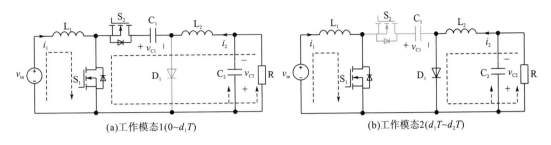

(a)工作模式1(0~d_1T)　　　　　(b)工作模式2(d_1T~d_2T)

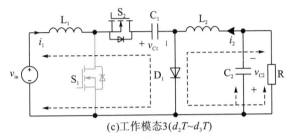

(c)工作模式3(d_2T~d_3T)

图 4.11　电容电压三态 Cuk 变换器工作模态

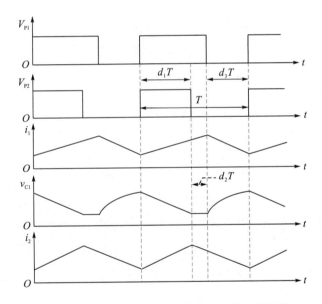

图 4.12　电容电压三态 Cuk 变换器主要工作波形

在工作模态分析时假设：

(1) 开关频率 f 远大于特征方程的特征频率 f_0，其中 $T=1/f$；

(2) 输出电感 L_2 和输出电容 C_2 足够大，使得输出电感电流 i_o 近似为输出电流；

(3) 在开关周期内输入电压 v_{in} 保持不变，忽略电容和电感的寄生电阻；

(4) 所有的开关管、二极管、电感和电容均为理想元件；

(5) 输入电感 L_1 和输出电感 L_2 均工作于 CCM。

基于以上假设，电容电压三态 Cuk 变换器在一个开关周期内的三个工作模态如下。

工作模式 1 $(0\sim d_1T)$：功率开关管 S_1 和 S_2 均导通，续流二极管 D_1 关断。输入电压 v_{in}、输入滤波电感 L_1 和功率开关管 S_1 形成回路；输入滤波电感 L_1 电流 i_1 上升。同时，功率开关管 S_1 与 S_2、输出滤波电感 L_2、中间储能电容 C_1、输出滤波电容 C_2 和输出负载 R 形成续流回路；中间储能电容 C_1 同时为输出负载 R、输出滤波电感 L_2 和输出滤波电容 C_2 提供能量，中间储能电容 C_1 电压 v_{C1} 下降，输出滤波电感 L_2 电流 i_2 上升。

工作模式 2 $(d_1T\sim d_2T)$：功率开关管 S_1 导通，功率开关管 S_2 关断，续流二极管 D_1 导通。输入电压 v_{in}、输入滤波电感 L_1 和功率开关管 S_1 形成回路；输入滤波电感 L_1 电流 i_1 上升。同时，输出滤波电感 L_2、续流二极管 D_1、输出滤波电容 C_2 和输出负载 R 形成续流回路；中间储能电容 C_1 两侧断路，中间储能电容 C_1 电压 v_{C1} 不变；输出滤波电感 L_2 电流 i_2 下降。

工作模式 3 $(d_2T\sim d_3T)$：功率开关管 S_2 导通，功率开关管 S_1 关断，续流二极管 D_1 导通。输入电压 v_{in}、输入滤波电感 L_1、功率开关管 S_2、中间储能电容 C_1 和续流二极管 D_1 形成回路；输入滤波电感 L_1 电流 i_1 下降，电感能量转移到中间储能电容 C_1，即中间储能电容 C_1 电压 v_{C1} 上升。同时，输出滤波电感 L_2、续流二极管 D_1、输出滤波电容 C_2 和输出负载 R 形成续流回路；输出滤波电感 L_2 电流 i_2 下降。

由图 4.12 可知：

$$d_1T + d_2T + d_3T = T \tag{4.22}$$

式中，d_1T、d_2T 和 d_3T 分别为电容电压三态 Cuk 变换器在一个开关周期内三个模态的工作时间，T 为开关周期。

利用时间平均等效分析方法，根据输入滤波电感 L_1 和输出滤波电感 L_2 的伏秒平衡可得

$$(d_1 + d_2)T \times v_{in} = d_3T \times (v_{C1} - v_{in}) \tag{4.23}$$

$$d_1T \times (v_{C1} - v_{C2}) = (d_3 + d_2)T \times v_{C2} \tag{4.24}$$

电容电压三态 Cuk 变换器的小信号模型建模方法和相应的控制策略与上述分析的三态功率变换器相似，可利用对偶原理相应替换，在此不过多赘述。

4.4 本 章 小 结

本章主要介绍了工作于 PPCM 的三态升降压变换器。其中，针对三态 Buck-Boost 变换器，分析了其工作原理和特性，建立了主电路的小信号模型，并给出了电压型 PI 控制策略以及 PT 控制策略。对于三态 Flyback 变换器和对偶原理变化出来的电容电压三态 Cuk 变换器，简要分析了其工作原理和特性。

第 5 章　三态交错并联 Boost 变换器分析与控制

5.1　三态交错并联 Boost 变换器工作原理

　　将两个工作于 PCCM 的三态 Boost 变换器进行交错并联得到三态交错并联 Boost 变换器，主电路如图 5.1(a) 所示。图中：S_{m1}、S_{m2} 是主开关管，S_{f1}、S_{f2} 是续流开关管，D_{m1}、D_{m2}、D_{f1}、D_{f2} 是二极管。T 为开关周期，d_1、d_2、d_3 分别为电感电流充电阶段、放电阶段和续流阶段的占空比，且 $d_1+d_2+d_3=1$。图 5.1(b) 为 $d_1>0.5$ 时，三态交错并联 Boost 变换器的稳态工作波形。由交错并联的特点可知：两条相同的支路均分输入的电流和功率，每相开关管的频率相同，驱动信号相差 180°，即 $\delta_1+\delta_2+\delta_3=0.5$，两相电流相互叠加，组成了输入电流。

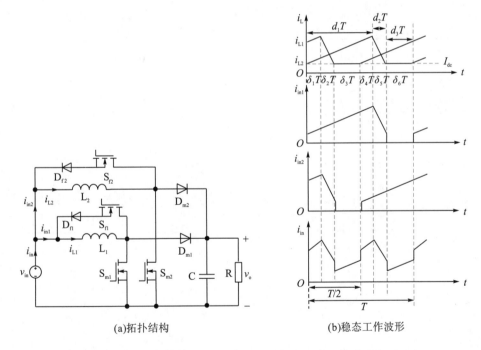

(a) 拓扑结构　　　　　　　　(b) 稳态工作波形

图 5.1　三态交错并联 Boost 变换器拓扑结构及稳态工作波形 $(d_1>0.5)$

　　在一个开关周期 T 内，图 5.1(b) 中工作模式有六种工作模态，即"充一充、充一放、充一续、充一充、放一充、续一充"，如图 5.2 所示。

　　工作模态 1 $(\delta_1 T)$：主开关管 S_{m1}、S_{m2} 导通，二极管 D_{m1}、D_{m2} 关断，如图 5.2(a) 所示，两相电路均处于充电阶段。电感 L_1、L_2 储存能量，电感电流 i_{L1}、i_{L2} 上升，电容给负载提

供能量。

　　工作模态 2($\delta_2 T$)：主开关管 S_{m1} 导通，二极管 D_{m1} 关断，S_{m2} 关断，D_{m2} 导通，如图 5.2(b)所示，第一相电路处于充电阶段，第二相电路处于放电阶段。电感 L_1 储能，电感电流 i_{L1}上升，电感电流 i_{L2} 下降，电感 L_2 同时给电容和负载提供能量。

　　工作模态 3($\delta_3 T$)：主开关管 S_{m1} 导通，二极管 D_{m1} 关断，S_{m2} 关断，D_{m2} 关断，续流开关管 S_{f2} 导通，如图 5.2(c)所示，第一相电路处于充电阶段，第二相电路处于续流阶段。电感 L_1 储能，电感电流 i_{L1} 上升，电感 L_2 通过 S_{f2}、D_{f2} 续流，电容给负载提供能量。

　　工作模态 4($\delta_4 T$)、5($\delta_5 T$) 和 6($\delta_6 T$) 两相的开关状态分别与模态 1、模态 2 和模态 3 相反，如图 5.2(d)～(f)所示。

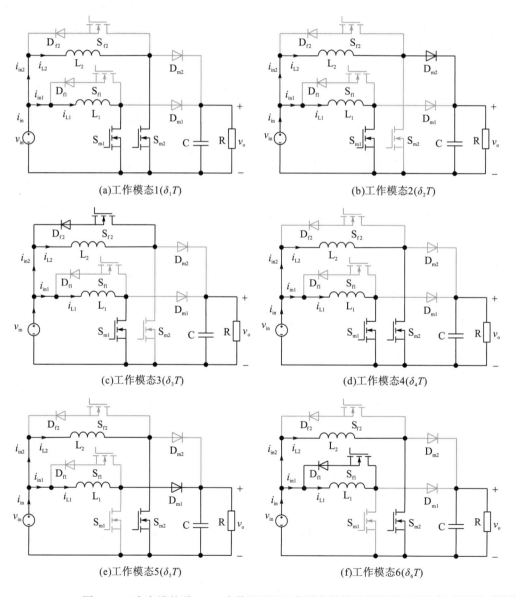

(a)工作模态1($\delta_1 T$)　　　　　　　　　　　　　(b)工作模态2($\delta_2 T$)

(c)工作模态3($\delta_3 T$)　　　　　　　　　　　　　(d)工作模态4($\delta_4 T$)

(e)工作模态5($\delta_5 T$)　　　　　　　　　　　　　(f)工作模态6($\delta_6 T$)

图 5.2　三态交错并联 Boost 变换器不同工作模态的等效电路($d_1 > 0.5$)

5.2　三态交错并联 Boost 变换器小信号模型

5.2.1　小信号模型

在三态交错并联 Boost 变换器的小信号模型分析中，可以将其等效为单相三态 Boost 变换器，单相等效电路中的等效开关频率为原两相电路每相开关频率的 2 倍，等效电感值为原每相电感值的 1/2，其余参数不变，可推广至多相，这将简化三态交错并联 Boost 变换器的分析过程，便于建立变换器与不同控制策略结合后的完整小信号模型[80,81]。

三态交错并联 Boost 变换器的单相等效电路如图 5.3 所示，其中　$i_L'=2i_L$，$L'=L/2$，其 RHP 零点分析过程和小信号模型过程与第 3 章三态 Boost 变换器相似，此处不再赘述。

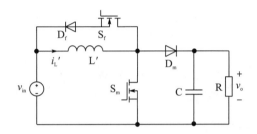

图 5.3　三态交错并联 Boost 变换器的单相等效电路

三态交错并联 Boost 变换器的电压增益 M 和电感电流 I_L 为

$$M = \frac{V_o}{V_{in}} = \frac{D_1 + D_2}{D_2} \tag{5.1}$$

$$I_L = \frac{V_o}{2RD_2} \tag{5.2}$$

令 $\hat{v}_{in} = \hat{d}_2 = 0$，可得采用定关断时间控制、CRC 控制和 DRC 控制的续流控制策略时三态交错并联 Boost 变换器的控制-输出传递函数 $G_{vd1}(s)$ 一致为

$$G_{vd1}(s) = \frac{\hat{v}_o(s)}{\hat{d}_1(s)} = \frac{V_{in}}{D_2} \frac{1}{\dfrac{LC}{2D_2^2}s^2 + \dfrac{L}{2RD_2^2}s + 1} \tag{5.3}$$

令 $\hat{v}_{in} = \hat{d}_3 = 0$，可得采用定续流时间控制的续流控制策略时三态交错并联 Boost 变换器的控制-输出传递函数 $G_{vd1}(s)$ 为

$$G_{vd1}(s) = \frac{\hat{v}_o(s)}{\hat{d}_1(s)} = \frac{\dfrac{V_o}{D_2} - \dfrac{sLV_o}{2RD_2^3}}{\dfrac{LC}{2D_2^2}s^2 + \dfrac{L}{2RD_2^2}s + 1} \tag{5.4}$$

对比式(5.3)和式(5.4)可知，定续流时间控制三态交错并联 Boost 变换器的 $G_{vd1}(s)$

存在 RHP 零点，而采用其他续流控制策略的三态交错并联 Boost 变换器的 $G_{vd1}(s)$ 不存在 RHP 零点，即续流控制策略会影响三态交错并联 Boost 变换器的控制-输出传递函数的 RHP 零点。

同样可得三态交错并联 Boost 变换器功率级各传递函数的表达式如下。

输入-输出传递函数 $G_{vg}(s)$ 为

$$G_{vg}(s) = \frac{\hat{v}_o(s)}{\hat{v}_{in}(s)}\bigg|_{\hat{d}_1=0,\hat{d}_2=0,\hat{i}_o=0} = \frac{D_1+D_2}{D_2}\frac{1}{\Delta(s)} \tag{5.5}$$

输入-电感电流传递函数 $G_{ig}(s)$ 为

$$G_{ig}(s) = \frac{\hat{i}_L(s)}{\hat{v}_{in}(s)}\bigg|_{\hat{d}_1=0,\hat{d}_2=0,\hat{i}_o=0} = (D_1+D_2)\frac{\dfrac{C}{D_2^2}s + \dfrac{1}{RD_2^2}}{2\Delta(s)} \tag{5.6}$$

控制-输出传递函数 $G_{vd1}(s)$ 和 $G_{vd2}(s)$ 为

$$G_{vd1}(s) = \frac{\hat{v}_o(s)}{\hat{d}_1(s)}\bigg|_{\hat{v}_{in}=0,\hat{d}_2=0,\hat{i}_o=0} = \frac{V_{in}}{D_2}\frac{1}{\Delta(s)} \tag{5.7}$$

$$G_{vd2}(s) = \frac{\hat{v}_o(s)}{\hat{d}_2(s)}\bigg|_{\hat{v}_{in}=0,\hat{d}_1=0,\hat{i}_o=0} = \frac{V_{in}D_1}{D_2^2}\frac{\left[\dfrac{sL(D_1+D_2)}{2RD_1D_2^2}-1\right]}{\Delta(s)} \tag{5.8}$$

控制-电感电流传递函数 $G_{id1}(s)$ 和 $G_{id2}(s)$ 为

$$G_{id1}(s) = \frac{\hat{i}_L(s)}{\hat{d}_1(s)}\bigg|_{\hat{v}_{in}=0,\hat{d}_2=0,\hat{i}_o=0} = \frac{V_{in}}{2D_2^2}\frac{sC+\dfrac{1}{R}}{\Delta(s)} \tag{5.9}$$

$$G_{id2}(s) = \frac{\hat{i}_L(s)}{\hat{d}_2(s)}\bigg|_{\hat{v}_{in}=0,\hat{d}_1=0,\hat{i}_o=0} = -\frac{V_{in}(2D_1+D_2)}{2RD_2^3}\frac{\dfrac{sCRD_1}{2D_1+D_2}+1}{\Delta(s)} \tag{5.10}$$

输出阻抗 $Z_o(s)$ 为

$$Z_o(s) = \frac{\hat{v}_o(s)}{\hat{i}_o(s)}\bigg|_{\hat{v}_{in}=0,\hat{d}_1=0,\hat{d}_2=0} = \frac{L}{2D_2^2}\frac{s}{\Delta(s)} \tag{5.11}$$

输出电流-电感电流传递函数 $A_i(s)$ 为

$$A_i(s) = \frac{\hat{i}_L(s)}{\hat{i}_o(s)}\bigg|_{\hat{v}_{in}=0,\hat{d}_1=0,\hat{d}_2=0} = -\frac{1}{2D_2}\frac{1}{\Delta(s)} \tag{5.12}$$

式中，$\Delta(s) = \dfrac{LC}{2D_2^2}s^2 + \dfrac{L}{2RD_2^2}s + 1$。

因此，输出电压小信号扰动量 $\hat{v}_o(s)$ 和电感电流小信号扰动量 $\hat{i}_L(s)$ 的表达式分别为

$$\hat{v}_o(s) = G_{vd1}(s)\hat{d}_1(s) + G_{vd2}(s)\hat{d}_2(s) + G_{vg}(s)\hat{v}_{in}(s) + Z_o(s)\hat{i}_o(s) \tag{5.13}$$

$$\hat{i}_L(s) = G_{id1}(s)\hat{d}_1(s) + G_{id2}(s)\hat{d}_2(s) + G_{ig}(s)\hat{v}_{in}(s) + A_i(s)\hat{i}_o(s) \tag{5.14}$$

5.2.2　频域验证

为了验证 5.2.1 节功率级小信号模型的正确性，利用 SIMPLIS 软件搭建三态交错并联 Boost 变换器的仿真模型进行频域仿真。选取表 5.1 的电路参数，将仿真结果与各个传递函数的表达式在 Mathcad 数学分析软件中进行拟合，结果如图 5.4 所示。

由图 5.4 可知，实线的理论结果与虚线的仿真结果基本重合，即 SIMPLIS 仿真结果与理论的频率响应曲线基本一致，验证了 5.2.1 节建立的三态交错并联 Boost 变换器的功率级小信号模型的正确性，为建立加入控制策略后的三态交错并联 Boost 变换器的完整小信号模型提供了理论基础。

表 5.1　三态交错并联 Boost 变换器主电路参数

符号	物理量	数值	符号	物理量	数值
v_{in}	输入电压	9V	P	负载功率	25W
L_1	电感	275μH	T	开关周期	20μs
L_2	电感	275μH	v_o	输出电压	25V
C	电容	470μF			

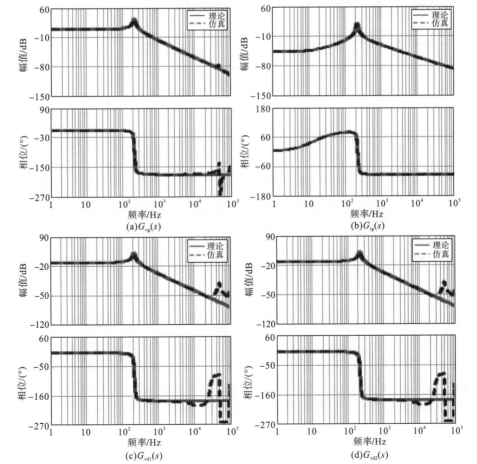

(a)$G_{vg}(s)$　　(b)$G_{ig}(s)$

(c)$G_{vd1}(s)$　　(d)$G_{vd2}(s)$

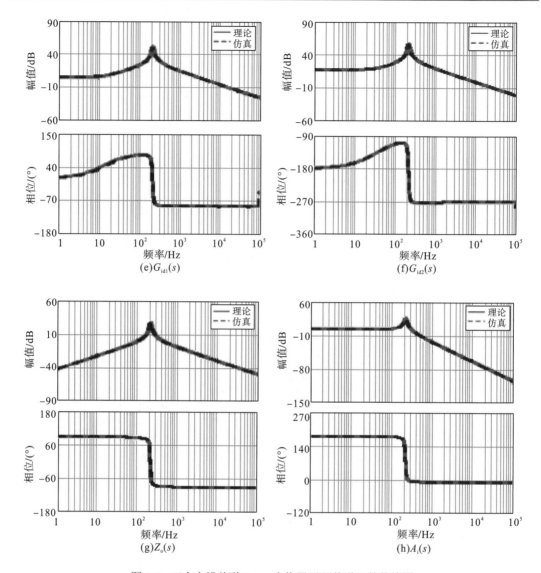

图 5.4　三态交错并联 Boost 变换器开环传递函数伯德图

5.3　三态交错并联 Boost 变换器输入电流纹波分析

交错并联 DC-DC 变换器由于其输入并联的结构，多相电流叠加减小了输入电流纹波，因此输入电流纹波大小与相电流有关[82-85]，由于交错并联 DC-DC 变换器具有上述特性，在研究三态交错并联 Boost 变换器的控制策略时需考虑如何控制变换器工作于最小输入电流纹波状态，因此本节对三态交错并联 Boost 变换器的输入电流纹波进行研究，分析影响输入电流纹波大小的因素，进而得到最小输入电流纹波的工作模式。

5.3.1　影响输入电流纹波的因素

1. 上升斜率和下降斜率

在三态交错并联 Boost 变换器中每相电流有两种情况：电感电流上升斜率小于下降斜率，即 $d_1 > d_2$；电感电流上升斜率大于下降斜率，即 $d_1 < d_2$，如图 5.5 所示，虚线框里的输入电流是上升还是下降趋势由电感电流上升斜率和下降斜率的大小决定，即由电感电流充电阶段占空比 d_1 和放电阶段占空比 d_2 的大小决定。

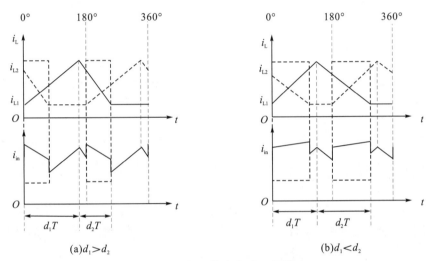

图 5.5　d_1 和 d_2 的大小对 i_{in} 的影响

2. 电感电流充电阶段占空比

电感电流充电阶段占空比 d_1 决定上升斜坡叠加的数量。如图 5.6 所示，上升斜坡有两种重叠情况：无重叠和两个上升斜坡重叠。即 d_1 的划分区间如下：$d_1 < 0.5$，$d_1 > 0.5$。

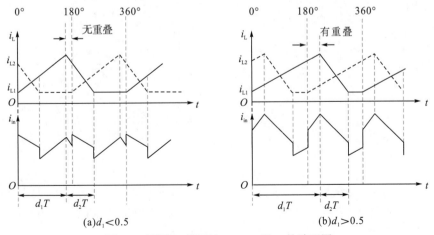

图 5.6　不同 d_1 值下的 i_{L1}、i_{L2} 和 i_{in} 的波形图

3. 电感电流放电阶段占空比

电感电流放电阶段占空比 d_2 决定下降斜坡叠加的数量。如图 5.7 所示，下降斜坡有两种重叠情况：无重叠和两个下降斜坡重叠。即 d_2 的划分区间如下：$d_2 < 0.5$，$d_2 \geq 0.5$。

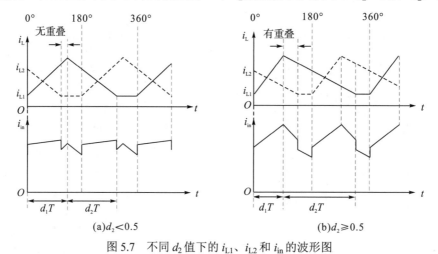

图 5.7　不同 d_2 值下的 i_{L1}、i_{L2} 和 i_{in} 的波形图

4. 电感电流续流阶段占空比

电感电流续流阶段占空比 d_3 决定输入电流是否连续。当 $d_3 > 0.5$ 时，输入电流不连续；当 $d_3 < 0.5$ 时，输入电流连续。图 5.8 为 d_1 相同、d_3 不同时的电感电流 i_{L1}、i_{L2} 和输入电流 i_{in} 的波形图。

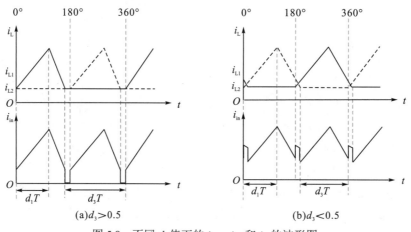

图 5.8　不同 d_3 值下的 i_{L1}、i_{L2} 和 i_{in} 的波形图

5. 续流值

当 $\max(d_1, d_2) < 0.5$ 且 $d_3 < 0.5$ 时，续流值 I_{dc} 会影响输入电流纹波的大小。如图 5.9 所示，将 I_{dc} 划分区间如下：$I_{dc} > \Delta i$ 和 $I_{dc} < \Delta i$。图 5.9 (a) 和 (b) 均满足 $d_1 < 0.5$ 且 $d_3 < 0.5$，仅续流值 I_{dc} 不同时电感电流 i_{L1}、i_{L2} 和输入电流 i_{in} 的波形图。

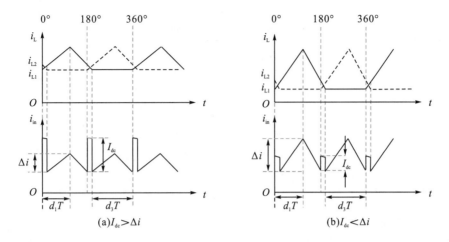

图 5.9　不同 I_{dc} 值下的 i_{L1}、i_{L2} 和 i_{in} 的波形图

图 5.9 中：

$$\Delta i = \frac{V_{in}T}{L}\left(0.5 - d_2\right) \tag{5.15}$$

$$I_{dc} = \frac{V_o}{2Rd_2} - \frac{\left(V_o - V_{in}\right)d_2T}{2L} \tag{5.16}$$

由式 (5.15) 和式 (5.16) 可得

$$I_{dc} < \Delta i \Rightarrow R > \frac{V_oL}{\left[V_{in} + \left(V_o - 3V_{in}\right)d_2\right]d_2T} \tag{5.17}$$

5.3.2　工作模式划分

通过 5.3.1 节的分析可知，影响输入电流纹波大小的因素也影响着三态交错并联 Boost 变换器的两相支路的工作模态，将三态交错并联 Boost 变换器的工作模式进行如下划分，如图 5.10 所示，当 $d_1 > d_2$ 时，得到三种工作模式，对应的占空比条件分别是 $d_1 < 0.5 < d_3$、$d_1 < 0.5$ 且 $d_3 < 0.5$、$d_1 > 0.5$；当 $d_1 < d_2$ 时，同样得到三种工作模式，对应的占空比条件分别是 $d_2 < 0.5 < d_3$、$d_2 < 0.5$ 且 $d_3 < 0.5$、$d_2 \geqslant 0.5$，这里以 $d_1 > d_2$ 为例列举了其不同工作模式对应的工作模态，如表 5.2 所示。

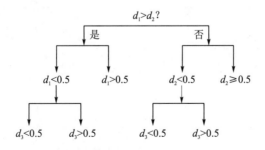

图 5.10　工作模式划分

表 5.2　$d_1 > d_2$ 时不同工作模式对应的工作模态

工作模态		工作模式		
		$d_1 < 0.5 < d_3$	$d_1 < 0.5$ 且 $d_3 < 0.5$	$d_1 > 0.5$
$\delta_1 T$	电感 L_1 支路	充电	充电	充电
	电感 L_2 支路	续流	放电	充电
$\delta_2 T$	电感 L_1 支路	放电	充电	充电
	电感 L_2 支路	续流	续流	放电
$\delta_3 T$	电感 L_1 支路	续流	放电	充电
	电感 L_2 支路	续流	续流	续流

注：$\delta_4 T$、$\delta_5 T$ 和 $\delta_6 T$ 的两相的工作模态分别与 $\delta_1 T$、$\delta_2 T$ 和 $\delta_3 T$ 相反。

稳态时，有 $d_1 = D_1$，$d_2 = D_2$，$d_3 = D_3$，结合式（5.1），用 d_2 将 d_1 和 d_3 替换，可进一步得到工作模式与 d_2 的关系，如图 5.11 所示，再结合 $\max(d_1, d_2) < 0.5$ 且 $d_3 < 0.5$ 时，续流值 I_{dc} 会影响输入电流纹波的大小，进而推导输入电流纹波表达式如表 5.3 所示。

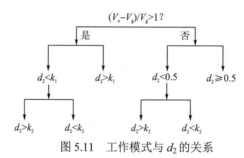

图 5.11　工作模式与 d_2 的关系

表 5.3　输入电流纹波表达式

工作模式		输入电流纹波表达式
$d_1 < 0.5 < d_3$		$\dfrac{(V_o - V_{in})T}{2L}d_2 + \dfrac{V_o}{2R}\dfrac{1}{d_2}$
$d_1 < 0.5$ 且 $d_3 < 0.5$	$I_{dc} > \Delta i$	$\dfrac{(2V_{in} - V_o)T}{2L} + \dfrac{(2V_o^2 - 5V_o V_{in} + V_{in}^2)T}{2LV_{in}}d_2 + \dfrac{V_o}{2R}\dfrac{1}{d_2}$
	$I_{dc} < \Delta i$	$\dfrac{V_{in}T}{2L} - \dfrac{V_{in}T}{L}d_2$
$d_1 > 0.5$		$\dfrac{(V_o - 3V_{in})T}{2L}d_2 + \dfrac{V_o}{2R}\dfrac{1}{d_2}$
$d_2 < 0.5 < d_3$		$\dfrac{(V_o - V_{in})T}{2L}d_2 + \dfrac{V_o}{2R}\dfrac{1}{d_2}$
$d_2 < 0.5$ 且 $d_3 < 0.5$	$I_{dc} > \Delta i$	$\dfrac{(V_o - 2V_{in})T}{2L} + \dfrac{(V_{in}^2 + 3V_o V_{in} - 2V_o^2)T}{2LV_{in}}d_2 + \dfrac{V_o}{2R}\dfrac{1}{d_2}$
	$I_{dc} < \Delta i$	$\dfrac{(V_o - V_{in})T}{2L} - \dfrac{(V_o - V_{in})^2 T}{LV_{in}}d_2$
$d_2 \geq 0.5$		$\dfrac{(V_o - V_{in})(3V_{in} - 2V_o)T}{2LV_{in}}d_2 + \dfrac{V_o}{2R}\dfrac{1}{d_2}$

图 5.11 中：

$$\begin{cases} k_1 = \dfrac{V_{in}}{2(V_o - V_{in})} \\[3mm] k_2 = \dfrac{V_{in}}{2V_o} \end{cases} \tag{5.18}$$

为了使交错并联三态 Boost 变换器（interleaved tri-state Boost converter，ITBC）的每一相都能工作于 PCCM，应满足电感电流续流阶段占空比 d_3 和续流值 I_{dc} 大于零的条件，结合式(5.1)、式(5.2)和式(5.16)，即电感电流放电阶段占空比 d_2 要同时满足以下两个条件：

$$0 < d_2 < \frac{V_{in}}{V_o} \tag{5.19}$$

$$0 < d_2 < \sqrt{\frac{LV_o}{(V_o - V_{in})TR}} \tag{5.20}$$

选取参数如表 5.1 所示，该组参数满足 $d_1 > d_2$，增大输入电压使参数满足 $d_1 < d_2$，这两组参数在 $d_1(d_2) < 0.5$ 且 $d_3 < 0.5$ 时，均满足 $I_{dc} > \Delta i$，再根据表 5.3 及式(5.19)和式(5.20)，用 MATLAB 分别绘制三态交错并联 Boost 变换器工作于不同工作模式时输入电流纹波 Δi_{in} 与电感电流放电阶段占空比 d_2 的关系，如图 5.12 所示。

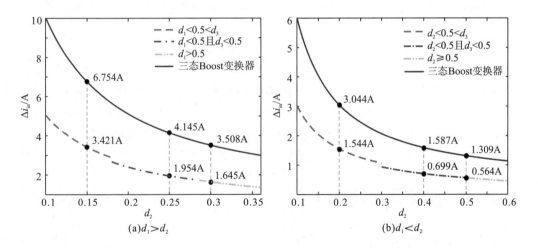

图 5.12　输入电流纹波 Δi_{in} 与电感电流放电阶段占空比 d_2 的关系

由图 5.12 可知：三态交错并联 Boost 变换器的输入电流纹波始终小于三态 Boost 变换器，当 $d_1 > d_2$ 时，$d_1 > 0.5$ 是最小输入电流纹波对应的工作模式；当 $d_1 < d_2$ 时，$d_2 \geqslant 0.5$ 是最小输入电流纹波对应的工作模式，且在满足式(5.19)和式(5.20)的范围内，d_2 越大，Δi_{in} 越小。

5.4　三态交错并联 Boost 变换器控制策略研究

根据 5.3 节的分析可知：通过给定 d_2 的值可以使三态交错并联 Boost 变换器工作于如图 5.10 所示的工作模式。当续流开关管采用 CRC 控制时，根据式(5.16)可以通过 d_2 求得

续流值 I_{dc}，但由于 I_{dc} 恒定，负载跳变后 d_2 的值发生变化，三态交错并联 Boost 变换器的工作模式也发生变化，即三态交错并联 Boost 变换器无法一直工作于最小输入电流纹波的工作模式；当续流开关管采用定关断时间控制时，关断时间 t_{off} 给定，即 d_2 给定，则负载跳变前后三态交错并联 Boost 变换器均可以工作于最小输入电流纹波的工作模式；当续流开关管采用 DRC 控制时，其电感电流的参考续流值是动态的，即可通过动态的参考续流值实现 d_2 恒定，保证三态交错并联 Boost 变换器在负载跳变前后均工作于最小输入电流纹波的工作模式。

图 5.13 为不同负载情况下输入电流纹波 Δi_{in} 与电感电流放电阶段占空比 d_2 的关系。

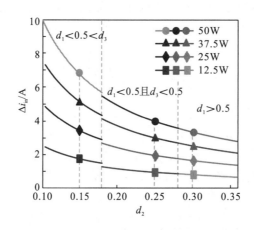

图 5.13   不同负载情况下输入电流纹波 Δi_{in} 与电感电流放电阶段占空比 d_2 的关系

由图 5.13 可知，不同负载情况下，$d_1 > 0.5$ 均是最小输入电流纹波对应的工作模式，即采用定关断时间控制或 DRC 控制可以实现宽负载范围内工作于最小输入电流纹波的工作模式，因此续流开关管的控制策略采用定关断时间控制或 DRC 控制；主开关管采用电流型控制(峰值电流控制)，能较好地实现多个开关变换器并联均流[42, 86]。

5.4.1   定关断时间控制策略

1. 工作原理

电流型定关断时间控制三态交错并联 Boost 变换器的原理框图和工作波形如图 5.14 所示，i_{L1}、i_{L2} 分别表示两相支路的电感电流，V_{Sm1} (V_{Sm2})、V_{Sf1} (V_{Sf2}) 和时钟信号 1(时钟信号 2)分别表示主开关管驱动信号、续流开关管驱动信号和同步时钟信号，v_{in}、v_o 和 V_{ref} 分别表示输入电压、输出电压和输出电压的参考电压。其工作原理为：以第一相为例，在每个开关周期开始时，时钟信号 1 使 RS 触发器 1 置位，V_{Sm1} 为高电平，主开关管 S_{m1} 导通，电感电流 i_{L1} 增大，当 i_{L1} 增大到 i_C 时，比较器 1 输出电平翻转，RS 触发器 1 复位，V_{Sm1} 为低电平，S_{m1} 关断，i_{L1} 下降，当 S_{m1} 关断固定时间 t_{off} 后，关断定时器使 RS 触发器 2 置位，V_{Sf1} 为高电平，续流开关管 S_{f1} 导通，i_{L1} 续流，直到下一个开关周期开始。第二相的工作过程类似，只是时钟信号 2 与时钟信号 1 相差 180°。

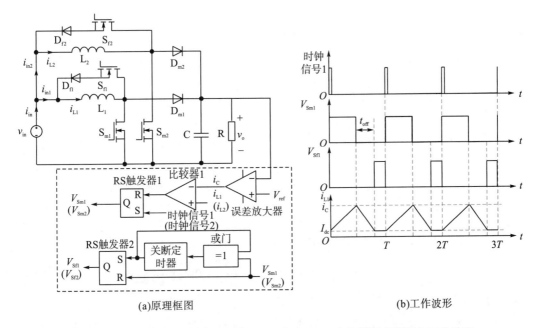

(a)原理框图　　　　　　　　　(b)工作波形

图 5.14　电流型定关断时间控制三态交错并联 Boost 变换器原理框图和工作波形

2. 小信号模型

图 5.15 为三态交错并联 Boost 变换器的主开关管采用电流型控制,每一相电感电流的稳态波形,其中,i_C 为电流控制环路的控制信号,$\bar{i}_L$ 为电感电流平均值,m_1 和 m_2 分别是电感电流的上升斜率和下降斜率。

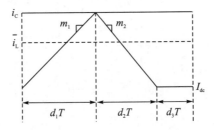

图 5.15　电流型控制的稳态波形

由图 5.15 可知,电感电流平均值表达式为

$$\bar{i}_L = d_1\left(i_C - \frac{m_1 d_1 T}{2}\right) + d_2 \frac{i_C + I_{dc}}{2} + (1 - d_1 - d_2) I_{dc} \tag{5.21}$$

式中,$m_1 = \dfrac{V_{in}}{L}$。

对式(5.21)中各变量引入小信号扰动并分离,忽略二次及以上小信号扰动项,得到

$$\hat{i}_L = G_1 \hat{d}_1 + G_2 \hat{d}_2 + G_3 \hat{v}_{in} + G_4 \hat{i}_C + G_5 \hat{i}_{dc} \tag{5.22}$$

式中，$G_1 = I_C - \dfrac{V_{in}D_1T}{L} - I_{dc}$，$G_2 = \dfrac{I_C - I_{dc}}{2}$，$G_3 = -\dfrac{D_1^2 T}{2L}$，$G_4 = D_1 + \dfrac{D_2}{2}$，$G_5 = 1 - D_1 - \dfrac{D_2}{2}$。

同理，图 5.15 稳态时有

$$m_2 d_2 T = i_C - I_{dc} \tag{5.23}$$

式中，$m_2 = \dfrac{v_o - v_{in}}{L}$。

对式 (5.23) 中各变量引入小信号扰动并分离，忽略二次及以上小信号扰动项，得到

$$\hat{i}_{dc} = G_6 \hat{d}_2 + G_7 (\hat{v}_o - \hat{v}_{in}) + \hat{i}_C \tag{5.24}$$

式中，$G_6 = -\dfrac{(V_o - V_{in})T}{L}$，$G_7 = -\dfrac{D_2 T}{L}$。

将式 (5.24) 代入式 (5.22)，化简得 $\hat{d}_1$ 表达式为

$$\hat{d}_1 = \frac{1}{G_1}\left(\hat{i}_L + F_1 \hat{v}_o + F_2 \hat{v}_{in} + F_3 \hat{i}_C + F_4 \hat{d}_2 \right) \tag{5.25}$$

式中，$F_1 = -G_5 G_7$，$F_2 = G_5 G_7 - G_3$，$F_3 = -G_4 - G_5$，$F_4 = -G_2 - G_5 G_6$。

在式 (5.25) 的基础上，结合三态交错并联 Boost 变换器的功率级小信号模型，建立包含功率级和控制级的电流型定关断时间控制三态交错并联 Boost 变换器的完整小信号模型，如图 5.16 所示。其中，$H(s)$ 表示输出电压采样函数，$G_C(s)$ 表示补偿网络传递函数。

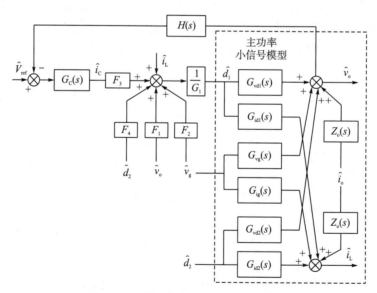

图 5.16　电流型定关断时间控制三态交错并联 Boost 变换器的小信号模型框图

5.4.2　动态参考电流控制策略

1. 工作原理

图 5.17 为电流型 DRC 控制三态交错并联 Boost 变换器的原理框图及其稳态工作波形。

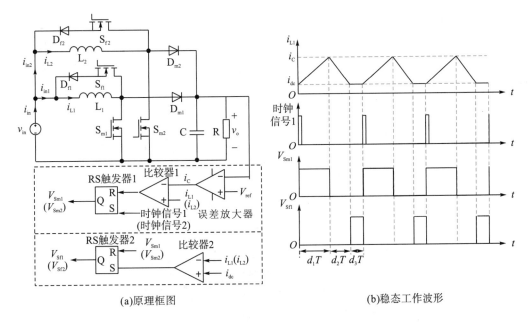

(a)原理框图　　　　　　　　　　　　　　　　(b)稳态工作波形

图 5.17　电流型 DRC 控制三态交错并联 Boost 变换器原理框图及其稳态工作波形

其工作原理为：以第一相为例，在每个开关周期开始时，时钟信号 1 使 RS 触发器 1 置位，V_{Sm1} 为高电平，主开关管 S_{m1} 导通，电感电流 i_{L1} 增大，当 i_{L1} 增大到 i_C 时，比较器 1 输出电平翻转，RS 触发器 1 复位，V_{Sm1} 为低电平，S_{m1} 关断，i_{L1} 下降，当 i_{L1} 下降至动态参考电流 i_{ref} 时，比较器 2 输出电平翻转，RS 触发器 2 置位，V_{Sf1} 为高电平，续流开关管 S_{f1} 导通，i_{L1} 续流，直到下一个开关周期开始。第二相的工作过程类似，只是时钟信号 2 与时钟信号 1 相差 180°。

2. 动态参考电流设计

根据式(5.16)可以得到 i_{ref} 与 d_2 的关系为

$$i_{ref} = \frac{i_o}{2d_2} - \frac{(V_o - V_{in})d_2 T}{2L} \tag{5.26}$$

为使 i_{ref} 的产生电路更加简单，忽略式(5.26)中较小的电感电流纹波，则动态参考电流 i_{ref} 表示为

$$i_{ref} \approx \frac{i_o}{2d_2^*} \tag{5.27}$$

联立式(5.26)和式(5.27)可得近似值 d_2^* 与实际值 d_2 的关系

$$d_2 = \frac{-i_{ref} + \sqrt{i_{ref}^2 + \dfrac{T(V_o - V_{in})i_o}{L}}}{\dfrac{T(V_o - V_{in})}{L}} \approx \frac{-\dfrac{i_o}{2d_2^*} + \sqrt{\left(\dfrac{i_o}{2d_2^*}\right)^2 + \dfrac{T(V_o - V_{in})i_o}{L}}}{\dfrac{T(V_o - V_{in})}{L}} \tag{5.28}$$

选取参数如表 5.1 所示，由 5.3 节可知，当三态交错并联 Boost 变换器工作于 $d_1>0.5$，即 $0.28<d_2<0.36$ 时，是最小输入电流纹波的工作模式。取 $0.28<d_2^*<0.36$ 代入式 (5.28)，可得负载分别为 25W 和 50W 时 d_2 的取值范围为 $0.26<d_2<0.32$ 和 $0.27<d_2<0.34$，如图 5.18 所示。

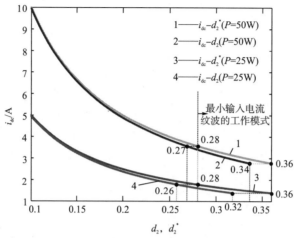

图 5.18　不同负载时，i_{dc} 与 d_2、d_2^* 的关系

当 d_2^* 取接近 0.36 的值时，在负载 25～50W 的范围内，三态交错并联 Boost 变换器均可以工作于最小输入电流纹波的工作模式，并且给定 d_2^* 的值与实际 d_2 的值相差不大，d_2^* 的值越小，与 d_2 的误差也越小，因此可以用式 (5.27) 近似等效式 (5.26)，即 i_{ref} 的表达式为

$$i_{ref}=\frac{i_o}{2d_2^*}=ki_o \tag{5.29}$$

取 $k=1.6$，即 $d_2^*\approx0.31$，由式 (5.28) 可得：当 $P=25$W 时，$d_2=0.28$；当 $P=50$W 时，$d_2=0.3$。即 $k=1.6$ 时，三态交错并联 Boost 变换器在宽负载范围内均可以工作于最小输入电流纹波的工作模式。

3. 小信号模型

对式 (5.23) 中各变量引入小信号扰动并分离，忽略二次及以上小信号扰动项，得到

$$\hat{d}_2=G_8\left(\hat{i}_C-\hat{i}_{ref}\right)+G_9\left(\hat{v}_o-\hat{v}_{in}\right) \tag{5.30}$$

式中，$G_8=\dfrac{L}{\left(V_o-V_{in}\right)T}$，$G_9=-\dfrac{D_2}{V_o-V_{in}}$。

将式 (5.30) 代入式 (5.21)，化简得 $\hat{d}_1$ 表达式为

$$\hat{d}_1=\frac{1}{G_1}\left(\hat{i}_L+F_5\hat{v}_o+F_6\hat{v}_{in}+F_7\hat{i}_C+F_8\hat{i}_{ref}\right) \tag{5.31}$$

式中，$F_5=-G_2G_9$，$F_6=G_2G_9-G_3$，$F_7=-\left(G_4+G_2G_8\right)$，$F_8=G_2G_8-G_5$。

在式 (5.29)～式 (5.31) 的基础上，结合三态交错并联 Boost 变换器的功率级小信号模型，建立电流型 DRC 控制三态交错并联 Boost 变换器的完整小信号模型，如图 5.19 所示，其中 $F_9=k/R$。

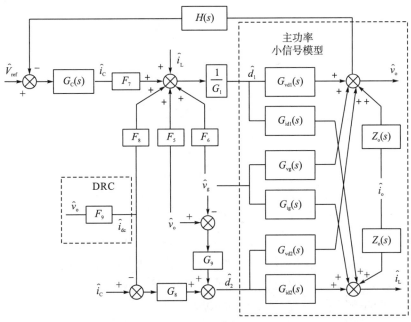

图 5.19　电流型 DRC 控制三态交错并联 Boost 变换器的小信号模型框图

5.5　三态交错并联 Boost 变换器性能分析

5.5.1　负载动态性能分析

1. 仿真分析

根据图 5.16 和图 5.19 所示的电流型定关断时间和电流型 DRC 控制三态交错并联 Boost 变换器的小信号模型框图，可以得到等效功率级的控制-输出传递函数 $G_{\text{vc-d2}}(s)$、$G_{\text{vc-DRC}}(s)$ 和输出阻抗 $Z_{\text{out-d2}}(s)$、$Z_{\text{out-DRC}}(s)$ 分别为

$$G_{\text{vc-d2}}(s) = \frac{\hat{v}_o(s)}{\hat{i}_C(s)}\bigg|_{\hat{v}_{\text{in}}=0,\hat{i}_o=0,\hat{d}_2=0} = \frac{F_3 G_{\text{vd1}}(s)}{G_1 - G_{\text{id1}}(s) - F_1 G_{\text{vd1}}(s)} \quad (5.32)$$

$$G_{\text{vc-DRC}}(s) = \frac{\hat{v}_o(s)}{\hat{i}_C(s)}\bigg|_{\hat{v}_{\text{in}}=0,\hat{i}_o=0} = \frac{G_{\text{vd1}}(s)n_1 + G_{\text{vd2}}(s)G_8}{1 - G_{\text{vd1}}(s)n_2 - G_{\text{vd2}}(s)(G_9 - G_8 F_9)} \quad (5.33)$$

$$Z_{\text{out-d2}}(s) = \frac{\hat{v}_o(s)}{\hat{i}_o(s)}\bigg|_{\hat{v}_{\text{in}}=0,\hat{i}_o=0,\hat{d}_2=0} = \frac{h_1 + Z_o(s)}{1 - G_{\text{vd1}}(s)h_2} \quad (5.34)$$

$$Z_{\text{out-DRC}}(s) = \frac{\hat{v}_o(s)}{\hat{i}_o(s)}\bigg|_{\hat{v}_{\text{in}}=0,\hat{i}_o=0} = \frac{h_1 + Z_o(s)}{1 - G_{\text{vd1}}(s)J_1 - G_{\text{vd2}}(s)J_2} \quad (5.35)$$

式中

$$n_1 = \frac{G_{id2}(s)G_8 + F_7}{G_1 - G_{id1}(s)}$$

$$n_2 = \frac{G_{id2}(s)(G_9 - G_8 F_9) + F_5 + F_8 F_9}{G_1 - G_{id1}(s)}$$

$$h_1 = \frac{A_i(s)G_{vd1}(s)}{G_1 - G_{id1}(s)}$$

$$h_2 = \frac{F_1 - F_3 H(s)G_c(s)}{G_1 - G_{id1}(s)}$$

$$J_1 = \frac{G_{id2}(s)\left[G_9 - G_8 F_9 - G_8 H(s)G_c(s)\right] + F_5 + F_8 F_9 - F_7 H(s)G_c(s)}{G_1 - G_{id1}(s)}$$

$$J_2 = G_9 - G_8 F_9 - G_8 H(s)G_c(s)$$

为了验证式(5.32)～式(5.35)的正确性，同时更直观地对比两种控制策略的负载动态性能，在 SIMPLIS 仿真软件中分别搭建电流型定关断时间和电流型 DRC 控制三态交错并联 Boost 变换器的仿真模型，选取表 5.1 的电路参数。

图 5.20 为控制-输出传递函数 $G_{vc\text{-}d2}(s)$、$G_{vc\text{-}DRC}(s)$ 的理论曲线与 SIMPLIS 仿真对比图。由图可知，理论曲线与仿真曲线在低频段很吻合，在高频段有略微偏差，验证了式(5.32)和式(5.33)的正确性；电流型 DRC 控制的带宽明显大于电流型定关断时间控制，因此在电路参数相同时，相比于电流型定关断时间控制，电流型 DRC 控制使系统的外环设计更简单，更易得到较大的闭环带宽，具有更快的负载动态响应速度。

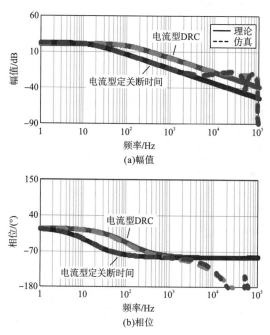

(a)幅值

(b)相位

图 5.20　两种控制策略的控制-输出传递函数伯德图

　　图 5.21 为输出阻抗 $Z_{\text{out-d2}}(s)$、$Z_{\text{out-DRC}}(s)$ 的理论曲线与 SIMPLIS 仿真对比图。由图可知，SIMPLIS 仿真与理论曲线基本一致，验证了式 (5.34) 和式 (5.35) 的正确性，且说明了 5.4 节建立的三态交错并联 Boost 变换器的完整小信号模型是正确的；在高频段，两种控制策略具有相同的输出阻抗，这是由于在高频段，输出阻抗主要由输出滤波电容决定[43]；在低频段，电流型 DRC 控制具有比电流型定关断时间控制更低的输出阻抗，因此在负载电流出现低频扰动时，与电流型定关断时间控制相比，电流型 DRC 控制三态交错并联 Boost 变换器的输出电压受到的影响更小，负载动态响应速度更快。

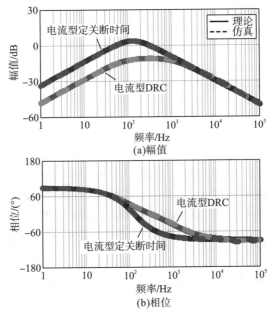

图 5.21　两种控制策略的输出阻抗伯德图

2. 实验验证

　　图 5.22 和图 5.23 分别为电流型定关断时间和电流型 DRC 控制三态交错并联 Boost 变换器在减载 (50W 跳变至 25W) 和加载 (25W 跳变至 50W) 时的瞬态实验波形。由图 5.22 和图 5.23 可知，无论是减载还是加载，相比于电流型定关断时间，电流型 DRC 控制三态交错并联 Boost 变换器的负载动态响应速度更快。

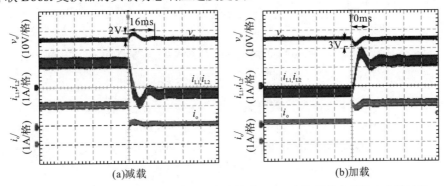

图 5.22　电流型定关断时间控制三态交错并联 Boost 变换器的负载瞬态实验波形

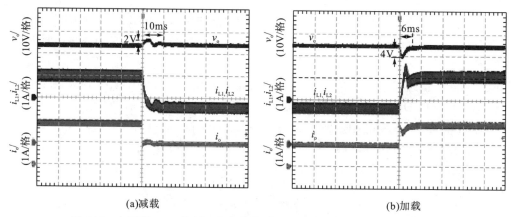

(a)减载　　　　　　　　　　　　　　(b)加载

图 5.23　电流型 DRC 控制三态交错并联 Boost 变换器的负载瞬态实验波形

5.5.2　效率分析

图 5.24 为电流型定关断时间控制三态交错并联 Boost 变换器的效率 η 和电感电流放电阶段占空比 d_2 的关系，由图可知，无论是重载还是轻载，d_2 越大，η 越高，这是因为 d_2 越大，d_3 越小，三态交错并联 Boost 变换器的续流时间越短，电感电流 i_L 流经续流开关管和二极管的回路造成的损耗越少，因此三态交错并联 Boost 变换器的效率越高；同时轻载和重载效率相差不大，是因为定关断时间控制的续流值随负载变化而变化，可以提高三态变换器的轻载效率。

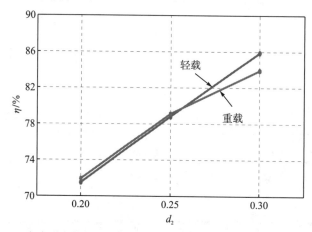

图 5.24　电流型定关断时间控制三态交错并联 Boost 变换器的效率 η 和
电感电流放电阶段占空比 d_2 的关系

图 5.25 为不同负载下电流型定关断时间和电流型 DRC 控制三态交错并联 Boost 变换器的效率曲线，由图可知，两种控制策略在保证重载效率的同时，提高了轻载效率，整体效率在 80% 以上，且两种控制策略效率相差不大，轻载时仅相差 0.33%，重载时相差 3.61%，这是因为在重载情况下，电路中的线路损耗等会更严重，而两种控制策略的控制电路不同，因此效率相差更大。

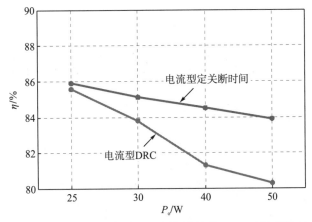

图 5.25　不同负载不同控制策略下三态交错并联 Boost 变换器的效率对比

5.6　本 章 小 结

本章以三态交错并联 Boost 变换器为研究对象，从工作原理、小信号模型、输入电流纹波、控制策略和性能等方面进行了分析。首先，以电感电流充电阶段占空比大于 0.5 的工作模式为例，分析了三态交错并联 Boost 变换器的工作原理，其在一个开关周期内有六种工作模态；其次，建立了三态交错并联 Boost 变换器的小信号模型，并分析了续流控制策略对其 RHP 零点的影响，即当续流开关管采用定关断时间控制、CRC 控制和 DRC 控制时三态交错并联 Boost 变换器均不存在 RHP 零点，而采用定续流时间控制时三态交错并联 Boost 变换器存在 RHP 零点；再次，分析了影响三态交错并联 Boost 变换器输入电流纹波的因素，划分了其工作模式，推导了其对应的输入电流纹波表达式，得到了输入电流纹波与电感电流放电阶段占空比之间的关系，即通过增大电感电流放电阶段占空比，可以改变三态交错并联 Boost 变换器的工作模式和减小输入电流纹波；最后，为了实现最小输入电流纹波对应的工作模式，分析了电流型定关断时间控制和电流型 DRC 控制两种控制策略的负载动态性能和效率，相比于电流型定关断时间控制，电流型 DRC 控制三态交错并联 Boost 变换器的负载动态响应速度更快，两种控制策略的宽负载范围效率均在 80%以上，且电感电流放电阶段占空比越大，效率越高。

第6章 三态双向 DC-DC 变换器分析与控制

除了以上章节介绍的电感电流伪连续导电模式，每个开关周期存在三种不同的电感电流状态，本章将三态的概念扩展至双向 DC-DC 变换器的工作周期当中。将以脉冲负载功率补偿的应用场景为例，令双向 DC-DC 变换器中的电感电流工作于伪连续与连续混合导电模式，有效提升双向 DC-DC 变换器的补偿速度。

本章将详细研究三态双向 DC-DC 变换器的工作原理与小信号模型，并以电压电流双环线性控制策略、电压电流双环非线性控制策略为例对三态双向 DC-DC 变换器的性能分析展开深入的研究，为脉冲负载功率补偿的运用提供参考。

6.1 三态双向 DC-DC 变换器工作原理

随着电力电子技术的大力发展，电力电子设备的负载也呈现多样化的趋势[87]。相较于常见的恒定负载，越来越多的非恒定负载成为研究热点。其中，以脉冲负载为代表的非恒定负载已受到广泛关注。脉冲负载主要表现在负载的瞬时功率呈现脉冲形式，常应用于静电沉淀、脉冲电镀、脉冲电化学废水处理、雷达发射机等场合[88]。

大量的研究应用中发现，在微网、独立供电系统、有限容量系统等这类容量小、惯性小的供电系统中，脉冲负载的特性会引起供电系统的电压电流波动，甚至影响整个供电系统的正常工作[89]。例如，机载雷达发射机，由于空间、载重的要求，飞机供电系统的额定功率设计受限，当脉冲负载直接接入机上供电系统时，负载功率在进行快速、周期性变化时，供电系统自身无法稳定负载的变化，造成供电系统上的电流波形同样呈现脉冲形式，同时电压产生大幅波动，其波动幅度难以满足《飞机供电特性》（GJB 181B—2012）的标准规定要求，如图 6.1 所示，图中 P_p 为负载的瞬时功率，i_p 为脉冲负载上的电流，v_o 为脉冲负载端电压。

由于脉冲负载快速、连续变化的特性会对供电系统的电压、电流造成较大影响，为了保证前级供电系统不受脉冲负载特性的影响，通常在前级供电系统的输出端口上并联双向 DC-DC 变换器对脉冲负载瞬时功率进行补偿与吸收，通过电容的充放电来平衡前级供电系统与脉冲负载之间的瞬时功率差[90-92]，其原理框图如图 6.2 所示。

当脉冲负载工作时，i_p 波形同样呈现脉冲波，其峰值与谷值取决于负载的重载功率与轻载功率；i_b 为双向变换器补偿电流，当电容 C_b 充电时，电流值为正，当电容 C_b 放电时，电流值为负；i_o 为前级供电系统输出电流，即本章需要稳定的电流，其与 i_b、i_p 的关系可表示为

$$i_o = i_b + i_p \tag{6.1}$$

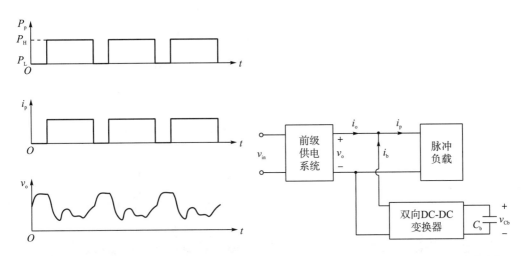

图 6.1　带脉冲负载时供电系统中的关键波形　　图 6.2　采用双向 DC-DC 变换器平衡脉冲功率

图 6.3 给出了脉冲电流 i_p、双向变换器的补偿电流 i_b、前级供电系统的输出电流 i_o 以及脉冲负载两端电压 v_o 的理想波形。

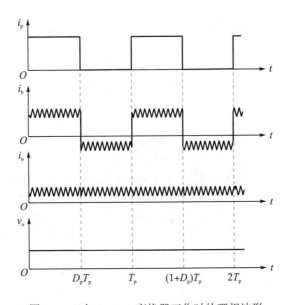

图 6.3　双向 DC-DC 变换器工作时的理想波形

为实现储能电容的功率传输，双向 DC-DC 变换器成为必不可少的组成部分。如图 6.4 所示的单电感双向 Buck-Boost 变换器具有结构简单、转换效率高等特点，在此应用场景中常被用作双向 DC-DC 变换器实现脉冲功率的平衡[34, 49, 93]，实际的工作波形如图 6.5 所示。

如图 6.5 所示，当单电感双向 Buck-Boost 变换器工作时，电感电流工作于连续导电模式。在此导电模式下，当脉冲电流 i_p 跳变时，补偿电流 i_b 在两个电流方向发生突变，由于电感的楞次效应，其上的电流不能突变，导致补偿电流 i_b 无法快速地跟踪脉冲电流 i_p 中的交流量，输出电流 i_o 中出现图示的电流暂态尖峰，导致脉冲负载两端电压 v_o 出现电压降 ΔV_o，影响供电系统性能。

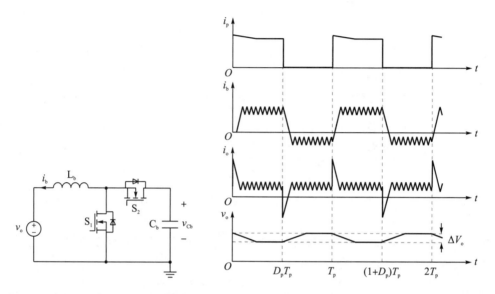

图 6.4　单电感双向 Buck-Boost 变换器　图 6.5　单电感双向 Buck-Boost 变换器工作时的关键波形

如图 6.6 所示的两电感双向 Buck-Boost 变换器为两个方向的补偿电流 i_b 提供独立的电感支路，电感电流方向不变，消除了电感电流反向的暂态过程，因此常被用作平衡脉冲负载的瞬时功率，以提高双向 DC-DC 变换器的动态响应性能，提升供电系统性能[94,95]。

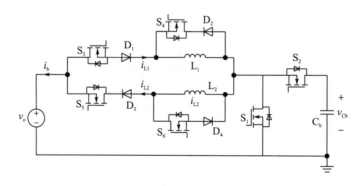

图 6.6　两电感双向 Buck-Boost 变换器

该拓扑的主要工作原理：在任意时刻，只有其中一个电感连接至前级供电系统的输出端口，另一个电感通过开关管和二极管续流，其电感电流保持不变，该拓扑的工作原理与单电感双向 Buck-Boost 变换器相同，在一个脉冲周期 T_p 内，电感电流存在连续导电模式与伪连续导电模式，同时两电感双向 Buck-Boost 变换器具有两个工作状态，下面详细介绍两个状态下变换器的工作过程。

状态 I$(0<t<D_\mathrm{p}T_\mathrm{p})$：如图 6.7(a)所示，在此阶段，脉冲负载需要高功率。此时，开关管 S_5 导通，开关管 S_3 与 S_6 关断，电感 L_2 连接至前级供电系统的输出端口，开关管 S_1 和 S_2 导通与关断进行功率传输，电感电流 i_{L2} 等于补偿电流 i_b，即 $i_{L2}=i_\mathrm{b}$。开关管 S_4 导通，电感电流 i_{L1} 经过开关管 S_4，二极管 D_2 续流，电感电流保持不变。

状态 II$(D_\mathrm{p}T_\mathrm{p}<t<T_\mathrm{p})$：如图 6.7(b)所示，在此阶段，脉冲负载端开路，无须提供功率。此时，开关管 S_3 导通，开关管 S_4 与 S_5 关断，电感 L_1 连接至前级供电系统的输出端口，开关管 S_1 和 S_2 导通与关断进行功率传输，电感电流 i_{L1} 等于补偿电流 i_b，即 $i_{L1}=i_\mathrm{b}$。开关管 S_6 导通，电感电流 i_{L2} 经过开关管 S_6，二极管 D_4 续流，电感电流保持不变。

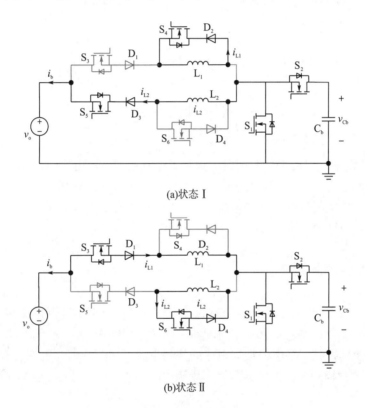

(a)状态 I

(b)状态 II

图 6.7　两电感双向 Buck-Boost 变换器的工作状态

根据两电感双向 Buck-Boost 变换器的工作状态，得出脉冲负载三端口变换器的脉冲电流 i_p、电感电流 i_{L1} 与 i_{L2}、补偿电流 i_b、输出电流 i_o、储能电容电压 v_{Cb}、输出电压 v_o 的波形如图 6.8 所示。从图中可以看出，在忽略电感损耗的情况下，电感电流 i_{L1} 与 i_{L2} 具有三个状态，即电感电流上升、电感电流下降、电感电流续流，因此两电感双向 Buck-Boost 变换器也称为三态双向 Buck-Boost 变换器，其中电感电流的上升与下降的状态实现了功率的传输，导致储能电容电压 v_{Cb} 呈锯齿波变化；电感电流续流状态保证了电感电流不发生大的变化，当下一个脉冲周期开始时，电感电流能够进行快速补偿，因此从拓扑结构改进上减小了输出电流 i_o 的电流暂态尖峰，达到稳定前级供电系统输出电压 v_o 的目的。

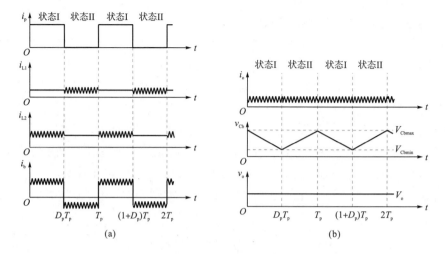

图 6.8　两电感双向 Buck-Boost 变换器的关键波形

6.2　传统双环控制策略分析

为了实现三态双向 DC-DC 变换器的正常工作，通常采用电压电流双环控制策略，电压外环控制电容电压，电流内环控制补偿电流或前级供电系统输出电流。本节介绍传统的电压电流双环线性控制策略，并在电流环中采用非线性控制策略，提升三态双向 DC-DC 变换器的动态响应性能。

6.2.1　线性控制策略

为了实现三态双向 DC-DC 变换器对脉冲电流补偿，以抵消脉冲电流对前级供电系统输出电流的影响，电流环控制策略的本质是控制补偿电流的大小等于脉冲电流中的交流量。现有的电流环控制策略中，根据电流的控制量的不同，分为控制三态双向 DC-DC 变换器补偿电流[93]与控制前级供电系统输出电流[49]。三态双向 DC-DC 变换器线性控制策略如图 6.9 所示。

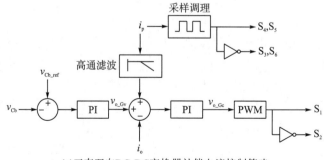

(a)三态双向DC-DC变换器补偿电流控制策略

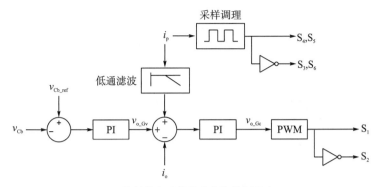

(b)前级供电系统输出电流控制策略

图 6.9　三态双向 DC-DC 变换器线性控制策略

图 6.9(a) 和 (b) 的主要区别在于，前者的脉冲电流经过高通滤波器得到补偿电流的参考量，后者的脉冲电流经过低通滤波器得到前级供电系统输出电流的参考量。如图 6.9 所示，电压外环控制储能电容 C_b 两端的电压 v_{Cb} 的最小值不低于脉冲负载端电压 v_o，从而保证三态双向 DC-DC 变换器的正常工作。采样电容 C_b 两端电压，经过电压补偿器得到电压调制量 v_{o_Gv}。由于储能电容电压为脉冲负载频率的锯齿波，为了减少 v_{o_Gv} 对电流参考的影响，电压外环带宽的设计应远低于脉冲负载频率。经过电流补偿器得到的电流调制量 v_{o_Gc} 与锯齿波比较得出开关管 S_1 的驱动信号。

6.2.2　线性控制策略仿真分析

基于 PSIM 软件，搭建了相应的电路仿真模型，对电压电流双环线性控制三态双向 DC-DC 变换器进行时域仿真。

1. 补偿电流控制策略

选取相同的电路参数，在脉冲频率 f_p 不同时的时域仿真波形如图 6.10 所示。由图可以看出，当 f_p=100Hz 时，输出电流暂态尖峰 ΔI_o=3.9A；当 f_p=300Hz 时，输出电流暂态尖峰 ΔI_o=2.1A；当 f_p=500Hz 时，输出电流暂态尖峰 ΔI_o=1A。

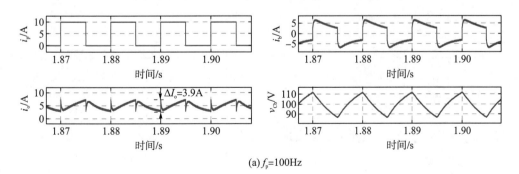

(a)f_p=100Hz

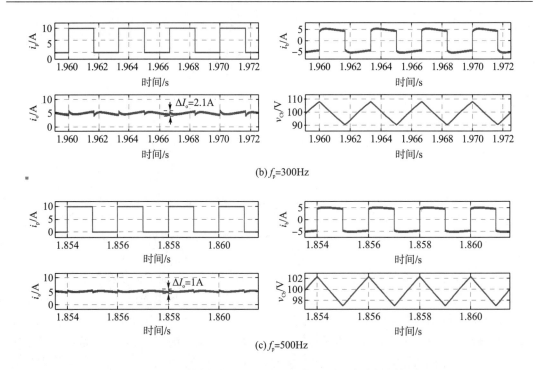

(b) f_p=300Hz

(c) f_p=500Hz

图 6.10 不同脉冲频率 f_p 对应的仿真结果（补偿电流控制策略）

2. 输出电流控制策略

选取相同的电路参数，在脉冲频率 f_p 不同时的时域仿真波形如图 6.11 所示。由图可以看出，当 f_p=100Hz 时，输出电流暂态尖峰 ΔI_o=4.3A；当 f_p=300Hz 时，输出电流暂态尖峰 ΔI_o=2.1A；当 f_p=500Hz 时，输出电流暂态尖峰 ΔI_o=1A。

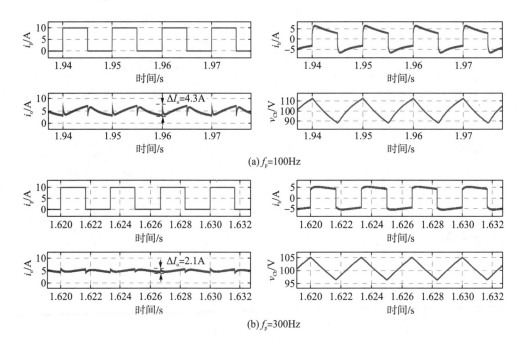

(a) f_p=100Hz

(b) f_p=300Hz

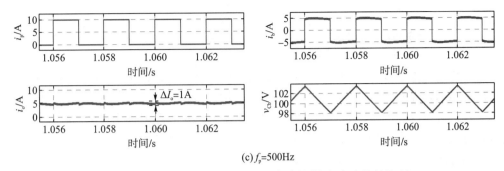

(c)f_p=500Hz

图 6.11 不同脉冲频率 f_p 对应的仿真结果(输出电流控制策略)

选取相同的电路参数,在储能电容 C_b 不同时的时域仿真波形如图 6.12 所示。由图可以看出,当 C_b=220μF 时,输出电流暂态尖峰 ΔI_o=1.69A;当 C_b=470μF 时,输出电流暂态尖峰 ΔI_o=1A;当 C_b=1mF 时,输出电流暂态尖峰 ΔI_o=0.69A。

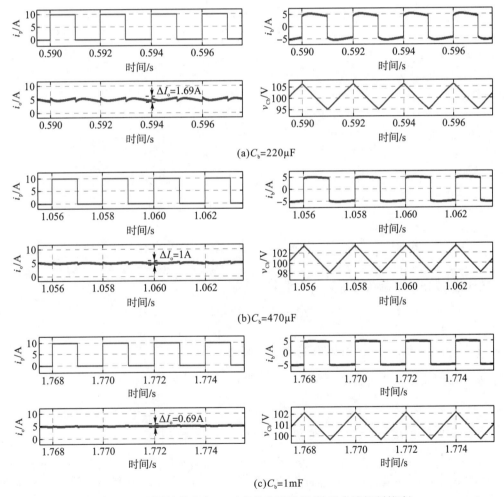

(a)C_b=220μF

(b)C_b=470μF

(c)C_b=1mF

图 6.12 不同储能电容 C_b 对应的仿真结果(输出电流控制策略)

6.2.3 非线性控制策略

为了提升三态双向 DC-DC 变换器对脉冲电流的动态补偿速度，采用电压电流双环非线性控制策略，降低前级供电系统的输出电流尖峰，提升脉冲负载两端电压稳定性。其基本思想是：给前级供电系统的输出电流提供上下电流阈值，形成输出电流滞环，抑制输出电流暂态尖峰，通过比较开关纹波与阈值间的大小实现对开关的控制。

三态双向 DC-DC 变换器的电压电流双环非线性控制策略如图 6.13 所示。电流滞环控制器主要由比较器 C_1、C_2，RS 触发器组成。为了保证三态双向 DC-DC 变换器的正常工作，电压补偿器的输出 v_{o_Gv} 与脉冲电流中的直流量 i_{p_lp} 相加得到输出电流的参考量，然后通过加法器和减法器形成两个电流阈值 i_{thH}、i_{thL}，其中 H 表示滞环的电压值，H_i 表示输出电流采样系数，通过输出电流采样值 i_{o_f} 与电流阈值 i_{thH}、i_{thL} 进行比较，产生开关管 S_1、S_2 的控制信号 d_1、d_2。

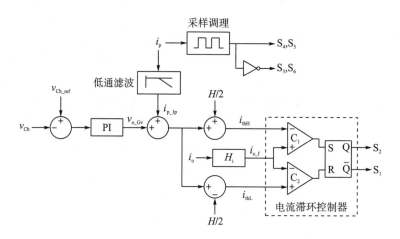

图 6.13　三态双向 DC-DC 变换器的电压电流双环非线性控制策略

根据图 6.13，电流阈值 i_{thH}、i_{thL} 可以表示为

$$i_{thH}=i_{p\_lp}+v_{o\_Gv}+\frac{H}{2} \tag{6.2}$$

$$i_{thH}=i_{p\_lp}+v_{o\_Gv}-\frac{H}{2} \tag{6.3}$$

两电流阈值形成的输出电流参考量 i_{o_ref} 表示为

$$i_{o\_ref}=\frac{i_{thH}+i_{thL}}{2} \tag{6.4}$$

所以，根据式(6.4)，通过设定两电流阈值可以得到输出电流参考量，实现输出电流对参考量的跟踪。其中，电流滞环控制器工作波形如图 6.14 所示。通过使用比较器 C_1、C_2，当输出电流采样值 i_{o_f} 大于 i_{thH} 时，RS 触发器置位，开关管 S_2 导通，开关管 S_1 关断，补偿电流 i_b 下降导致输出电流下降；当输出电流采样值 i_{o_f} 小于 i_{thL} 时，RS 触发器复位，开关管 S_1 导通，开关管 S_2 关断，补偿电流 i_b 上升导致输出电流上升；当输出电流采样值

i_{o_f} 处于 i_{thH} 与 i_{thL} 之间时，比较器 C_1、C_2 输出零电位，RS 触发器保持原来的状态不变。因此，输出电流采样值被限制在两个阈值之内，输出电流 i_o 无电流暂态尖峰，提升了三态双向 DC-DC 变换器的动态响应性能。

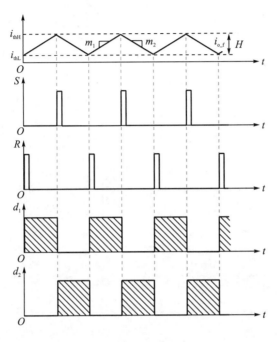

图 6.14　电流滞环控制器工作波形

根据图 6.14 中的工作波形，两电流阈值 i_{thH} 与 i_{thL} 形成滞环宽度 H，推导出开关频率 f_s 的表达式：

$$f_s = \frac{1}{t_{on} + t_{off}} = \frac{1}{\dfrac{H}{m_1} + \dfrac{H}{m_2}} = \frac{V_o(v_{Cb} - V_o)}{HL_b v_{Cb}} \tag{6.5}$$

式中，m_1 和 m_2 分别为输出电流 i_o 上升阶段与下降阶段的斜率。因为储能电容电压值 v_{Cb} 呈锯齿波变化，所以从式 (6.5) 中可以看出，开关频率 f_s 时刻变化，电压电流双环非线性控制策略属于变频控制，其开关频率的大小与滞环宽度的大小成反比。

6.2.4　非线性控制策略仿真分析

基于 PSIM 软件，搭建了相应的电路仿真模型，对电压电流双环非线性控制三态双向 DC-DC 变换器进行时域仿真。

选取相同的电路参数，在脉冲频率 f_p 不同时的时域仿真波形如图 6.15 所示。由图可以看出，当脉冲频率不同时，输出电流暂态尖峰被明显抑制。

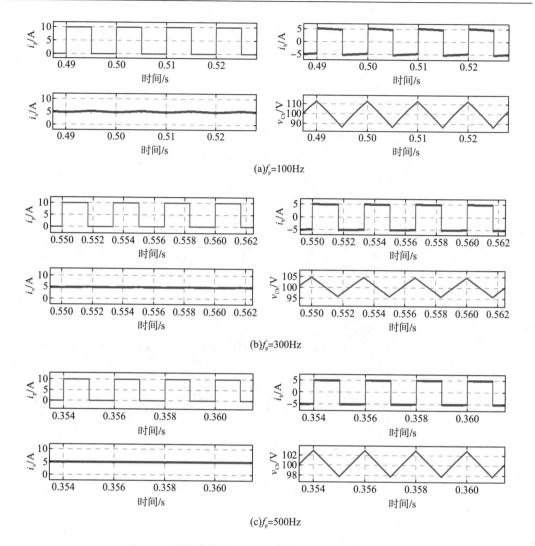

(a)f_p=100Hz

(b)f_p=300Hz

(c)f_p=500Hz

图 6.15　不同脉冲频率 f_p 对应的仿真结果(非线性控制策略)

选取相同的电路参数,在储能电容值 C_b 不同时的时域仿真波形如图 6.16 所示。由图可以看出,当储能电容值不同时,输出电流暂态尖峰被明显抑制。

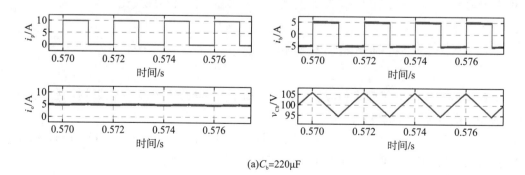

(a)C_b=220μF

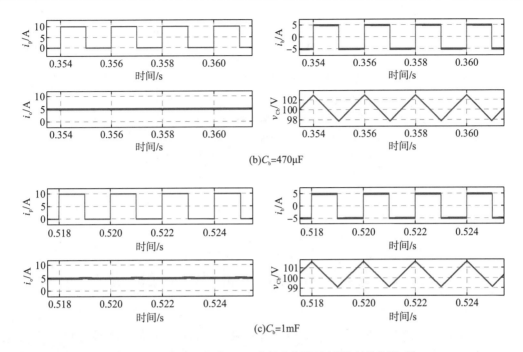

(b)C_b=470μF

(c)C_b=1mF

图 6.16　不同储能电容 C_b 对应的仿真结果（非线性控制策略）

6.2.5　实验验证

为了验证理论分析的正确性，搭建了电压电流双环非线性控制三态双向 DC-DC 变换器的实验电路，参数如下：脉冲负载端电压 V_o=50V，电感 L_1=L_2=600μH，储能电容 C_b=470μF，脉冲电流峰值 I_p=10A。

图 6.17 分别为 f_p=100Hz、f_p=300Hz 与 f_p=500Hz 时，储能电容纹波、脉冲负载端电压、前级输出电流、脉冲电流的实验波形。从图 6.17 中可以看出，电压电流双环非线性控制三态双向 DC-DC 变换器能够快速补偿，从而有效抑制输出电流暂态尖峰，输出电压稳定且不存在电压波动。

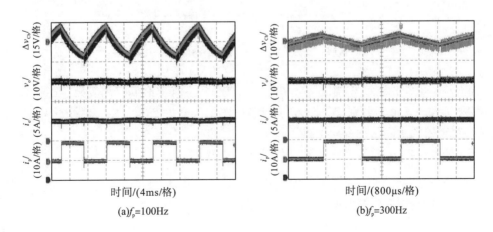

(a)f_p=100Hz　　　　　　　　　　　(b)f_p=300Hz

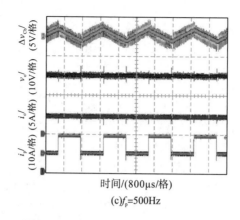

时间/(800μs/格)

(c)f_p=500Hz

图 6.17　不同脉冲频率 f_p 对应的实验结果

6.3　三态双向 DC-DC 变换器控制策略研究

在实际运用场合中，脉冲负载频率一般介于几十赫兹到几百赫兹之间，远低于变换器中的上百千赫兹的开关频率，并且开关管 S_3、S_4、S_5、S_6 的工作频率与脉冲负载频率保持一致，在任何时刻只有一个电感连接到脉冲负载两端。因此，三态双向 DC-DC 变换器的建模方法与双向 DC-DC 变换器相同，等效电路如图 6.18 所示，其中前级输出电压用电压源 V_o 等效。

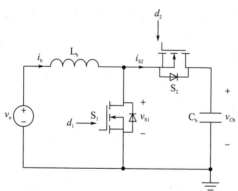

图 6.18　三态双向 DC-DC 变换器的等效电路

因为补偿电流 i_b 连续，采用连续导电模式下 Boost 变换器时间平均等效电路分析方法，用受控电压源与电流源分别代替图 6.18 等效电路中的开关管 S_1、S_2，可以得到三态双向 DC-DC 变换器的时间平均等效电路。

开关管 S_1 在一个开关周期 T_s 内两端的平均电压可以表示为

$$\langle v_{S1}\rangle_{T_s} = \langle d_2\rangle_{T_s}\langle v_{Cb}\rangle_{T_s} = \left(1-\langle d_1\rangle_{T_s}\right)\langle v_{Cb}\rangle_{T_s} \tag{6.6}$$

开关管 S_2 在一个开关周期 T_s 内流过的平均电流可以表示为

$$\langle i_{S2}\rangle_{T_s} = \langle d_2\rangle_{i_s}\langle i_b\rangle_{T_s} = \left(1-\langle d_1\rangle_{T_s}\right)\langle i_b\rangle_{T_s} \tag{6.7}$$

根据式(6.6)与式(6.7)可以得到两电感双向 Buck-Boost 变换器的时间平均等效电路模型如图 6.19 所示。

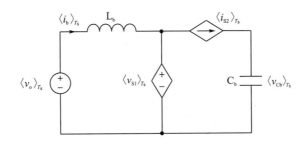

图 6.19　两电感双向 Buck-Boost 变换器的时间平均等效电路模型

根据图 6.19，式(6.6)和式(6.7)可以进一步得到电感电压与电容电流的状态方程：

$$L_b \frac{d\langle i_b \rangle_{T_s}}{dt} = \langle v_o \rangle_{T_s} - \langle v_{S1} \rangle_{T_s} = \langle v_o \rangle_{T_s} - \left(1 - \langle d_1 \rangle_{T_s}\right)\langle v_{Cb} \rangle_{T_s} \tag{6.8}$$

$$C_b \frac{d\langle v_{Cb} \rangle_{T_s}}{dt} = \langle i_{S2} \rangle_{T_s} = \left(1 - \langle d_1 \rangle_{T_s}\right)\langle i_b \rangle_{T_s} \tag{6.9}$$

基于式(6.8)和式(6.9)给出的状态方程，当状态向量存在小信号扰动时，每个状态向量可被认为由直流分量和小信号扰动构成：

$$\langle i_b \rangle_{T_s} = I_b + \hat{i}_b \tag{6.10}$$

$$\langle v_{Cb} \rangle_{T_s} = V_{Cb} + \hat{v}_{Cb} \tag{6.11}$$

$$\langle v_o \rangle_{T_s} = V_o + \hat{v}_o \tag{6.12}$$

$$\langle d_1 \rangle_{T_s} = D_1 + \hat{d}_1 \tag{6.13}$$

直流分量具有如下关系：

$$\frac{V_{Cb}}{V_o} = \frac{1}{1 - D_1} \tag{6.14}$$

将式(6.10)～式(6.14)代入式(6.8)和式(6.9)，消除直流项与二次项，简化后得到交流小信号方程：

$$L_b \frac{d\hat{i}_b}{dt} = \hat{v}_o - (1 - D_1)\hat{v}_{Cb} + V_{Cb}\hat{d}_1 \tag{6.15}$$

$$C_b \frac{d\hat{v}_{Cb}}{dt} = (1 - D_1)\hat{i}_b \tag{6.16}$$

将式(6.15)与式(6.16)进行拉普拉斯变换，当 $\hat{v}_o(s) = 0$ 时可以得到控制变量到电感电流的传递函数为

$$G_{id}(s) = \left. \frac{\hat{i}_b(s)}{\hat{d}_1(s)} \right|_{\hat{v}_o(s)=0} = \frac{V_{Cb}C_b s}{L_b C_b s^2 + (V_o / V_{Cb})^2} \tag{6.17}$$

电感电流到电容电压的传递函数为

$$G_{vi}(s) = \frac{\hat{v}_{Cb}(s)}{\hat{i}_b(s)} = \frac{V_o}{V_{Cb}C_b s} \tag{6.18}$$

1. 线性控制策略

结合式(6.17)和式(6.18)，由图6.9(a)和(b)可以得到两种线性控制策略的控制框图如图6.20(a)和(b)所示。

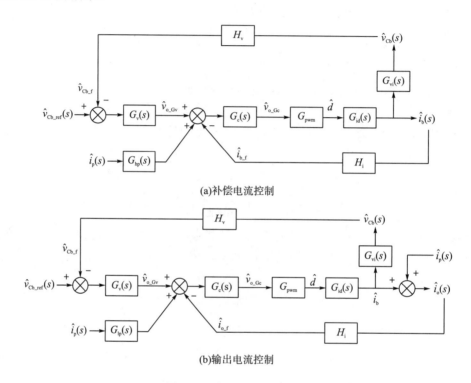

(a)补偿电流控制

(b)输出电流控制

图6.20　线性控制策略框图

图 6.20 中，$G_{hp}(s)$ 表示高通滤波器的传递函数；$G_{lp}(s)$ 表示低通滤波器的传递函数；$G_v(s)$ 与 $G_c(s)$ 分别表示电压补偿器与电流补偿器的传递函数；H_v 与 H_i 分别表示电压采样系数与电流采样系数；$G_{pwm}=1/V_{saw}$ 表示脉宽调制器的增益，其中 V_{saw} 表示锯齿载波的幅值。

由于脉冲负载频率远小于开关管的工作频率，脉冲电流的小信号 $\hat{i}_p(s)=0$，因此从图 6.20 中可以看出，线性控制中电流内环环路增益：

$$T_c(s) = H_i G_c(s) G_{pwm} G_{id}(s) = \frac{H_i C_b V_{Cb} G_c(s) s}{\left[C_b L_b s^2 + (V_o / V_{Cb})^2 \right] V_{saw}} \tag{6.19}$$

2. 非线性控制策略

如图 6.21 所示的输出电流与两电流阈值间的关系，其中 $\langle i_{o\_f} \rangle_{T_s}$ 表示采样输出电流的平均值。由式(6.5)可知，输出电流滞环控制属于变频控制，占空比 d_1 的大小采用开关管 S_1 的导通时间 t_{on} 与开关周期 t_s 表示[96, 97]。

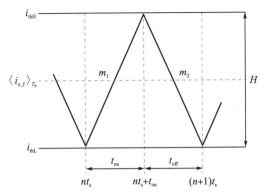

图 6.21　输出电流与两电流阈值间的关系

开关管 S_1 的平均导通时间 $\langle t_{\mathrm{on}}\rangle_{T_{\mathrm{s}}}$、平均占空比 $\langle d_1\rangle_{T_{\mathrm{s}}}$ 与平均开关周期 $\langle t_{\mathrm{s}}\rangle_{T_{\mathrm{s}}}$ 间的关系可以表示为

$$\langle t_{\mathrm{on}}\rangle_{T_{\mathrm{s}}} = \langle d_1\rangle_{T_{\mathrm{s}}} \times \langle t_{\mathrm{s}}\rangle_{T_{\mathrm{s}}} \tag{6.20}$$

当状态向量存在小信号扰动时，状态向量被认为由直流分量和小信号扰动构成：

$$\langle t_{\mathrm{on}}\rangle_{T_{\mathrm{s}}} = T_{\mathrm{on}} + \hat{t}_{\mathrm{on}} \tag{6.21}$$

$$\langle d_1\rangle_{T_{\mathrm{s}}} = D_1 + \hat{d}_1 \tag{6.22}$$

$$\langle t_{\mathrm{s}}\rangle_{T_{\mathrm{s}}} = T_{\mathrm{s}} + \hat{t}_{\mathrm{s}} \tag{6.23}$$

将式 (6.21)～式 (6.23) 代入式 (6.20)，消除直流项与二次项，化简后得到交流小信号方程：

$$\hat{d}_1 = \frac{\hat{t}_{\mathrm{on}} - D_1\hat{t}_{\mathrm{s}}}{T_{\mathrm{s}}} \tag{6.24}$$

根据滞环控制策略的工作原理，平均关断时间 $\langle t_{\mathrm{off}}\rangle_{T_{\mathrm{s}}}$ 表示为

$$\langle t_{\mathrm{off}}\rangle_{T_{\mathrm{s}}} = \frac{H}{m_2} = \frac{HL_{\mathrm{b}}}{\langle v_{\mathrm{Cb}}\rangle_{T_{\mathrm{s}}} - \langle v_{\mathrm{o}}\rangle_{T_{\mathrm{s}}}} \tag{6.25}$$

进一步表示为

$$\langle t_{\mathrm{off}}\rangle_{T_{\mathrm{s}}} \times \left(\langle v_{\mathrm{Cb}}\rangle_{T_{\mathrm{s}}} - \langle v_{\mathrm{o}}\rangle_{T_{\mathrm{s}}}\right) = HL_{\mathrm{b}} \tag{6.26}$$

当状态向量存在小信号扰动时，状态向量 $\langle t_{\mathrm{on}}\rangle_{T_{\mathrm{s}}}$ 表示为

$$\langle t_{\mathrm{off}}\rangle_{T_{\mathrm{s}}} = T_{\mathrm{off}} + \hat{t}_{\mathrm{off}} \tag{6.27}$$

将式 (6.11)、式 (6.12) 与式 (6.27) 代入式 (6.26)，消除直流项与二次项，化简后得到关断时间的交流小信号方程：

$$\hat{t}_{\mathrm{off}} = \frac{T_{\mathrm{off}}(\hat{v}_{\mathrm{o}} - \hat{v}_{\mathrm{Cb}})}{V_{\mathrm{Cb}} - V_{\mathrm{o}}} = \frac{(1-D_1)T_{\mathrm{s}}}{V_{\mathrm{Cb}} - V_{\mathrm{o}}}(\hat{v}_{\mathrm{o}} - \hat{v}_{\mathrm{Cb}}) \tag{6.28}$$

开关周期 $\langle t_{\mathrm{s}}\rangle_{T_{\mathrm{s}}}$ 也可以表示为

$$\langle t_{\mathrm{s}}\rangle_{T_{\mathrm{s}}} = \langle t_{\mathrm{on}}\rangle_{T_{\mathrm{s}}} + \langle t_{\mathrm{off}}\rangle_{T_{\mathrm{s}}} \tag{6.29}$$

将式 (6.21)、式 (6.27) 与式 (6.28) 代入式 (6.29)，消除直流项与二次项，化简后得到交流小信号方程：

$$\hat{t}_s = \hat{t}_{on} + \frac{T_{off}(\hat{v}_o - \hat{v}_{Cb})}{V_{Cb} - V_o} = \hat{t}_{on} + \frac{(1-D_1)T_s}{V_{Cb} - V_o}(\hat{v}_o - \hat{v}_{Cb}) \tag{6.30}$$

输出电流平均值与其采样值的关系可以表示为

$$\langle i_{o\_f} \rangle_{T_s} = H_i \langle i_o \rangle_{T_s} \tag{6.31}$$

根据图 6.21 中的电流关系，电流阈值 $\langle i_{thH} \rangle_{T_s}$ 表示为

$$\langle i_{thH} \rangle_{T_s} = \langle i_{o\_f} \rangle_{T_s} + \frac{1}{2}m_1 \langle t_{on} \rangle_{T_s} = H_i \langle i_o \rangle_{T_s} + \frac{\langle v_o \rangle_{T_s}}{2L_b}\langle t_{on} \rangle_{T_s} \tag{6.32}$$

当状态向量存在小信号扰动时，状态向量表示为

$$\langle i_{thH} \rangle_{T_s} = i_{thH} + \hat{i}_{thH} \tag{6.33}$$

$$\langle i_o \rangle_{T_s} = i_o + \hat{i}_o \tag{6.34}$$

将式(6.12)、式(6.21)、式(6.33)与式(6.34)代入式(6.32)，消除直流项与二次项，化简后得到交流小信号方程：

$$\hat{i}_{thH} = H_i \hat{i}_o + \frac{V_o \hat{t}_{on} + T_{on}\hat{v}_o}{2L_b} \tag{6.35}$$

进一步得到导通时间的交流小信号方程：

$$\hat{t}_{on} = \frac{2L_b}{V_o}\left(\hat{i}_{thH} - H_i \hat{i}_o - \frac{D_1 T_s}{2L_b}\hat{v}_o \right) \tag{6.36}$$

根据式(6.2)，忽略脉冲电流 i_p 与滞环宽度 H 中的小信号扰动，可以得到 $\hat{i}_{thH}$ 与 $\hat{v}_{o\_Gv}$ 之间具有如下关系：

$$\hat{i}_{thH} = \hat{v}_{o\_Gv} \tag{6.37}$$

将式(6.30)、式(6.36)与式(6.37)代入式(6.20)，得到开关管 S_1 导通时间 d_1 的交流小信号方程：

$$\hat{d}_1 = F_m(\hat{v}_{o\_Gv} - H_i \hat{i}_o) + F_g \hat{v}_o + F_v \hat{v}_{Cb} \tag{6.38}$$

式中，$F_m = \dfrac{2L_d}{V_{Cb}T_s}$，$F_g = -\dfrac{1}{V_{Cb}}$，$F_v = \dfrac{1-D_1}{V_{Cb}}$。

结合式(6.38)，可以得到电压电流双环非线性控制三态双向 DC-DC 变换器的非线性控制策略框图如图 6.22 所示。

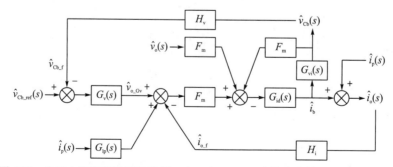

图 6.22 电压电流双环非线性控制三态双向 DC-DC 变换器非线性控制策略框图

图 6.22 中，$G_{lp}(s)$ 表示二阶低通滤波器的传递函数；$G_v(s)$ 表示电压补偿器的传递函数；H_v 与 H_i 分别表示电压采样系数与电流采样系数。

由于脉冲负载频率远小于开关管的工作频率，因此脉冲电流的小信号 $\hat{i}_p(s) = 0$；假定脉冲负载端电压 v_o 不存在小信号扰动，$\hat{v}_o(s) = 0$。从图 6.22 中可以得出电压电流双环非线性控制策略的电流内环环路增益：

$$T_h(s) = \frac{H_i F_m G_{id}(s)}{1 - F_v G_{id}(s) G_{vi}(s)} \tag{6.39}$$

将式 (6.17)、式 (6.18) 代入式 (6.39) 得到

$$T_h(s) = \frac{2H_i}{T_s s} = \frac{2H_i V_o (v_{Cb} - V_o)}{H L_b v_{Cb} s} \tag{6.40}$$

由式 (6.40) 可以得出电压电流双环非线性控制策略的电流环是一阶系统，相比于电压电流双环线性控制策略具有较宽的环路带宽，有利于提升三态双向 DC-DC 变换器的动态响应性能。

6.4　三态双向 DC-DC 变换器性能分析

6.4.1　动态性能分析

1. 线性控制策略

令式 (6.19) 中的 $G_c(s) = 1$，可以得到补偿前的电流内环环路增益：

$$T_{c\_u}(s) = H_i G_{pwm} G_{id}(s) = \frac{H_i C_b V_{Cb} s}{\left[C_b L_b s^2 + (V_o / V_{Cb})^2 \right] V_{saw}} \tag{6.41}$$

根据式 (6.41)，预设采样系数 $H_i=1$，锯齿载波幅值 $V_{saw}=3V$，电感值 $L_b=600\mu H$，电容容量 $C_b=47\mu F$，脉冲负载端电压 $V_o=50V$，电容电压中间值 $V_{Cb}=175V$，分别作出电容电压在最小值 V_{Cbmin}、中间值 V_{Cb}、最大值 V_{Cbmax} 的情况下补偿前电流环路增益的伯德图，如图 6.23 所示。为了保证对前级供电系统输出电流的跟踪，应使在不同的电容电压下的增益在低频段足够大。为了抑制开关频率噪声对环路带来的影响，需使幅值穿越频率小于开关频率的 1/5，并使相位裕度取值大于等于 45°，保证动态响应时具有较小的超调与振荡[71]。

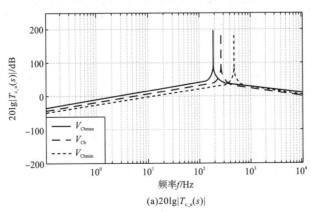

(a)$201\lg|T_{c\_u}(s)|$

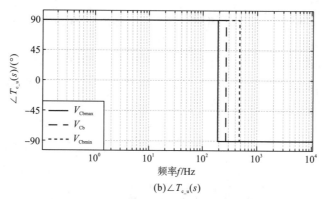

(b)$\angle T_{c\_u}(s)$

图 6.23　不同电容电压下 $T_{c\_u}(s)$ 的伯德图

根据设计好的电流补偿参数，作出在电容电压在最小值 V_{Cbmin}、中间值 V_{Cb}、最大值 V_{Cbmax} 补偿后的电流环路增益伯德图，如图 6.24 所示。由图可以看出，不同电容电压下补偿后环路增益在低频段的大小是不一样的，当电容电压处于最大值时，低频段的增益为 66.4dB，能够确保三态双向 DC-DC 变换器快速动态响应性能，实现对前级输出电流的跟踪；当电容电压处于最小值时，低频段的增益只有 39.5dB，此时难以确保对电流参考量的跟踪精度，三态双向 DC-DC 变换器的动态性能变差，输出电流中存在暂态尖峰，将会导致脉冲负载端电压仍存在电压降。

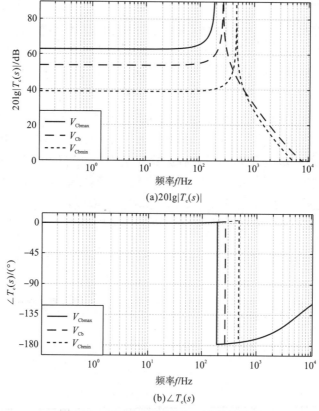

(a)$20\lg|T_c(s)|$

(b)$\angle T_c(s)$

图 6.24　不同电容电压下 $T_c(s)$ 的伯德图

2. 非线性控制策略

由式 (6.40) 可以得出电压电流双环非线性控制策略下的电流环是一阶系统，相比于传统的电流控制方法具有较宽的环路带宽，有利于提升三态双向 DC-DC 变换器的动态响应性能。

根据式 (6.36)，预设电流采样系数 $H_i=1$，滞环宽度 $H=0.4\text{V}$，电感值 $L_b=600\mu\text{H}$，脉冲负载端电压 $V_o=50\text{V}$，电容电压中间值 $V_{Cb}=175\text{V}$，分别作出电容电压在最小值 V_{Cbmin}、中间值 V_{Cb}、最大值 V_{Cbmax} 的情况下电流环路增益的伯德图，如图 6.25 所示。从图中可以看出不同的电容电压在低频段处均保持较高的增益，因此在电压电流双环非线性控制策略下，电容电压的波动对电流环增益的影响可以忽略不计，保证了三态双向 DC-DC 变换器在不同的电容电压下也能够对前级供电系统输出电流进行快速的跟踪。

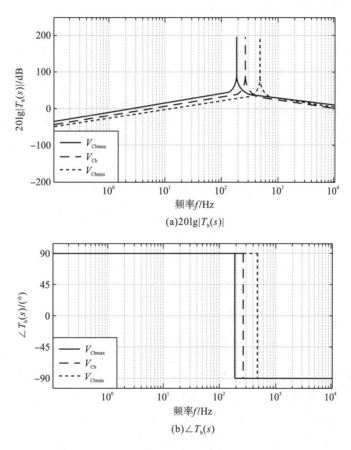

(a)$20\lg|T_h(s)|$

(b)$\angle T_h(s)$

图 6.25 不同电容电压下 $T_h(s)$ 的伯德图

根据图 6.22，闭环传递函数可以表示为

$$A_h(s)=\frac{\hat{i}_o(s)}{\hat{v}_{o\_Gv}(s)}=\frac{1}{H_i}\frac{T_h(s)}{1+T_h(s)}=\frac{1}{\frac{T_s}{2}s+H_i}=\frac{1}{\frac{HL_bv_{Cb}}{2V_o(v_{Cb}-V_o)}s+H_i} \tag{6.42}$$

从式(6.42)中可以看出，电压电流双环非线性控制策略下的闭环传递函数 $A_h(s)$ 是一阶系统。当滞环宽度 H 很小时，一阶项可以忽略不计，闭环传递函数 $A_h(s)$ 可以近似表示为

$$A_h(s) \approx \frac{1}{H_i} \tag{6.43}$$

此时的闭环传递函数 $A_h(s)$ 可以被认为是比例环节。

6.4.2 效率分析

1. 开关管损耗分析

开关管的损耗主要有两类：导通损耗和开关损耗[15]。导通损耗产生的原因为开关管存在导通电阻，在开关管闭合后，流过开关管的电流 i_s 在导通电阻上产生的功率 P_{on} 为

$$P_{on} = i_s^2 R_{on} \tag{6.44}$$

开关损耗是指开关管从完全导通到完全关断或从完全关断到完全导通需要一定时间，此时开关管两端的电压与流过开关管的电流产生交叠而引起的功率损耗，其交叠过程如图 6.26 所示。按照互补驱动模式划分，三态双向 DC-DC 变换器共有 3 对开关管，由前文分析可知开关频率远大于负载频率，且 $S_3 \sim S_6$ 的开关频率与负载频率相同，因此可忽略 $S_3 \sim S_6$ 的开关管损耗。

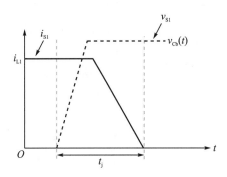

图 6.26　开关管 S_1 电压电流交叠过程

由拓扑电路可知，在 S_1 完全关断后，S_2 两端电压为零，S_2 的体二极管导通，因此 S_2 可实现零电压开通。由图 6.26 可知，S_1 关断损耗可表示为

$$P_{S1\_off}(t) = f_s \int i_{S1} v_{S1} \, dt = \frac{1}{2} f_s i_{L1} v_{Cb}(t) t_j \tag{6.45}$$

式中，i_{S1}、v_{S1}、t_j 分别为流过 S_1 的电流、S_1 关断时两端电压、开关管关断交叠时间。

由于开关管 S_2 在电路中与 S_1 连接方式不同，因此在 S_2 关断后，其电流变为流经体二极管 D_{S2}。当 S_1 重新导通后，D_{S2} 中的反向恢复电流叠加到 S_1 中，S_1 导通损耗变大。S_1 导通时，电压电流波形图如图 6.27 所示。其中，t_1 为 i_{S1} 上升时间，t_2 为反向恢复时间，i_{fpk} 为反向恢复电流峰值。

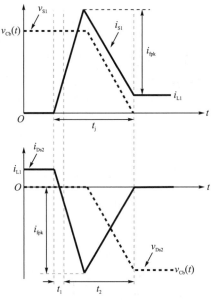

图 6.27　开关管 S_1 开通损耗波形

根据图 6.27 可得出开关管 S_1 开通损耗 P_{S1_on} 为

$$P_{S1\_on}(t) = f_s \int_{t_1+t_2} i_{S1} v_{S1}\, \mathrm{d}t = \left(\frac{5}{12} i_{fpk} t_2 + \frac{3}{4} i_{L1} t_2 + \frac{1}{2} i_{L1} t_1 \right) f_s v_b(t) \tag{6.46}$$

同样可得 D_{s2} 反向恢复损耗 P_{Ds2} 为

$$P_{Ds2}(t) = f_s \int_{t_2} i_{Ds2} v_{Ds2}\, \mathrm{d}t = \frac{1}{12} f_s i_{fpk} v_b(t) t_2 \tag{6.47}$$

将式 (6.45)、式 (6.46) 以及式 (6.47) 相加，可得开关管总开关损耗为

$$P_{ss} = P_{S1\_off}(t) + P_{S1\_on}(t) + P_{Ds2}(t) \tag{6.48}$$

2. 电感损耗分析

电感损耗同样有两方面：一是绕组损耗，即常说的铜损；二是磁芯损耗，即常说的铁损[98,99]。由图 6.8 可知，忽略电感电流纹波，电感电流 i_{L1} 和 i_{L2} 均可认为是定值，因此电感绕组损耗 P_r 仅与电感内阻 R_L 有关，其表达式为

$$P_r = i_L^2 R_L \tag{6.49}$$

磁芯损耗包括磁滞损耗和涡流损耗两个方面，其损耗大小与磁通量、磁芯材料、温度等因素相关，开关周期内电感磁感应强度变化 $\Delta B(t)$ 的表达式可表示为

$$\Delta B(t) = \frac{V_o d_1(t)}{A_e f_s N_L} \tag{6.50}$$

式中，A_e、N_L 分别为磁芯有效截面积、线圈匝数。这里磁芯材料选择为铁氧体，根据磁芯手册中磁通密度、温度和损耗曲线可得出实际磁芯损耗 P_c。

电路中总损耗主要由开关管损耗和电感损耗组成，因此电路总损耗 P_{loss} 可表示为

$$P_{loss} = P_{ss} + P_r + P_c \tag{6.51}$$

以脉冲负载频率 100Hz 为例，根据式 (6.44)～式 (6.51) 可得出总损耗与脉冲负载占空比的关系曲线如图 6.28 所示。从图中可以看出，电路总损耗随着脉冲负载占空比的增大先增加后减小，在脉冲负载占空比 50% 附近时，总损耗最大；效率与脉冲负载占空比的关系曲线如图 6.29 所示，由图可知，随着脉冲负载占空比的增加，效率呈现先降低后增加的趋势，当占空比为 50% 时，效率最低，与图 6.28 所得结论一致。

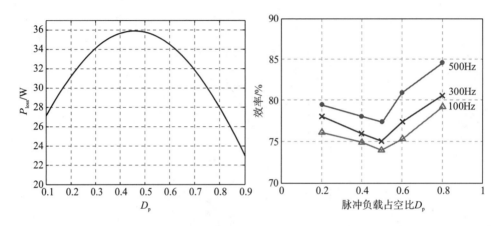

图 6.28　总损耗与脉冲负载占空比关系曲线　　　图 6.29　效率与脉冲负载占空比关系曲线

6.5　本章小结

本章介绍了三态双向 DC-DC 变换器的工作原理，分析了在脉冲负载应用场景中三态双向 DC-DC 变换器的工作状态。研究了适用于三态双向 DC-DC 变换器的控制策略，分析不同控制策略特点并建立了电压电流双环线性控制策略与电压电流双环非线性控制策略的小信号模型，研究表明电压电流双环非线性控制策略相比于电压电流双环线性控制策略具有提升三态双向 DC-DC 变换器动态响应的优点。根据三态双向 DC-DC 变换器的工作过程，分析了影响三态双向 DC-DC 变换器效率的因素。最后进行了相应的时域仿真和实验验证。

第7章 三态 Boost PFC 变换器分析与控制

高性能电子设备的快速发展对供电电源提出了新的要求,为了保证电源系统具有较宽的负载范围和较好的调节性能,要求功率变换器必须在稳定地输出直流电压的同时具备快速的瞬态响应性能[100,101]。DCM 与 CCM 变换器在工作性能上具有各自的优势,DCM 变换器具有比 CCM 变换器更快的瞬态响应速度,但其带载能力差,仅可用于小功率场合;CCM 变换器可以传递给负载更大的电流,适合于输出功率较大的应用场合,但由于控制器需要电压、电流双闭环设计,增加了系统的复杂性,且降低了变换器对负载的瞬态响应性能。因此,在用电设备要求电源系统兼具较大的负载能力和快速的瞬态响应速度场合,均需改进传统的 CCM 变换器与 DCM 变换器。

三态伪连续导电模式又称伪连续导电模式,其特征在于电感电流在任意时刻均大于零(不同于 DCM 的零电感电流状态),但电感的充放电过程并不连续,即在每个开关周期结束前存在一段电感电流保持不变的时间(不同于 CCM 的电感连续充放电过程),直到下个周期开始。因此,三态 PCCM 变换器具备 CCM 变换器与 DCM 变换器共同的特点[102-104]。

7.1 三态 Boost PFC 变换器工作原理

由前文 3.1.1 节可得电感 L 两端的电压 v_L 与电感电流 i_L 波形如图 7.1 所示,其中 d_1T、d_2T 和 d_3T 分别表示三态 Boost 变换器在这三个工作模式的工作时间,T 为开关周期。

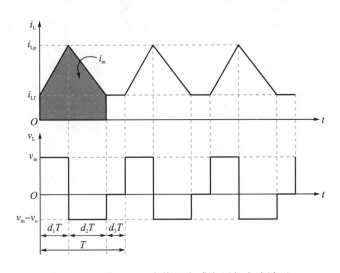

图 7.1 三态 Boost 变换器电感电压与电流波形

由图 7.1 可知：

$$d_1 T + d_2 T + d_3 T = T \tag{7.1}$$

由式 (7.1) 可知，在一个开关周期内，只要存在电感电流续流模态(惯性模态，$d_3 T$)，则任意两个工作模态均为自由变量，可独立控制。因此，通过辅助功率开关管 S_2 为三态 Boost 变换器的电感提供续流路径，可以通过调节电感电流续流模态 $d_3 T$，控制电感放电模态 $d_2 T$ 的间隔，使其独立于电感充电模态 $d_1 T$，进而使三态 Boost 变换器存在两个控制自由度。

假设三态 Boost 变换器无损耗、效率 η 为 1，根据开关变换器时间平均等效电路分析技术[103-109]，可得三态 Boost 变换器的直流稳态传输比 M 为

$$M = \frac{v_o}{v_{in}} = \frac{i_{in}}{i_o} = \frac{d_1 + d_2}{d_2} = 1 + \frac{d_1}{d_2} \tag{7.2}$$

由式 (7.2) 可知，通过改变 d_1/d_2 的比值可以调节变换器的直流稳态传输比 M，即可以调节变换器的输出电压。

三态 Boost 变换器的输入电流 i_{in} 如图 7.1 所示阴影部分面积，因此根据电流平均值的定义，可得平均电感电流 I_L 和平均输入电流 I_{in} 分别为

$$I_L = i_{Lf} + \frac{1}{2}(d_1 + d_2)(i_{Lp} - i_{Lf}) \tag{7.3}$$

$$I_{in} = (d_1 + d_2)i_{Lf} + \frac{1}{2}(d_1 + d_2)(i_{Lp} - i_{Lf}) \tag{7.4}$$

式中，i_{Lp} 为电感电流峰值；i_{Lf} 为电感电流续流谷值。为了保证三态 Boost 变换器稳定地工作于 PCCM，要求 $d_3 > 0$，即 $d_1 + d_2 < 1$。因此，由式 (7.3) 和式 (7.4) 可知，三态 Boost 变换器的平均电感电流 I_L 大于平均输入电流 I_{in}。

把 DC-DC 变换器的直流输入电源替换为经由整流桥拓扑或无桥整流拓扑整流的交流输入电源，即 PFC 变换器。由于 PFC 变换器的控制目标有两个：一是实现高功率因数；二是实现稳定的直流输出电压。而由前面分析可知，三态 Boost 变换器存在两个控制自由度，非常符合 PFC 变换器的控制要求。因此，这里提出在传统 Boost PFC 变换器的电感 L 两端并联辅助功率开关管 S_2 和续流二极管 D_2，得到如图 7.2 所示的三态 Boost PFC 变换器。三态 Boost PFC 变换器由不控整流桥、升压电感 L、主功率开关管 S_1、辅助功率开关管 S_2、续流二极管 D_2、输出二极管 D_1 和储能电容 C 构成。并联在电感 L 两端的辅助功率开关管 S_2 和二极管 D_2 使 Boost PFC 变换器工作于 PCCM，为变换器提供了一个额外的工作模态，即变换器提供一个额外的控制自由度。

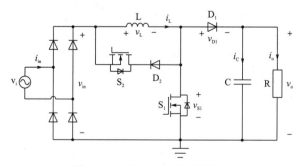

图 7.2 三态 Boost PFC 变换器

为了简化分析，假设：

(1) 所有的功率开关管、二极管、电感和电容均为理想元件；

(2) f 和 f_{line} 分别为变换器的开关频率和交流电网频率，$f \gg f_{line}$，$T=1/f$ 为变换器的开关周期，在一个开关周期内输入电压 v_{in} 保持不变；

(3) 储能电容 C 足够大，在一个工频周期内输出电压 v_o 保持不变。

三态 Boost PFC 变换器在一个开关周期内有三个工作模态，每一个工作模态的工作模态等效电路如图 7.3 所示，其主要波形如图 7.4 所示。由图 7.3 和图 7.4 可知，三态 Boost PFC 变换器与三态 Boost 变换器的工作时序一样，不同之处仅在于三态 Boost 变换器在电感电流续流模态 d_3T 阶段内电感电流 i_L 的续流值 i_{L1} 为恒定值，而根据本章后面的控制器设计部分内容可知，三态 Boost PFC 变换器在电感电流续流模态 d_3T 阶段内电感电流 i_L 的续流值 i_{ref} 为与整流后的交流输入电压 v_{in} 呈正比例关系的正弦波。因此，三态 Boost PFC 变换器具有与三态 Boost 变换器类似的工作特性。

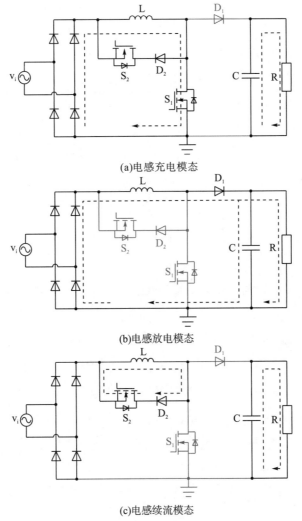

(a)电感充电模态

(b)电感放电模态

(c)电感续流模态

图 7.3　三态 Boost PFC 变换器工作模态

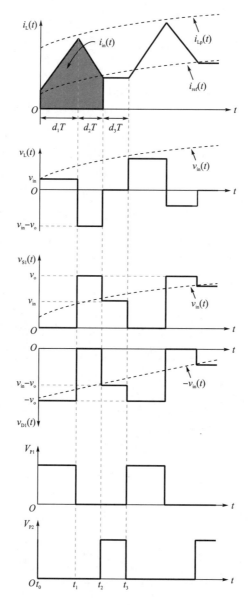

图 7.4   三态 Boost PFC 变换器主要工作波形

7.2   三态 Boost PFC 变换器小信号模型

PFC 变换器功率级的动态小信号模型可近似为其对应 DC-DC 变换器功率级的动态小信号模型[100]。因此，根据状态空间平均等效，可得三态 Boost PFC 变换器的框图如图 7.5 所示，其中 K_1、K_2、K_3 分别表示交流输入电压 v_{in}、直流输出电压 v_o 和负载电流 i_o 的采样系数，$V_{in,rms}$ 表示交流输入电压的有效值，V_{pp} 表示 PWM 三角载波的峰峰值，K_P、K_I 表示电压 PI 补偿控制器系数。

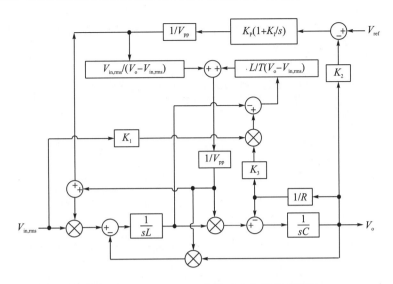

图 7.5　三态 Boost PFC 变换器小信号模型框图

忽略电感和电容的等效串联电阻，由图 7.5 可得三态 Boost PFC 变换器控制到输出的交流小信号传递函数为

$$G_{\text{VC,PCCM}} = \frac{\hat{v}_o(s)}{\hat{d}_1(s)} = \frac{V_{\text{in,rms}}}{\dfrac{LC}{D_{2,\text{rms}}}s^2 + \dfrac{L}{D_{2,\text{rms}}R}s + D_{2,\text{rms}}} \tag{7.5}$$

式中，$D_{2,\text{rms}}$ 为三态 Boost PFC 变换器电容充电模态占空比 d_2 的有效值。由式 (7.5) 可以看出，三态 Boost PFC 变换器控制到输出的传递函数为简单的二阶系统，不存在 RHP 零点，使电压控制环的补偿设计简单精确[106]。

同理可得传统 CCM Boost PFC 变换器和 DCM Boost PFC 变换器控制到输出的交流小信号传递函数分别为

$$G_{\text{VC,CCM}} = \frac{\hat{v}_o(s)}{\hat{d}(s)} = \frac{V_{\text{in,rms}} - \dfrac{LV_{\text{in,rms}}}{R(1-D_{\text{rms}})^2}s}{LCs^2 + \dfrac{L}{R}s + (1-D_{\text{rms}})^2} \tag{7.6}$$

$$G_{\text{VC,DCM}} = \frac{\hat{v}_o(s)}{\hat{d}(s)} = \frac{2V_{\text{in,rms}} - 5DTV_{\text{in,rms}}}{LCs^2 + \left(\dfrac{L}{R} + \dfrac{2LC}{D'_{\text{rms}}T}\right)s + D'_{\text{rms}} + \dfrac{2L}{RD'_{\text{rms}}T}} \tag{7.7}$$

式中，D_{rms} 和 D'_{rms} 分别为传统 CCM Boost PFC 变换器和 DCM Boost PFC 变换器导通占空比 d 与关断占空比 d' 的有效值。由式 (7.5)～式 (7.7) 可以看出，传统 CCM Boost PFC 变换器的控制到输出传递函数存在 RHP 零点，而传统 DCM Boost PFC 变换器与三态 Boost PFC 变换器的控制到输出传递函数均为简单的二阶系统，不存在 RHP 零点，使控制环的补偿设计简单。

本节基于 MATLAB/Simulink 仿真模型建立了传统 CCM Boost PFC 变换器、DCM Boost PFC 变换器和三态 Boost PFC 变换器控制到输出传递函数的伯德图，以便于分析变换器的瞬态性能。为了更加真实地反映变换器的特性，仿真时考虑输出电容内阻 R_{ESR}。选择的仿真参数如表 7.1 所示。

表 7.1 三种工作模式下 Boost PFC 变换器的仿真参数

仿真参数	参数值
输入电压 v_{in}	90～130V
输出电压 v_o	200V
输出功率 P	200W
升压电感 L	1mH(CCM)，40μH(DCM)，200μH(PCCM)
滤波电容 C	470μF
开关频率 f	50kHz
电容内阻 R_{ESR}	0.05Ω

根据以上参数，可计算出式(7.5)、式(7.6)和式(7.7)的表达式，进而可得传统 CCM Boost PFC 变换器、DCM Boost PFC 变换器和三态 Boost PFC 变换器控制到输出传递函数的伯德图如图 7.6 所示。由图 7.6 可知，传统 CCM Boost PFC 变换器存在的复合极点(频率 1131rad/s 附近)和 RHP 零点(频率 6713rad/s 附近)，使其相频曲线超出−180°并向−225°移动。传统 DCM Boost PFC 变换器与三态 Boost PFC 变换器的相频曲线一直处于−180°以上，且谐振峰值很小，为不含 RHP 零点的二阶系统。此外，三态 Boost PFC 变换器带宽最大(频率 4000rad/s 附近)，且在低频段的幅频增益(54.8dB)最大。

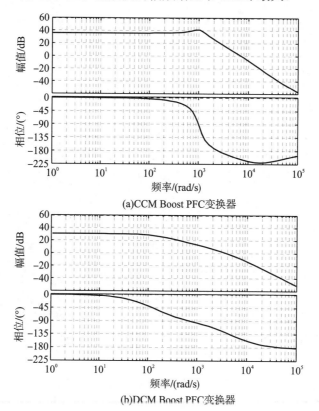

(a)CCM Boost PFC变换器

(b)DCM Boost PFC变换器

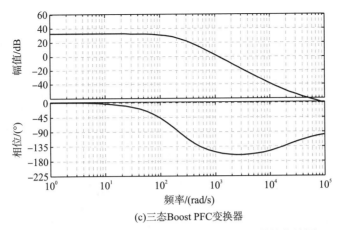

(c)三态Boost PFC变换器

图 7.6　Boost PFC 变换器控制到输出传递函数的伯德图

7.3　三态 Boost PFC 变换器控制策略研究

7.3.1　相对增益阵列法

三态 Boost PFC 变换器存在两个控制自由度，可等效为二维可变的受控系统；而 PFC 变换器的控制目标有两个，即控制输出量也有两个。在这种包含两个控制自由度和两个控制输出量的控制系统中，共有两种建立控制环路的组合方式。确定控制输入量和控制输出量的最优组合方案是设计三态 Boost PFC 变换器控制策略的首要前提，相对增益阵列 (relative gain array，RGA) 法为解决这一问题提供了一种行之有效的方法[20, 38]。

RGA 法的设计思想是：给定一个传递函数矩阵 $G(s)$，通过相应的零点频率 $(s=0)$ 传递函数矩阵 $G(0)$，可得到其相对增益阵列 $\Gamma(0)$ 为

$$\Gamma(0) = G(0) \cdot \{G(0)^{-1}\}^{T'} \tag{7.8}$$

式中，符号·表示矩阵的向量相乘运算；上标-1 表示矩阵的逆运算；上标 T′ 表示矩阵变换。在 RGA 的任意第 i 行均满足：

$$\sum_{j=1}^{N} \Gamma_{ij}(0) = 1, \quad j = 1, 2, \cdots, N \tag{7.9}$$

式中，Γ_{ij} 为第 i 行第 j 列元素；N 为矩阵行数。Γ_{ij} 代表第 j 个控制输入量对第 i 个控制输出量的影响权重。若在第 i 行存在：

$$\Gamma_{ij}(0) \geqslant \Gamma_{ik}(0), \quad \forall k \neq j \tag{7.10}$$

则第 j 个控制输入量对第 i 个控制输出量的影响权重最大。因此，通过系统相对增益矩阵，可确定控制输入量和控制输出量之间的最佳组合。

7.3.2　控制输入、输出量组合

由图 7.3 可得三态 Boost PFC 变换器的三个工作模态下的状态方程如下所示。

d_1T 时间段:

$$\begin{bmatrix} \dfrac{\mathrm{d}i_\mathrm{L}}{\mathrm{d}t} \\[2mm] \dfrac{\mathrm{d}v_\mathrm{o}}{\mathrm{d}t} \end{bmatrix} = \begin{bmatrix} 0 & 0 \\[1mm] 0 & -\dfrac{1}{RC} \end{bmatrix} \begin{bmatrix} i_\mathrm{L} \\[1mm] v_\mathrm{o} \end{bmatrix} + \begin{bmatrix} \dfrac{1}{L} \\[1mm] 0 \end{bmatrix} v_\mathrm{in} \tag{7.11}$$

d_2T 时间段:

$$\begin{bmatrix} \dfrac{\mathrm{d}i_\mathrm{L}}{\mathrm{d}t} \\[2mm] \dfrac{\mathrm{d}v_\mathrm{o}}{\mathrm{d}t} \end{bmatrix} = \begin{bmatrix} 0 & -\dfrac{1}{L} \\[1mm] \dfrac{1}{C} & -\dfrac{1}{RC} \end{bmatrix} \begin{bmatrix} i_\mathrm{L} \\[1mm] v_\mathrm{o} \end{bmatrix} + \begin{bmatrix} \dfrac{1}{L} \\[1mm] 0 \end{bmatrix} v_\mathrm{in} \tag{7.12}$$

d_3T 时间段:

$$\begin{bmatrix} \dfrac{\mathrm{d}i_\mathrm{L}}{\mathrm{d}t} \\[2mm] \dfrac{\mathrm{d}v_\mathrm{o}}{\mathrm{d}t} \end{bmatrix} = \begin{bmatrix} 0 & 0 \\[1mm] 0 & -\dfrac{1}{RC} \end{bmatrix} \begin{bmatrix} i_\mathrm{L} \\[1mm] v_\mathrm{o} \end{bmatrix} + \begin{bmatrix} 0 \\[1mm] 0 \end{bmatrix} v_\mathrm{in} \tag{7.13}$$

基于式(7.11)、式(7.12)和式(7.13),利用状态空间平均分析方法[103],可得到三态 Boost PFC 变换器的小信号传递函数矩阵:

$$\begin{bmatrix} \hat{v}_\mathrm{o} \\ \hat{i}_\mathrm{L} \end{bmatrix} = G(s) \begin{bmatrix} \hat{d}_1(s) \\ \hat{d}_2(s) \end{bmatrix} = \begin{bmatrix} G_{11}(s) & G_{12}(s) \\ G_{21}(s) & G_{22}(s) \end{bmatrix} \begin{bmatrix} \hat{d}_1(s) \\ \hat{d}_2(s) \end{bmatrix} \tag{7.14}$$

式中

$$G(s) = \dfrac{1}{\dfrac{LC}{D_2^2}s^2 + \dfrac{L}{RD_2^2}s + 1} \begin{bmatrix} \dfrac{V_\mathrm{in}}{D_2} & \dfrac{V_\mathrm{in}D_1}{D_2^2}\left[\dfrac{sL(D_1+D_2)}{RD_1D_2}-1\right] \\[4mm] \dfrac{V_\mathrm{in}}{D_2^2}\left(sC+\dfrac{1}{R}\right) & -\dfrac{V_\mathrm{in}(2D_1+D_2)}{RD_2^2}\left(\dfrac{sCRD_1}{2D_1+D_2}+1\right) \end{bmatrix} \tag{7.15}$$

式(7.11)~式(7.15)中,V_in、D_1 与 D_2 分别为输入电压 v_in、电感充电模态占空比 d_1 和电感放电模态占空比 d_2 的时间平均等效值。由式(7.14)和式(7.15)的传递函数矩阵可以看到,电感充电模态占空比 d_1 到输出电压 v_o 的传递函数 $G_{11}(s)$ 不存在 RHP 零点,电感放电模态占空比 d_2 到输出电压 v_o 的传递函数 $G_{12}(s)$ 存在一个随工作点移动的 RHP 零点。

因为式(7.15)为三态 Boost PFC 变换器控制输入量 d_1、d_2 与控制输出变量 v_o、i_L 的传递函数矩阵 $G(s)$,根据 RGA 的设计思想将 $s=0$ 代入式(7.15)可得

$$G(0) = \dfrac{V_\mathrm{in}}{D_2} \begin{bmatrix} 1 & -\dfrac{D_1}{D_2} \\[3mm] \dfrac{1}{RD_2} & -\dfrac{2D_1+D_2}{RD_2} \end{bmatrix} \tag{7.16}$$

将式(7.16)代入式(7.8),可得三态 Boost PFC 变换器的 RGA 为

$$\Gamma(0) = \dfrac{1}{D_1+D_2} \begin{bmatrix} 2D_1+D_2 & -D_1 \\[2mm] -D_1 & 2D_1+D_2 \end{bmatrix} \tag{7.17}$$

由式 (7.17) 可以看出，$\Gamma_{11} = 2D_1 + D_2 > 0 > \Gamma_{12} = -D_1$；$\Gamma_{22} = 2D_1 + D_2 > 0 > \Gamma_{21} = -D_1$，$\Gamma_{11}$ 恒大于 Γ_{12}，Γ_{22} 恒大于 Γ_{21}。这说明在设计三态 Boost PFC 变换器的控制器时，被控量输出电压 v_o 应该与电感充电模态占空比 d_1 组合，被控量电感电流 i_L 应与电感放电模态占空比 d_2 组合。另外，由于 $G_{12}(s)$ 存在一个随工作点移动的 RHP 零点，若采用被控量输出电压 v_o 与电感放电模态占空比 d_2 的组合方式将增加控制器的设计难度。因此，在控制器设计时，采用输出电压反馈信号控制电感充电模态占空比 d_1、电感电流反馈信号控制电感放电模态占空比 d_2 的控制策略组合方式。由于 $G_{22}(s)$ 的增益为负，需有针对性地特别考虑电感放电模态占空比 d_2 到电感电流 i_L 的控制环路。

7.3.3　解耦控制策略研究

1. 控制策略

由 7.3.2 节分析可知，对于三态 Boost PFC 变换器，电感充电模态占空比 d_1 决定了被控输出量输出电压 v_o，电感放电模态占空比 d_2 决定了被控输出量电感电流 i_L。而由图 7.4 可知，功率开关管 S_1 的导通占空比即电感充电模态占空比 d_1，功率开关管 S_2 的关断占空比为电感充电模态占空比 d_1 与电感放电模态占空比 d_2 的和，即 $d_1 + d_2$。因此，本节在设计功率开关管 S_1 的控制环路时，设计为电压 PI 反馈控制环路。参考电压 v_{ref} 减去输出电压 v_o 得到误差电压 v_e，电压 PI 反馈控制环的输出信号 u 与功率开关管 S_1 的载波信号 SW$_1$ 进行比较，得到功率开关管 S_1 的控制脉冲 V_{P1}，实现三态 Boost PFC 变换器输出电压的调节。

当三态 Boost PFC 变换器工作于电感充电模态阶段内，经二极管不控整流桥整流后的输入电压 $v_{in}(t_0)$ 加在电感 L 两端，电感电流线性上升，即

$$i_{Lp}(t_1) = i_{ref}(t_0) + \frac{v_{in}(t_0)}{L} d_1 T \tag{7.18}$$

式中，$i_{Lp}(t_1)$ 为功率开关管 S_1 导通阶段结束时刻 t_1 时的电感电流峰值；$i_{ref}(t_0)$ 和 $v_{in}(t_0)$ 分别为功率开关管 S_1 导通时刻 t_0 时的电感电流值和输入电压瞬时值。而当三态 Boost PFC 变换器稳态工作时，输出电压 v_o 稳定为参考电压 v_{ref}，电压 PI 反馈控制环的输出信号 u 保持恒定不变，则功率开关管 S_1 的导通时间 $d_1 T$ 保持恒定。因此，由图 7.4 和式 (7.18) 可知，电感电流 i_L 在功率开关管 S_1 导通期间的上升值 $i_{Lp}(t_1) - i_{ref}(t_0)$ 自动跟踪输入电压 v_{in} 的波形与相位。

根据 PFC 变换器滞环控制思想，若功率开关管 S_1 导通时刻的电感电流值 $i_{ref}(t_0)$ 呈与输入电压 v_{in} 同相位的正弦变化规律，则电感电流平均值 I_L 近似呈正弦变化规律。因此，通过控制辅助功率开关管 S_2 的通断，实时调节惯性模态时电感电流的续流值 $i_{ref}(t_0)$，使其跟踪输入电压 v_{in} 的波形与相位，达到三态 Boost PFC 变换器输入电流 i_{in} 基波功率因数接近 1 的目的。在设计三态 Boost PFC 变换器的辅助功率开关管控制器时，设计电流控制环实时采样电感电流 i_L，当电感电流 i_L 下降到参考正弦电流 $i_{ref}(t)$ 时导通辅助功率开关管 S_2。

基于以上分析，本节提出的三态 Boost PFC 变换器的控制器框图如图 7.7 所示。

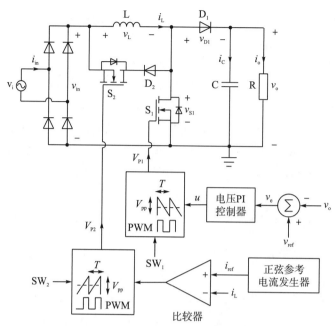

图 7.7 三态 Boost PFC 变换器控制器框图

对于传统 CCM Boost PFC 变换器，由于变换器仅有功率开关管（主开关管）S_1 一个可控器件，需要通过调节占空比 d_1 同时实现 PFC 变换器输出电压和输入电流的控制，因此传统 CCM Boost PFC 变换器的控制器设计复杂，需要电压电流双闭环设计，且电压控制环的输出信号为电流控制环的输入信号。但是，由于本章提出的三态 Boost PFC 变换器有两个可控功率器件，即主开关管 S_1 和辅助功率开关管 S_2，可分别调节主开关管 S_1 的占空比 d_1 和辅助功率开关管 S_2 的占空比 d_3。由图 7.7 可知，通过调节占空比 d_1 可实现三态 Boost PFC 变换器输出电压的控制，通过调节占空比 d_3 可实现三态 Boost PFC 变换器输入电流的控制。因此，三态 Boost PFC 变换器比 CCM Boost PFC 变换器多一个控制自由度，使电压控制环路与电流控制环路相独立，不存在耦合关系，简化了控制器设计，易于优化控制参数设计。

值得注意的是，为了实现如图 7.4 所示的三态 Boost PFC 变换器工作时序，功率开关管 S_1 的 PWM 模块采用三角后缘调制方式，辅助功率开关管 S_2 的 PWM 模块采用三角前缘调制方式，以保证辅助功率开关管 S_2 关断的同时导通主开关管 S_1。

由图 7.7 可知，为了控制三态 Boost PFC 变换器实现单位功率因数，控制器需提供一个电感电流续流阶段的参考正弦电流 $i_{ref}(t)$。因此，为了保证参考正弦电流 $i_{ref}(t)$ 跟踪输入电压的波形与相位，正弦参考电流发生器需采样整流输入电压 $v_{in}(t)$ 信号。此外，为了减小辅助功率开关管 S_2 与二极管 D_2 引起的额外导通损耗，需尽可能减小辅助功率开关管 S_2 的导通时间 d_3T。由于参考正弦电流 $i_{ref}(t)$ 越大，辅助功率开关管 S_2 的导通时间 d_3T 越长；但若参考正弦电流 $i_{ref}(t)$ 太小，则不能保证三态 Boost PFC 变换器工作于 PCCM。因此，选择合适的参考正弦电流 $i_{ref}(t)$ 峰值 I_M 就成为图 7.7 中控制器设计的关键。最简单的设计思想是以负载电流平均值 I_o 作为参考正弦电流 $i_{ref}(t)$ 的峰值 I_M，可保证三态 Boost PFC 变换器在各种负载情况下均能稳定工作[108]。但这种控制策略增加了控制器的采样变量，与平均电流控制算法相比需要额外地采样负载电流平均值 I_o。将在后面详细介绍参考正弦电流 $i_{ref}(t)$ 峰值 I_M 的选取原则，并提出一种基于输出电压纹波 v_{rip} 的控制算法，以简化控制器设计的复杂性。

2. 解耦控制器建模

三态 Boost PFC 变换器工作于稳态时，直流输出电压 $v_o(t)$ 稳定在预设的直流参考电压 V_{ref}，则由图 7.7 可知本章设计解耦控制器电压 PI 控制环路的输入信号 $v_e(t)$ 为

$$v_e(t) = V_{ref} - v_o(t) = -v_{rip}(t) \tag{7.19}$$

因此，稳态情况下电压 PI 控制环路的输出信号 $u(t)$ 为

$$u(t) = K_P\left(1 + \frac{K_I}{s}\right)v_e(t) = -K_P\left(1 + \frac{K_I}{s}\right)v_{rip}(t) = U + u_{rip}(t) \tag{7.20}$$

式中，U 和 $u_{rip}(t)$ 分别为电压 PI 控制环路输出信号 $u(t)$ 的直流分量和交流纹波分量。由于与 U 相比，$u_{rip}(t)$ 很小可忽略不计，且本章设计的电压 PI 控制环带宽不高，保证稳态情况下占空比 d_1 的变化慢，在一个工频周期内可近似认为保持不变。因此，由图 7.7 可得占空比 $d_1(t)$ 为

$$d_1(t) = 1 - \frac{u(t)}{V_{pp}} \approx 1 - \frac{U}{V_{pp}} \tag{7.21}$$

由前面分析可知，三态 Boost PFC 变换器的参考正弦电流 $i_{ref}(t)$ 为

$$i_{ref}(t) = K_1 v_{in}(t) I_M = K_1 V_M I_M |\sin(\omega t)| \tag{7.22}$$

由图 7.3 和图 7.4 可得三态 Boost PFC 变换器的电感电流 $i_L(t)$ 为

$$i_L(t) = \begin{cases} i_{ref}(t_0) + \dfrac{v_{in}(t)}{L}t, & t_0 \leqslant t < t_1 \\[2mm] i_{ref}(t_0) + \dfrac{v_{in}(t)}{L}d_1(t)T - \dfrac{v_o(t) - v_{in}(t)}{L}t, & t_1 \leqslant t < t_2 \\[2mm] i_{ref}(t_0) + \dfrac{v_{in}(t)}{L}d_1(t)T - \dfrac{v_o(t) - v_{in}(t)}{L}d_2(t)T, & t_2 \leqslant t < t_3 \end{cases}$$

$$= \begin{cases} K_1 V_M I_M |\sin(\omega t_0)| + \dfrac{V_M}{L}|\sin(\omega t)|t, & t_0 \leqslant t < t_1 \\[2mm] K_1 V_M I_M |\sin(\omega t_0)| + \dfrac{V_M}{L}|\sin(\omega t)|d_1(t)T - \dfrac{v_o(t) - V_M |\sin(\omega t)|}{L}t, & t_1 \leqslant t < t_2 \\[2mm] K_1 V_M I_M |\sin(\omega t_0)| + \dfrac{V_M}{L}|\sin(\omega t)|d_1(t)T - \dfrac{v_o(t) - V_M |\sin(\omega t)|}{L}d_2(t)T, & t_2 \leqslant t < t_3 \end{cases}$$

$$\approx \begin{cases} K_1 V_M I_M |\sin(\omega t_0)| + \dfrac{V_M}{L}|\sin(\omega t_0)|t, & t_0 \leqslant t < t_1 \\[2mm] K_1 V_M I_M |\sin(\omega t_0)| + \dfrac{V_M}{L}|\sin(\omega t_0)|\left(1 - \dfrac{U}{V_{pp}}\right)T - \dfrac{V_o - V_M |\sin(\omega t_0)|}{L}t, & t_1 \leqslant t < t_2 \\[2mm] K_1 V_M I_M |\sin(\omega t_0)| + \dfrac{V_M}{L}|\sin(\omega t_0)|\left(1 - \dfrac{U}{V_{pp}}\right)T - \dfrac{v_o(t) - V_M |\sin(\omega t_0)|}{L}d_2(t)T, & t_2 \leqslant t < t_3 \end{cases}$$

$$
= \begin{cases}
K_{\mathrm{I}} V_{\mathrm{M}} I_{\mathrm{M}} \left| \sin(\omega t_0) \right| + \dfrac{V_{\mathrm{M}}}{L} \left| \sin(\omega t_0) \right| t, & t_0 \leqslant t < t_1 \\[3mm]
K_{\mathrm{I}} V_{\mathrm{M}} I_{\mathrm{M}} \left| \sin(\omega t_0) \right| + \dfrac{V_{\mathrm{M}}}{L} \left| \sin(\omega t_0) \right| \left(1 - \dfrac{U}{V_{\mathrm{pp}}} \right) T - \dfrac{V_{\mathrm{o}} - V_{\mathrm{M}} \left| \sin(\omega t_0) \right|}{L} t, & t_1 \leqslant t < t_2 \\[3mm]
K_{\mathrm{I}} V_{\mathrm{M}} I_{\mathrm{M}} \left| \sin(\omega t_0 + T) \right|, & t_2 \leqslant t < t_3
\end{cases}
$$

$$\tag{7.23}$$

由式(7.23)可得占空比 $d_2(t)$ 为

$$
d_2(t) = \frac{K_{\mathrm{I}} V_{\mathrm{M}} I_{\mathrm{M}} L}{T} \frac{\left| \sin(\omega t_0) \right| - \left| \sin(\omega t_0 + T) \right|}{V_{\mathrm{o}} - V_{\mathrm{M}} \left| \sin(\omega t_0) \right|} + \frac{V_{\mathrm{pp}} - U}{V_{\mathrm{pp}}} \frac{V_{\mathrm{M}} \left| \sin(\omega t_0) \right|}{V_{\mathrm{o}} - V_{\mathrm{M}} \left| \sin(\omega t_0) \right|} \tag{7.24}
$$

则由式(7.1)、式(7.21)和式(7.24)可得占空比 $d_3(t)$ 为

$$
d_3(t) = 1 - \frac{V_{\mathrm{pp}} - U}{V_{\mathrm{pp}}} \frac{V_{\mathrm{o}}}{V_{\mathrm{o}} - V_{\mathrm{M}} \left| \sin(\omega t_0) \right|} - \frac{K_{\mathrm{I}} V_{\mathrm{M}} I_{\mathrm{M}} L}{T} \frac{\left| \sin(\omega t_0) \right| - \left| \sin(\omega t_0 + T) \right|}{V_{\mathrm{o}} - V_{\mathrm{M}} \left| \sin(\omega t_0) \right|} \tag{7.25}
$$

因此，由式(7.21)、式(7.24)和式(7.25)可得三态 Boost PFC 变换器解耦控制器的时间平均等效模型，可利用 MATLAB/Simulink 仿真软件对其进行仿真验证。

3. 电压控制环路设计

与传统 CCM Boost PFC 变换器不同的是，式(7.5)所描述的三态 Boost PFC 变换器控制到输出传递函数为简单的二阶系统，分子项不存在动态移动的 RHP 零点，且谐振峰值很小，从而使电压控制环路的补偿设计更加简单且精确。因此，在电压控制环路时仅需限制开关噪声。为了简化控制器设计，三态 Boost PFC 变换器的电压控制环设计为 PI 控制环，采用极零点补偿(pole-zero compensation)形式：

$$
G_{\mathrm{V,PI}}(s) = K_{\mathrm{P}} + \frac{K_{\mathrm{I}}}{s} = K_{\mathrm{P}} \frac{s + \omega_{\mathrm{zv}}}{s} \tag{7.26}
$$

式中，ω_{zv} 为 PI 补偿控制器的补偿零点角频率。根据补偿零点频率 f_{zv} 远小于二倍网频 f_{line}、额定负载情况下环路在截止频率 f_{cv} 处的增益为 1 这两个选取原则，可计算 PI 的补偿网络参数 K_{P} 和 K_{I}，即令

$$
\begin{cases}
\omega_{\mathrm{zv}} = 2\pi f_{\mathrm{zv}} \\
\left| G_{\mathrm{V,PI}}(s) G_{\mathrm{VC,PCCM}}(s) \right|_{s = \mathrm{j} 2\pi f_{\mathrm{cv}}} = 1
\end{cases} \tag{7.27}
$$

由于传统 Boost PFC 变换器的输出电压含二倍工频纹波，当 Boost PFC 变换器工作于 CCM 时，其电压 PI 控制环的输出信号决定参考输入电流的幅值。为了避免在参考电流中引入二次谐波分量，需要设计电压 PI 控制环的带宽远低于二倍工频(一般小于 20Hz)，这严重影响了 PFC 变换器对负载变化的瞬态响应性能。而当 Boost PFC 变换器工作于 DCM 时，平均输入电流自动跟踪输入电压，通过单电压 PI 控制环即可实现 PFC 功能。但是若电压 PI 控制环带宽较高时，功率开关管的调制波存在较大幅度的纹波，造成电感电流的峰值抖动，因此同样要求电压 PI 控制环的带宽不能太高[108]。

本章提出的三态 Boost PFC 变换器，其电流控制环与电压控制环相互独立，参考电流信号不受电压 PI 反馈环输出信号的谐波量的影响，可以适当提高电压 PI 反馈控制环的带

宽，以提高变换器对负载变化的瞬态响应速度。但是，与 DCM Boost PFC 变换器一样，三态 Boost PFC 变换器的电压 PI 控制环带宽太高会使功率开关管 S_1 的占空比含有谐波量，进而使电感电流的峰值发生波动。因此，本章在设计补偿参数时取零点频率 $f_{zv}=1\text{Hz}$，截止频率 $f_{cv}=20\text{Hz}$[109]。

4. 电流控制环路设计

由图 7.7 可知，为实现三态 Boost PFC 变换器输入功率因数接近 1 的目的，需实时调节三态 Boost PFC 变换器惯性模态的电感电流续流值 $i_{ref}(t)$，使其跟踪输入电压 $v_{in}(t)$ 波形与相位。电感电流续流值 $i_{ref}(t)$ 的大小由负载电流 I_o 与电感电流纹波 ΔI 要求所决定。由于三态 Boost PFC 变换器的储能电感量 L 不受工作模态的限制，可选取较大值，因此与 DCM Boost PFC 变换器相比，三态 Boost PFC 变换器可极大地减小电感电流纹波，具有类似 CCM Boost PFC 变换器的带载能力。但是，三态 Boost PFC 变换器的电感电流续流时间 d_3T 影响了变换器效率，续流时间 d_3T 越长，辅助功率开关管 S_2 和二极管 D_2 的导通损耗引起变换器效率越低。因此，在设置三态 Boost PFC 变换器的电感电流续流值 $i_{ref}(t)$ 时应在保证变换器稳定地工作于 PCCM 的前提下，尽可能地减小电感电流续流值 $i_{ref}(t)$ 以减小电感电流续流时间 d_3T，来减小电感电流续流模态对变换器效率的影响[102]。

三态 Boost PFC 变换器最为简单的参考正弦电流 $i_{ref}(t)$ 设计思想是以负载电流平均值 I_o 作为参考正弦电流 $i_{ref}(t)$ 的峰值 I_M，利用乘法器跟踪输入电压 $v_{in}(t)$ 采样值的波形与相位。但这种控制策略增加了控制器的采样变量，与平均电流控制算法相比需要额外地采样负载电流平均值 I_o。此外，由于 PFC 变换器的输入电压呈正弦波动，其输出电压和输出电流均含有偶次谐波量。若直接采样负载电流作为电流控制环路的参考电流，将影响参考电流的正弦度。为了解决这一问题，可采用滤波算法、纹波补偿法、输入电压过零点采样保持法等，但需要数字处理器或者额外的模拟器件，且控制器实现较为复杂[8, 39, 105]。

PFC 变换器脉动的交流输入功率与恒定的直流输出功率不匹配，进而造成 PFC 变换器直流输出电压含有二倍工频纹波[107]，对于 Boost PFC 变换器，其输出电压纹波的峰峰值 $\Delta v_{rip}(t)$ 为

$$\Delta v_{rip}(t) \approx \frac{i_o(t)\sin(4\pi f_{line}t)}{4\pi f_{line}C} \tag{7.28}$$

由式 (7.28) 可知，Boost PFC 变换器输出电压纹波的峰峰值 $\Delta v_{rip}(t)$ 与负载电流 $i_o(t)$ 呈正比关系。因此，本章提出根据输出电压纹波峰峰值 $\Delta v_{rip}(t)$ 信号来设计电流控制环路中参考正弦电流 $i_{ref}(t)$ 的峰值 I_M，避免了采样负载电流 $i_o(t)$ 信号，简化了控制电路设计的复杂性。由于三态 Boost PFC 变换器的电压控制环路已经采集了输出电压 $v_o(t)$ 信号，利用数字信号处理器可以很容易得到输出电压纹波峰峰值 $\Delta v_{rip}(t)$ 信号，因此本章提出的输出电压纹波控制参考电流峰值算法并没有增加系统设计的复杂性。

如何根据输出电压纹波峰峰值 $\Delta v_{rip}(t)$ 信号来得到参考正弦电流 $i_{ref}(t)$ 的峰值 I_M 是电流控制环路设计的关键。为了提高控制系统的抗干扰能力和鲁棒性，本节利用非线性的死区控制器来实现参考正弦电流 $i_{ref}(t)$ 峰值 I_M 与输出电压纹波峰峰值 $v_{rip}(t)$ 呈正比关系，其设计思想如下。

非线性死区控制器每隔 $T_{sa}=1/f_{sa}$ (f_{sa} 为远远大于二倍工频 $2f_{line}$ 的采样频率)采样一次输出电压 $v_o(t)$ 信号，采样的输出电压 $v_o[n]$ 信号通过逻辑判断比较得到输出电压纹波信号 $\Delta v_o[n]$。输出电压纹波信号 $\Delta v_o[n]$ 与预先寄存器设置的参考纹波电压边界 $r_1^{(n)}$ 信号经过判断比较后得出参考正弦电流的峰值 $I_M^{(n)}$ 信号。为了简化死区控制器的设计，预先寄存器设置的参考纹波电压边界 $r_1^{(n)}$ 信号按 2 的指数倍进行设置。因此，根据变换器功率守恒和式(7.28)可得参考正弦电流的峰值 $I_M^{(n)}$ 为

$$I_M^{(n)} = \frac{4\pi f_{line} C V_o r_1^{(n+1)}}{V_M} \tag{7.29}$$

图 7.8 给出了非线性死区控制器的工作示意图。三态 Boost PFC 变换器工作于稳态时输出电压 $v_o(t)$ 恒定在参考电压 V_{ref}，其输出电压纹波峰峰值 $\Delta v_{rip}(t)$ 也恒定保持不变，则非线性死区控制器计算得到的输出电压纹波信号 $\Delta v_o[n]$ 保持不变，非线性死区控制器输出的参考正弦电流的峰值 $I_M^{(n)}$ 也保持不变，以保证三态 Boost PFC 变换器稳定地工作。例如，若稳态时采样得到的输出电压纹波信号 $\Delta v_o[n]$ 介于预设边界值 $r_1^{(5)}=16$ 和 $r_1^{(6)}=32$ 之间，则非线性死区控制器输出的参考正弦电流峰值 $I_M^{(n)}=12.2$。当三态 Boost PFC 变换器的负载发生突变时，由式(7.28)可知输出电压纹波峰峰值 $\Delta v_{rip}(t)$ 跟随负载功率的变化而变化。若负载变化时非线性死区控制器计算得到的输出电压纹波信号 $\Delta v_o[n]$ 超过了预设边界值 $r_1^{(n)}$，则非线性死区控制器输出新边界区域对应的参考正弦电流峰值 $I_M^{(n)}$ 直到变换器重新工作于新的稳态情况下。例如，若负载增加时采样得到的输出电压纹波信号 $\Delta v_o[n]$ 由 $\Delta v_o[n]=3$ 增加为 $\Delta v_o[n]=5$，则非线性死区控制器输出的参考正弦电流峰值 $I_M^{(n)}$ 由原来的 $I_M^{(2)}=1.5$ 变为 $I_M^{(3)}=3$。此处，死区控制器输出的正弦参考电流峰值 $I_M^{(n)}$ 仅仅稍大于负载电流平均值 I_o，以保证在三态 Boost PFC 变换器稳定地工作于 PCCM 的前提下，尽可能减小电感电流续流时间 d_3T 对变换器效率的影响。

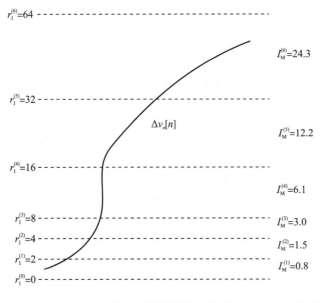

图 7.8   非线性死区控制器的工作示意图

7.3.4　数字电流谷值控制策略研究

近年来,随着通用微处理器、数字信号处理器以及可编程逻辑器件等技术的不断发展,数字控制技术在电机控制、三相逆变、功率因数校正等电力电子应用领域中得到逐渐普及。在这些控制领域中,监控和计算任务非常复杂,模拟控制方法难以实现较好的控制性能,而数字控制技术可实现开关电源的复杂控制算法并提高系统的灵活性[10,11,102]。本节提出的三态 Boost PFC 变换器控制策略是一种新颖的控制系统,数字控制很好地满足了其控制算法的实现、调试及监控要求。

三态 Boost PFC 变换器电感电流谷值数字算法的思想是:通过采样可知当前电感电流值,而电感电流在当前开关周期内上升斜率已知,且主开关控制占空比 $d_1(k+1)$ 由电压控制环 PI 计算得出,通过以上已知量可计算电感电流的上升幅度;假设电感电流在惯性时段保持不变,则参考电流环决定了电感电流在下一个周期的起始点。在下降斜率已知的前提下,最终可计算出电感电流下降所需的占空比 $d_2(k+1)$。图 7.9 为电感电流谷值数字控制示意图,图中实线为实际电感电流谷值的正弦曲线,虚线为参考电流曲线。

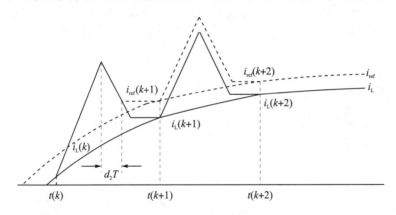

图 7.9　电感电流谷值数字控制示意图

由于变换器的开关频率远大于电网频率,因此在每一个开关周期内,可认为输入电压和输出电压恒定不变。根据电感电流工作过程可得

$$L\frac{\mathrm{d}i_{\mathrm{L}}(t)}{\mathrm{d}t}=V_{\mathrm{in}},\quad t_k\leqslant t\leqslant t_k+d_1T \tag{7.30}$$

$$L\frac{\mathrm{d}i_{\mathrm{L}}(t)}{\mathrm{d}t}=V_{\mathrm{in}}-V_{\mathrm{o}},\quad t_k+d_1T\leqslant t\leqslant t_k+(d_1+d_2)T \tag{7.31}$$

根据式(7.30)和式(7.31),可得电感电流在第 k 个与第 $k+1$ 个开关周期起始点的离散表达式如下:

$$i_{\mathrm{L}}(k+1)=i_{\mathrm{L}}(k)+\frac{V_{\mathrm{in}}(k)d_1(k)T_{\mathrm{s}}}{L}-\frac{[V_{\mathrm{o}}(k)-V_{\mathrm{in}}(k)]d_2(k)T_{\mathrm{s}}}{L} \tag{7.32}$$

为使第 $k+1$ 个开关周期起始时刻电感电流谷值跟踪参考电流,输出电压跟踪参考电压,可得

$$\begin{cases} i_L(k+1) = i_{ref}(k+1) \\ V_o(k) = V_{ref} \end{cases} \tag{7.33}$$

将式(7.33)代入式(7.32)可得

$$d_2(k+1) = \frac{m[i_L(k) - i_{ref}(k+1)]}{V_{ref} - V_{in}(k)} + \frac{V_{in}(k)d_1(k+1)}{V_{ref} - V_{in}(k)} \tag{7.34}$$

式中，$m = L/T_s$；参考电流 $i_{ref}(k+1)$ 由参考电流幅值与当前输入电压相角的正弦值相乘后得到；$V_{in}(k)$ 和 $i_L(k)$ 直接通过采样得到，$d_1(k+1)$ 由电压控制环计算得到。

在数字控制中，数字脉冲宽度调制器(digital pulse width modulation，DPWM)承担数字控制信号的数模转换功能，将数字信号值转换为时间信号(即产生一定宽度的脉冲信号)，从而控制开关导通和关断。数字脉冲宽度调制技术[20]分为单缘调制和双缘调制两种。双缘调制技术以等腰三角波为载波，若要在一个开关周期内实现两个控制脉冲，其数字信号计算过程复杂、实现难度大，因此本节采用单缘调制技术驱动开关管。单缘调制分为前缘调制和后缘调制。在前缘调制中，功率开关管在每个开关周期的开始关断，在锯齿波上升到比较值时开通，并且一直保持到当前周期结束。后缘调制的工作过程与前缘调制相反，功率开关管在每个开关周期的开始导通，锯齿波上升到比较值时关断直到当前周期结束。

根据 PCCM 中主开关管和辅助功率开关管控制脉冲时序的要求，主开关管需要在开关起始点导通并持续 d_1T 时间，之后两个开关管均关断，电感电流下降；当电感电流下降到参考电流值时，辅助功率开关管导通，直到开关周期结束。结合前缘调制和后缘调制的工作特点可以发现，PCCM 主开关管驱动信号与前缘调制、辅助开关驱动信号与后缘调制的工作过程分别保持一致，因此本节采用不同的调制方式以实现两个功率开关管的工作。其中主开关管采用前缘调制，比较器赋值对应 d_1T；辅助功率开关管采用后缘调制，比较器赋值对应 $(d_1+d_2)T$，如图 7.10 所示。

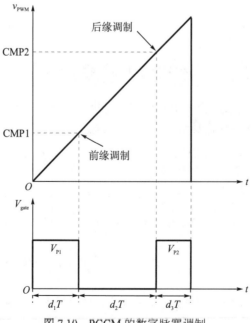

图 7.10   PCCM 的数字脉宽调制

7.4　三态 Boost PFC 变换器特性分析

7.4.1　直流稳态特性分析

在图 7.7 中，假设三态 Boost PFC 变换器的直流输出电压 $v_o(t)$ 稳定在 V_o，则整流后的电网输入电压 $v_{in}(t)$ 为

$$v_{in}(t) = V_M \,|\sin(\omega t)| \tag{7.35}$$

式中，V_M 为输入电压幅值；ω 为输入电压角频率。则三态 Boost PFC 变换器稳定工作时的输入电流 $i_{in}(t)$ 为

$$i_{in}(t) = \frac{v_{in}(t)}{R_e} \tag{7.36}$$

式中，R_e 为三态 Boost PFC 变换器的等效输入阻抗。

由图 7.3 和图 7.4 可得一个开关周期内电感电压的瞬时值 $v_L(t)$ 为

$$v_L(t) = \begin{cases} v_{in}(t), & t_0 \leqslant t < t_1 \\ v_{in}(t) - v_o(t), & t_1 \leqslant t < t_2 \\ 0, & t_2 \leqslant t < t_3 \end{cases} \tag{7.37}$$

利用时间平均等效分析方法[103]，可得电感电压的时间平均等效表达式 V_L 为

$$V_L = \frac{1}{T}\int_{t_0}^{t_3} v_L(t)\mathrm{d}t = \frac{1}{T}\int_{t_0}^{t_1} v_{in}(t)\mathrm{d}t + \frac{1}{T}\int_{t_1}^{t_2}[v_{in}(t) - v_o(t)]\mathrm{d}t \tag{7.38}$$

简化整理可得

$$V_L = (D_1 + D_2)V_{in} - D_2 V_o \tag{7.39}$$

同理可知，在一个开关周期内，流经储能电容 C 电流的瞬时值 $i_C(t)$ 与电网输入电流的瞬时值 $i_{in}(t)$ 分别为

$$i_C(t) = \begin{cases} -i_o(t), & t_0 \leqslant t < t_1 \\ i_L(t) - i_o(t), & t_1 \leqslant t < t_2 \\ -i_o(t), & t_2 \leqslant t < t_3 \end{cases} \tag{7.40}$$

$$i_{in}(t) = \begin{cases} i_L(t), & t_0 \leqslant t < t_1 \\ i_L(t), & t_1 \leqslant t < t_2 \\ 0, & t_2 \leqslant t < t_3 \end{cases} \tag{7.41}$$

整理可得流经储能电容电流的时间平均表达式 I_C 与电网输入电流的时间平均表达式 I_{in} 分别为

$$I_C = D_2 I_L - I_o \tag{7.42}$$

$$I_{in} = (D_1 + D_2)I_L \tag{7.43}$$

当变换器工作于稳态时，电感电压和电容电流的时间平均等效值为零，即

$$V_L = 0, \quad I_C = 0 \tag{7.44}$$

将式 (7.44) 代入式 (7.39)、式 (7.42) 并联立式 (7.43) 可得三态 Boost PFC 变换器功率级

的直流稳态特性为

$$\frac{V_{\mathrm{o}}}{V_{\mathrm{in}}} = \frac{I_{\mathrm{in}}}{I_{\mathrm{o}}} = \frac{D_1 + D_2}{D_2} = \frac{D_1}{D_2} + 1 \tag{7.45}$$

$$I_{\mathrm{L}} = \frac{I_{\mathrm{in}}}{D_1 + D_2} = \frac{I_{\mathrm{in}}}{1 - D_3} \tag{7.46}$$

由式(7.45)、式(7.46)可知，改变 D_1/D_2 的比值可对输出电压 V_{o} 进行调节，而通过控制占空比 D_3 可对输入电流 I_{in} 进行调节。这进一步验证了本节提出的三态 Boost PFC 变换器控制策略的正确性。此外，由式(7.45)和式(7.46)可得三态 Boost PFC 变换器功率级拓扑的时间平均等效模型如图 7.11 所示。

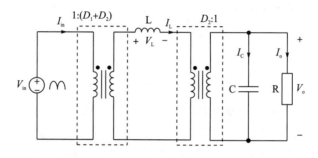

图 7.11　三态 Boost PFC 变换器功率级拓扑的时间平均等效模型

7.4.2　网侧输入电流与功率因数分析

在一个开关周期内，三态 Boost PFC 变换器网侧输入电流的平均值为电感电流在电感充电模态 $d_1 T$ 和电感放电模态 $d_2 T$ 阶段内的周期平均值，即如图 7.4 所示阴影部分面积在一个开关周期内的平均值。因此可得三态 Boost PFC 变换器的网侧输入电流平均值 $i_{\mathrm{in\_av}}(t)$ 为

$$
\begin{aligned}
i_{\mathrm{in\_av}}(t) &= \frac{1}{T} \int_{t_0}^{t_2} i_{\mathrm{L}}(t)\,\mathrm{d}t \\
&= \frac{1}{T} \Big[d_1(t) T i_{\mathrm{L}}(t_0) + d_2(t) T i_{\mathrm{L}}(t_0 + T) \\
&\quad + \frac{1}{2} d_1^2(t) T^2 \frac{v_{\mathrm{in}}(t)}{L} + \frac{1}{2} d_2^2(t) T^2 \frac{v_{\mathrm{o}}(t) - v_{\mathrm{in}}(t)}{L} \Big] \\
&\approx \frac{T V_{\mathrm{M}}}{2L} d_1^2(t) |\sin(\omega t_0)| + K_1 V_{\mathrm{M}} I_{\mathrm{M}} [d_1(t) + d_2(t)] |\sin(\omega t_0)| \\
&\quad + \frac{T V_{\mathrm{M}}}{L} d_1(t) d_2(t) |\sin(\omega t_0)| + \frac{T}{2L} d_2^2(t) [V_{\mathrm{o}} - V_{\mathrm{M}} |\sin(\omega t_0)|]
\end{aligned}
\tag{7.47}
$$

则三态 Boost PFC 变换器输入功率因数的表达式为

$$
\mathrm{PF} = \frac{\dfrac{2}{T_{\mathrm{line}}} \displaystyle\int_0^{T_{\mathrm{line}}/2} v_{\mathrm{in}}(t) i_{\mathrm{in\_av}}(t)\,\mathrm{d}t}{V_{\mathrm{in,rms}} \sqrt{\dfrac{1}{T_{\mathrm{line}}} \displaystyle\int_0^{T_{\mathrm{line}}/2} [i_{\mathrm{in\_av}}(t)]^2\,\mathrm{d}t}} \tag{7.48}
$$

式中，T_{line} 为交流输入电压的工频周期。因此，根据式(7.21)、式(7.24)、式(7.25)和式(7.47)可得在交流输入电压的半个工频周期内，正弦参考电流控制三态 Boost PFC 变换器的占空比 $d_1(t)$、$d_2(t)$、$d_3(t)$ 以及标幺化后的平均输入电流 $i_{in}^*(t)$ 如图 7.12 所示。由图 7.12 可知，与传统 DCM Boost PFC 类似，正弦参考电流控制三态 Boost PFC 变换器的网侧输入电流和功率因数均与 V_M/V_o 有关，V_M/V_o 越小，网侧输入电流越接近正弦，功率因数越大。这是因为电感电流在电感充电模式 d_1T 阶段内，网侧输入电流的平均值为正弦形式；而电感电流在电感放电模式 d_2T 阶段内的下降斜率与 V_M/V_o 有关，V_M/V_o 越小，电感电流下降越快，此阶段内网侧输入电流的平均值越接近正弦形式；在电感续流模式 d_3T 阶段内网侧输入电流为零。因此在整个开关周期内，V_M/V_o 越小，网侧输入电流的平均值越接近正弦形式，功率因数越高。

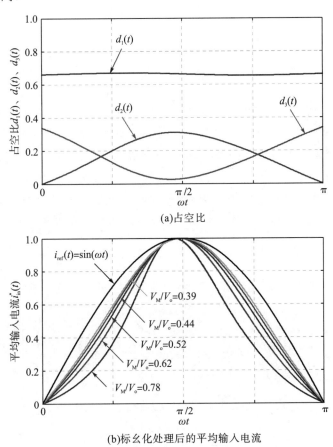

图 7.12　三态 Boost PFC 变换器占空比 $d_1(t)$、$d_2(t)$、$d_3(t)$
以及标幺化处理后的平均输入电流 $i_{in}^*(t)$ 波形

为了提高三态 Boost PFC 变换器的功率因数，由式(7.47)可知，令

$$I_N |\sin(\omega t_0)| = K_1 V_M I_M [d_1(t)+d_2(t)]|\sin(\omega t_0)|$$
$$+\frac{TV_M}{L}d_1(t)d_2(t)|\sin(\omega t_0)|+\frac{T}{2L}d_2^2(t)[V_o-V_M|\sin(\omega t_0)|] \qquad (7.49)$$

式中，I_N 为控制系数。则三态 Boost PFC 变换器的网侧输入电流平均值 $i_{in\_av}(t)$ 为

$$i_{in\_av}(t) = \left[\frac{TV_M}{2L}d_1^2(t) + I_N\right]|\sin(\omega t_0)| = I_M |\sin(\omega t_0)| \tag{7.50}$$

式中，I_M 为三态 Boost PFC 变换器网侧输入电流峰值。由式(7.50)可知，当参考电流 $i_{ref}(t)$、占空比 $d_1(t)$ 和 $d_2(t)$ 满足关系式(7.49)时，三态 Boost PFC 变换器的网侧平均输入电流为正弦波，跟踪输入电压 $v_{in}(t)$ 的波形和相位，实现单位功率因数。因此，为提高三态 Boost PFC 变换器的功率因数，其电流控制环的非正弦参考电流 $i_{n\text{-}ref}(t)$ 为

$$i_{n\text{-}ref}(t) = \frac{1}{L}\frac{I_N L\sin(\omega t_0) - Td_1(t)d_2(t)v_{in}(t)}{d_1(t)+d_2(t)} + \frac{Td_2^2(t)}{2L}\frac{v_o(t)-v_{in}(t)}{d_1(t)+d_2(t)} \tag{7.51}$$

忽略变换器损耗时，根据功率平衡原理可得

$$I_{in,rms} = \frac{V_o I_o}{V_{in,rms}} = \frac{V_{ref} I_o}{V_{in,rms}} \tag{7.52}$$

式中，$I_{in,rms}$ 为输入电流的有效值。则由式(7.50)和式(7.52)可得控制系数 I_N 为

$$I_N = \frac{V_o I_o}{V_M} - \frac{TV_M}{2L}d_1^2(t) \tag{7.53}$$

因此，根据式(7.21)、式(7.24)、式(7.25)、式(7.50)和式(7.53)可得在交流输入电压的半个工频周期内，三态 Boost PFC 变换器标幺化处理后的非正弦参考电流 $i_{n\text{-}ref}^*(t)$ 如图 7.13 所示。由图 7.13 可知，V_M/V_o 越小，非正弦参考电流 $i_{n\text{-}ref}(t)$ 越接近正弦波形。这意味着，当采用正弦参考电流 $i_{ref}(t)$ 时，V_M/V_o 越小，网侧输入电流 $i_{in}(t)$ 越接近正弦。因此，可由图 7.12 和图 7.13 得出同样的结论，验证了非正弦参考电流控制三态 Boost PFC 变换器的功率因数高于正弦参考电流控制三态 Boost PFC 变换器。

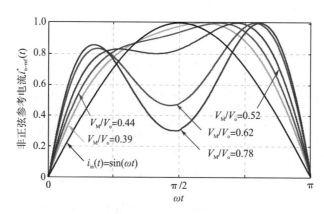

图 7.13   三态 Boost PFC 变换器标幺化处理后的非正弦参考电流 $i_{n\text{-}ref}^*(t)$ 波形

图 7.14 给出了交流输入电压有效值为 110V 时，三态 Boost PFC 变换器分别在正弦参考电流 $i_{ref}(t)$ 和非正弦参考电流 $i_{n\text{-}ref}(t)$ 控制策略下的直流输出电压 v_o、整流后的交流输入电压 v_{in}、整流后的交流输入电流 i_{in}、电感电流 i_L 和参考电流 i_{ref} 波形。由图 7.14 可知，在非正弦参考电流 $i_{n\text{-}ref}(t)$ 控制策略下，三态 Boost PFC 变换器整流后的交流输入电流 i_{in} 更接近正弦波，具有较高的功率因数。

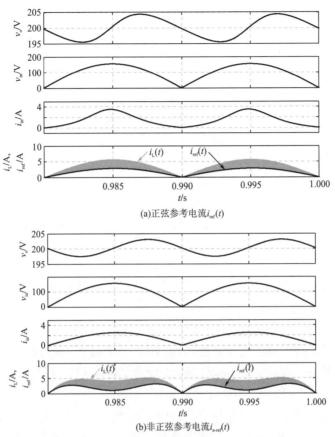

图 7.14　三态 Boost PFC 变换器的直流输出电压 v_o、整流后交流输入电压 v_{in}、整流后交流输入电流 i_{in}、
电感电流 i_L 和参考电流 i_{ref} 波形

分别采用正弦参考电流 $i_{ref}(t)$ 和非正弦参考电流 $i_{n\text{-}ref}(t)$ 控制策略时，三态 Boost PFC
变换器功率因数和输出电压纹波的变化曲线如图 7.15 所示。由图 7.15 可知，采用非正弦
参考电流 $i_{n\text{-}ref}(t)$ 控制时，在宽输入电压有效值 90～260V 范围内，三态 Boost PFC 变换器
的功率因数得到了极大的提高，且输出电压纹波明显减小，当输入电压有效值为 260V 时，
功率因数从 0.872 提高为 0.985，输出电压纹波从 11.7V 降低为 6.9V。

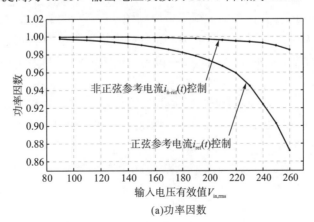

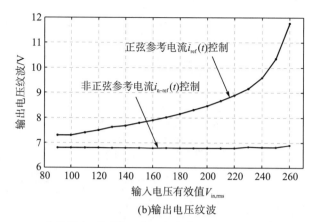

图 7.15   三态 Boost PFC 变换器在不同输入电压有效值 $V_{in,rms}$ 情况下的功率因数与输出电压纹波

7.5   实 验 分 析

为了验证理论分析的正确性，本节对三态 Boost PFC 变换器进行实验研究，以验证本章提出的拓扑结构与控制算法的正确性。为了与传统 CCM Boost PFC 变换器和 DCM Boost PFC 变换器的工作性能做对比，本节按照同样的性能指标设计了传统 CCM Boost PFC 变换器和 DCM Boost PFC 变换器的实验平台。

实验参数如下：额定负载功率为 P_o=200W，负载功率范围 P_o=70～400W，交流输入电压有效值范围 $V_{in,rms}$=90～130V，参考直流输出电压 V_{ref}=200V，电容 C=470μF，电网频率 f_{line}=50Hz，开关频率 f=50kHz。由于要使 Boost PFC 变换器工作于 CCM，需要较大的储能电感 L，本节设计 CCM Boost PFC 变换器的储能电感 L=1mH；要使 Boost PFC 变换器工作于 DCM，需要较小的储能电感 L，本节设计 DCM Boost PFC 变换器的储能电感 L=40μH；而三态 Boost PFC 变换器的工作模式与储能电感 L 的大小没有关系，仅由恒定参考电流决定，为了验证 PCCM 变换器的优越性，本节设计三态 Boost PFC 变换器的储能电感 L=200μH，介于 CCM 与 DCM 的储能电感值之间。DCM Boost PFC 变换器的控制器采用单电压环控制，CCM Boost PFC 变换器的控制器采用电压电流双闭环的平均电流控制策略，三态 Boost PFC 变换器的控制器采用如图 7.7 所示的解耦控制策略。由于三个变换器均需要电压控制环，为了验证三态 Boost PFC 变换器瞬态性能的优越性，本节设计的电压控制环路补偿参数均为 K_P=0.005、K_I=10.6。平均电流控制 CCM Boost PFC 变换器的电流环 PI 补偿参数为 K_P=0.05、K_I=0.65。

本节搭建了传统 DCM Boost PFC 变换器、传统 CCM Boost PFC 变换器和三态 Boost PFC 变换器。图 7.16(a) 给出了 100W 负载功率时三态 Boost PFC 变换器直流输出电压 v_o、整流输入电压 v_{in} 和电感电流 i_L 波形。由图 7.16(a) 可知，三态 Boost PFC 变换器的直流输出电压稳定 v_o，电感电流 i_L 跟踪整流输入电压 v_{in} 的波形与相位，实现了 PFC 变换器的两个功能。

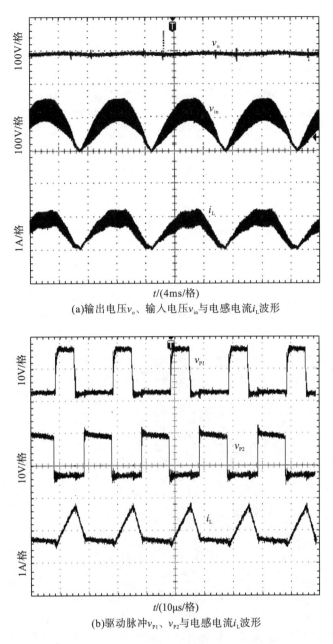

(a)输出电压v_o、输入电压v_{in}与电感电流i_L波形

(b)驱动脉冲v_{P1}、v_{P2}与电感电流i_L波形

图 7.16　三态 Boost PFC 变换器的相关稳态波形

图 7.16(b)为三态 Boost PFC 变换器的功率开关管 S_1 驱动脉冲 V_{P1}、辅助功率开关管 S_2 驱动脉冲 V_{P2} 和电感电流 i_L 波形。由图可知，三态 Boost PFC 变换器在一个开关周期内有三个工作模式，当变换器工作于电感续流模态时，由于续流开关管导通电阻和电感串联等效电阻的存在，电感电流 i_L 不再保持恒定，而是出现轻微的下降，即三态 Boost PFC 变换器电感续流模态会对其效率有轻微影响。因此，在保证三态 Boost PFC 变换器电感续流模态存在的前提下，应尽可能减小电感续流模态占整个开关周期的比例。

　　图 7.17 为传统 CCM Boost PFC 变换器、传统 DCM Boost PFC 变换器与 PCCM 工作模式下三态 Boost PFC 变换器的整流输入电压 v_{in}、输入电流 i_{in} 与输入电流频谱分析波形。由图可知，传统 CCM Boost PFC 变换器输入电流谐波含量最小，三态 Boost PFC 变换器输入电流谐波含量次之，传统 DCM Boost PFC 变换器输入电流谐波含量最大，验证了三态 Boost PFC 变换器可以改善传统 DCM Boost PFC 变换器输入电流正弦度较差的问题。

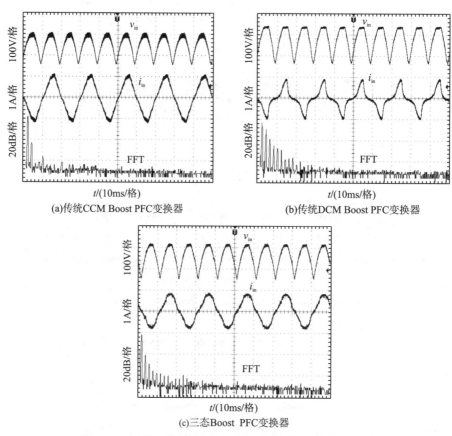

(a)传统CCM Boost PFC变换器　　　　　　　　(b)传统DCM Boost PFC变换器

(c)三态Boost PFC变换器

图 7.17　三种工作模式下 Boost PFC 变换器的整流输入
电压 v_{in}、输入电流 i_{in} 与输入电流频谱分析波形

　　图 7.18 分别给出了 200%额定负载功率(400W)和 35%额定负载功率(70W)时，传统 CCM Boost PFC 变换器、传统 DCM Boost PFC 变换器与三态 Boost PFC 变换器的输入电压 v_{in} 和电感电流 i_L 波形。当负载功率为 400W 时，三态 Boost PFC 变换器的电感电流应力为 7.5A，仅比传统 CCM Boost PFC 变换器大 2.5A；而传统 DCM Boost PFC 变换器在同样负载功率下电流应力达到 12A，且在输入电压峰值点附近 DCM Boost PFC 变换器会工作于 CCM，导致输入电流发生畸变，验证了三态 Boost PFC 变换器与传统 CCM Boost PFC 变换器在重载情况下均具有较高的功率因数。当负载功率为 70W 时，三态 Boost PFC 变换器有效地降低了参考电感电流，保证变换器工作于 PCCM；此时传统 DCM Boost PFC 变换器与三态 Boost PFC 变换器均具有很好的工作性能，而传统 CCM Boost PFC 变换器

的电感电流 i_L 在输入电压过零点附近会工作于 DCM，导致输入电流发生畸变，验证了传统 DCM Boost PFC 变换器与三态 Boost PFC 变换器在轻载情况下均具有较高的功率因数。因此，与传统 CCM Boost PFC 变换器和传统 DCM Boost PFC 变换器相比，三态 Boost PFC 变换器在 35%～200% 的宽负载范围内均具有高功率因数。

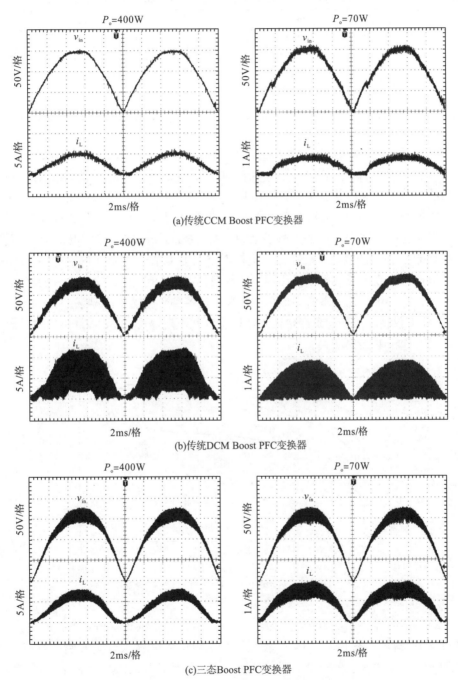

(a)传统CCM Boost PFC变换器

(b)传统DCM Boost PFC变换器

(c)三态Boost PFC变换器

图 7.18　三种工作模式下 Boost PFC 变换器分别在 400W 与 70W

负载功率时的整流输入电压 v_{in} 和电感电流 i_L 波形

表 7.2 给出了三种工作模式下 Boost PFC 变换器在不同负载功率情况时的总谐波失真与功率因数,进一步验证了三态 Boost PFC 变换器具有比传统 CCM Boost PFC 变换器和DCM Boost PFC 变换器更宽的负载工作范围。

表 7.2　三种工作模式下 Boost PFC 变换器在不同负载功率情况时的总谐波失真与功率因数

负载功率/W	总谐波失真			功率因数		
	CCM	DCM	PCCM	CCM	DCM	PCCM
400	5.1	43.42	20.5	0.996	0.917	0.978
200	17.2	29.55	18.9	0.983	0.959	0.982
100	29.2	23.48	22.3	0.948	0.974	0.976
70	35.5	21.31	19.6	0.925	0.978	0.979

由图 7.16(b) 可以看出,电感电流 i_L 在电感续流模态时并不是保持为恒定值,而是由于续流开关管导通电阻和电感串联等效电阻的存在,其出现轻微的下降,即三态 Boost PFC变换器电感续流模态会对其效率有轻微影响。图 7.19 给出了三种工作模式下 Boost PFC变换器在不同负载功率情况时的效率曲线。由图 7.19 可以看出,三态 Boost PFC 变换器的效率要低于传统 CCM Boost PFC 变换器和 DCM Boost PFC 变换器。因此,为了提高三态 Boost PFC 变换器的效率,应在保证变换器稳定地工作于 PCCM 的前提下,尽可能减小电感续流模态占整个开关周期的比例,即尽可能减小参考正弦电流 $i_{ref}(t)$ 的峰值。本节设计的死区控制器可保证三态 Boost PFC 变换器在各种负载功率情况下,输出的参考正弦电流 $i_{ref}(t)$ 峰值仅稍大于平均负载电流 I_o,以保证在不明显影响 Boost PFC 变换器效率的前提下使其工作于 PCCM。

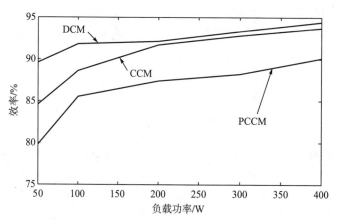

图 7.19　三种工作模式下 Boost PFC 变换器效率

图 7.20 为当负载功率从 200W 变为 400W 时,传统 CCM Boost PFC 变换器、传统 DCMBoost PFC 变换器与三态 Boost PFC 变换器的输出电压 v_o 和输入电流 i_{in} 瞬态响应波形。由图 7.20 可知,三态 Boost PFC 变换器的瞬态响应时间比传统 CCM Boost PFC 变换器和传统 DCM Boost PFC 变换器分别减少了约 80%和 64%。

图 7.21 为当负载功率从 400W 变为 200W 时,传统 CCM Boost PFC 变换器、传统 DCM

Boost PFC 变换器与三态 Boost PFC 变换器的输出电压 v_o 和输入电流 i_{in} 瞬态响应波形。由图 7.21 可知，三态 Boost PFC 变换器的瞬态响应时间比传统 CCM Boost PFC 变换器和传统 DCM Boost PFC 变换器分别减少约 81% 和 62%。

　　图 7.20 和图 7.21 说明，三态 Boost PFC 变换器对负载的瞬态响应速度最快，输出电压和输入电流波动最小，波形过渡平滑，体现了三态 Boost PFC 变换器能明显提高负载瞬态响应性能的优越性。

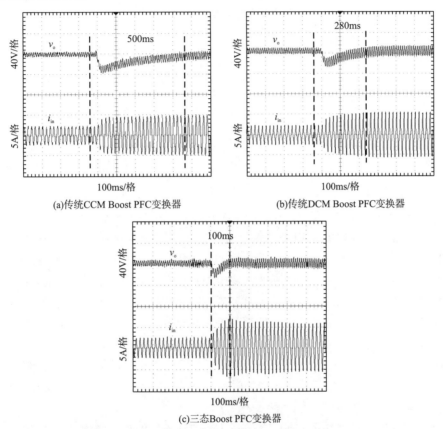

(a)传统CCM Boost PFC变换器　　　　(b)传统DCM Boost PFC变换器

(c)三态Boost PFC变换器

图 7.20　三种工作模式下 Boost PFC 变换器在负载功率发生
跳变时 (200W→400W) 的输出电压 v_o 和输入电流 i_{in} 瞬态响应波形

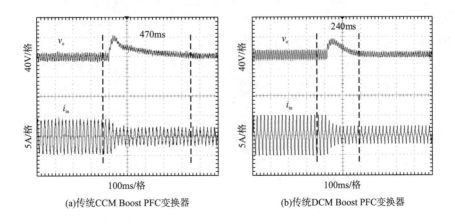

(a)传统CCM Boost PFC变换器　　　　(b)传统DCM Boost PFC变换器

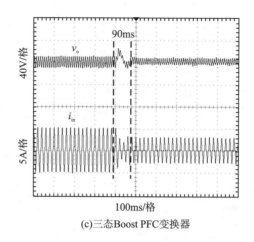

(c)三态Boost PFC变换器

图 7.21　三种工作模式下 Boost PFC 变换器在负载功率发生
跳变时（400W→200W）的输出电压 v_o 和输入电流 i_{in} 瞬态响应波形

7.6　本 章 小 结

为了提高传统 CCM Boost PFC 变换器对负载变化的瞬态响应性能，并拓宽传统 CCM Boost PFC 变换器和 DCM Boost PFC 变换器的负载工作范围，本章提出了恒定开关频率、工作于 PCCM 的三态 Boost PFC 变换器。基于相对增益阵列法，推导了三态 Boost PFC 变换器控制输入量与控制输出量的最佳组合方式。在此基础上，提出了三态 Boost PFC 变换器电压控制环路与电流控制环路并行的解耦控制策略和数字电流谷值控制策略。

本章分析了三态 Boost PFC 变换器的直流稳态特性和频域特性，设计了解耦控制策略中的电压控制环路与电流控制环路，提出了基于直流输出电压纹波的反馈控制策略，建立了三态 Boost PFC 变换器和解耦控制器的时间平均等效模型，推导了三态 Boost PFC 变换器交流输入电流与功率因数的数学表达式。

研究结果表明：三态 Boost PFC 变换器从控制到输出的传递函数为简单的二阶系统，分子项不存在动态移动的 RHP 零点，且谐振峰值很小，从而使电压控制环路的补偿设计更加简单且精确。此外，由于三态 Boost PFC 变换器的储能电感不受工作模式的限制，且可自由选取，因此与传统 CCM Boost PFC 变换器和 DCM Boost PFC 变换器相比，三态 Boost PFC 变换器具有更宽的负载工作范围。

最后，通过实验验证了三态 Boost PFC 变换器具有比传统 CCM Boost PFC 变换器和 DCM Boost PFC 变换器更快的负载瞬态响应速度和更宽的负载工作范围。

第 8 章　三态 Buck-Boost PFC 变换器分析与控制

虽然 Boost PFC 变换器具有良好的稳态性能等优点，是 PFC 变换器的首选拓扑，但 CCM Boost PFC 变换器对负载变化的动态响应能力差，且负载较轻时输入电流在输入电压过零点附近严重失真；DCM Boost PFC 变换器开关管电流应力较大，限制其仅适用于小功率场合；此外，针对 90~265V 交流输入电压范围，需要增大 Boost PFC 变换器的设计裕量，从而导致难以在宽输入电压范围内取得较高的效率[8,107,108]。

除了 CCM 和 DCM，恒定开关频率变换器还可工作于 PCCM。文献指出，与 DCM 变换器相比，三态 PCCM 变换器极大地提高了带载能力，且具有优于 CCM 变换器和 DCM 变换器的动态响应速度。基于 PCCM 独特的优点，第 3 章提出了具有快速动态响应和宽负载范围的三态 Boost PFC 变换器，但是它需要额外的功率开关管和二极管，增加了系统的复杂性并降低了变换器效率。

鉴于三态 Boost PFC 变换器技术的优缺点，本章提出并研究两开关三态 Buck-Boost PFC 变换器技术，分析其工作原理和特性；给出基于正弦参考电流的解耦控制策略，在此基础上进一步提出基于输出电压纹波反馈控制的控制策略；推导输入电流的表达式，并分析电感电流纹波；研究开关管承受的电压、电流应力，并建立小信号模型；最后给出相应的实验结果，对理论分析进行验证。

8.1　三态 Buck-Boost PFC 变换器工作原理

通常电子设备的供电电源为低压直流电源，而 Boost PFC 变换器的直流输出电压为 400V，需在其后增加一级降压 DC-DC 变换器以满足电子设备供电电源的要求，即电子设备需要两级变换器来接入电网，增加了系统的复杂性并降低了系统的效率。因此，具有升降压功能的 PFC 变换器得到了广泛关注。

传统的 Buck-Boost 变换器，包括反极性 Buck-Boost、Flyback、SEPIC 和 Cuk 等变换器，均具有升降压功能且可作为 PFC 变换器拓扑，但由于其开关管承受的电压应力和储能电容体积均较大，不适用于高输入电压场合[7,37]。为降低开关管所承受的电压应力，文献[110]~[117]提出了两开关 Buck-Boost 变换器。

图 8.1 为两开关 Buck-Boost PFC 变换器的主电路，由二极管整流桥、输入滤波电感 L_1、输入滤波电容 C_1、Buck 功率开关管 S_1、续流二极管 D_1、电感 L_2、Boost 功率开关管 S_2、输出二极管 D_2 和输出电容 C_2 构成。由于两开关 Buck-Boost PFC 变换器有两个功率开关管，给开关的控制方式带来了极大的灵活性。通过利用两个功率开关管的组合方式，

两开关 Buck-Boost PFC 变换器可行的工作模态有四种：①S_1 导通、S_2 关断；②S_1 关断、S_2 导通；③S_1 和 S_2 均导通；④S_1 和 S_2 均关断。每个工作模态的等效电路如图 8.2 所示。

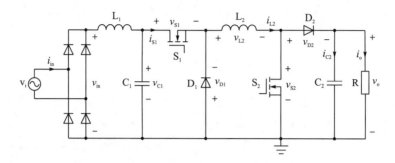

图 8.1　两开关 Buck-Boost PFC 变换器主电路

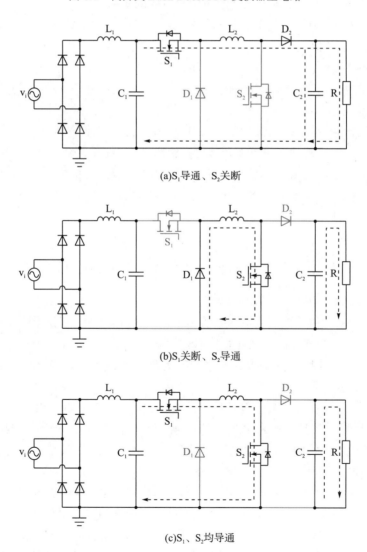

(a)S_1导通、S_2关断

(b)S_1关断、S_2导通

(c)S_1、S_2均导通

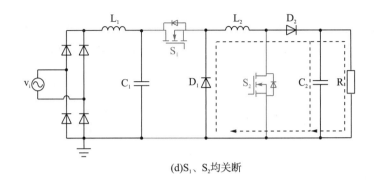

(d)S$_1$、S$_2$均关断

图 8.2　两开关 Buck-Boost PFC 变换器工作模态等效电路

两开关 Buck-Boost PFC 变换器有组合开关和同步开关两种控制方式[114]。组合开关控制方式下两开关 Buck-Boost PFC 变换器可实现 Buck 模式和 Boost 模式,交流输入电压高于变换器直流输出电压时工作于 Buck 模式,S$_2$ 保持恒定关断状态,S$_1$ 被 PWM 脉冲控制处于开关状态；交流输入电压低于变换器直流输出电压时工作于 Boost 模式,S$_1$ 保持恒定导通状态,S$_2$ 被 PWM 脉冲控制处于开关状态。同步开关控制方式下两开关 Buck-Boost PFC 变换器可工作于 CCM 和 DCM。两开关 CCM Buck-Boost PFC 变换器和两开关 DCM Buck-Boost PFC 变换器在一个开关周期内存在两种开关组合,即 S$_1$ 和 S$_2$ 均导通或 S$_1$ 和 S$_2$ 均关断,如图 8.2(c)和(d)所示。当两开关 Buck-Boost PFC 变换器工作于 CCM 时,电感电流在这两个工作模态分别线性上升、线性下降。当两开关 Buck-Boost PFC 变换器工作于 DCM 时,电感电流在这两个工作模态分别线性上升、线性下降,且在 S$_1$ 和 S$_2$ 均关断的工作模态内电感电流下降到零并维持在零值直到下个开关周期。但组合开关控制方式下两开关 Buck-Boost PFC 变换器要实现在 Buck 模式与 Boost 模式之间进行平滑切换,则需要复杂的控制电路[115]。

文献[10]、[11]、[38]、[100]和[101]指出,PCCM 变换器在一个开关周期内存在三个工作模态,即电感电流分别线性上升、线性下降以及维持恒定的续流值(非 DCM 的零值)保持不变。由图 8.2(b)可知,通过利用 S$_1$ 断开、S$_2$ 导通构成的电感电流续流模态,两开关 Buck-Boost PFC 变换器可工作于 PCCM。因此,与 Boost PFC 变换器不同的是,两开关三态 Buck-Boost PFC 变换器不需要额外的功率开关管来实现电感续流模态,可降低变换器设计的复杂性。

两开关三态 Buck-Boost PFC 变换器在一个开关周期内的三个工作模态分别如图 8.2(a)、(b)和(c)所示,分别称为电感充电模态、电感放电模态和电感续流模态(惯性模态)。假设在一个开关周期内输入滤波电容电压 v_{C1} 和直流输出电压 v_o 保持不变,图 8.3 给出了两开关 Buck-Boost PFC 变换器的稳态工作波形,其中 d_1T、d_2T 和 d_3T 分别表示变换器三个工作模态的作用时间,V_{P1} 和 V_{P2} 分别表示开关管 S$_1$ 和 S$_2$ 的驱动脉冲。

根据以上分析可得

$$d_1T + d_2T + d_3T = T \tag{8.1}$$

由式(8.1)可以看出,在一个开关周期内,只要存在电感续流模态,则任意两个工作模态均为自由变量，可独立控制。因此，通过控制开关管 S_1 和 S_2 的导通组合方式为两开关 Buck-Boost PFC 变换器的电感提供续流路径，使其存在两个控制自由度，从而可以通过调节惯性模态，控制电感放电模态 d_2T 的间隔，使其独立于电感充电模态 d_1T。

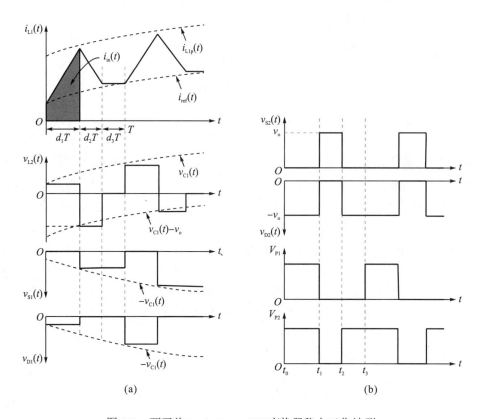

图 8.3　两开关 Buck-Boost PFC 变换器稳态工作波形

8.2　三态 Buck-Boost PFC 变换器小信号模型

由于 PFC 变换器功率级的动态小信号模型可近似为其对应 DC-DC 变换器功率级的动态小信号模型[110]，因此根据状态空间平均等效，可得两开关三态 Buck-Boost PFC 变换器的小信号状态空间平均等效表达式为

$$
\begin{bmatrix} \dfrac{\mathrm{d}\hat{v}_\mathrm{o}(t)}{\mathrm{d}t} \\[2mm] \dfrac{\mathrm{d}\hat{i}_{\mathrm{L}2}(t)}{\mathrm{d}t} \end{bmatrix} = \begin{bmatrix} -\dfrac{1}{RC_2} & \dfrac{D_2}{C_2} \\[2mm] -\dfrac{D_1}{L_2} & 0 \end{bmatrix} \begin{bmatrix} \hat{v}_\mathrm{o}(t) \\[2mm] \hat{i}_{\mathrm{L}2}(t) \end{bmatrix} + \begin{bmatrix} 0 \\[2mm] \dfrac{D_1}{L_2} \end{bmatrix} \hat{v}_\mathrm{in}(t) + V_{\mathrm{in,rms}} \begin{bmatrix} \dfrac{D_1}{D_2} & \dfrac{D_1}{RC_2D_2^2} \\[2mm] \dfrac{D_1}{RD_2^2} & -\dfrac{D_1}{L_2D_2} \end{bmatrix} \begin{bmatrix} \hat{d}_1(t) \\[2mm] \hat{d}_2(t) \end{bmatrix} \tag{8.2}
$$

式中，$V_{\mathrm{in,rms}}$ 为整流输入电压 $v_\mathrm{in}(t)$ 的有效值。利用拉普拉斯变换对式 (8.2) 进行线性等效变换，可得两开关三态 Buck-Boost PFC 变换器控制输入到状态变量的传递函数矩阵 $G(s)$ 为

$$\begin{bmatrix} V_o(s) \\ I_{L2}(s) \end{bmatrix} = G(s) \begin{bmatrix} D_1(s) \\ D_2(s) \end{bmatrix} = \begin{bmatrix} G_{11}(s) & G_{12}(s) \\ G_{21}(s) & G_{22}(s) \end{bmatrix} \begin{bmatrix} D_1(s) \\ D_2(s) \end{bmatrix}$$

$$= \cfrac{1}{L_2 C_2 s^2 + \cfrac{L_2}{R} s + D_2^2} \begin{bmatrix} V_{\text{in,rms}} D_2 & \cfrac{V_{\text{in,rms}} D_1}{RL_2 C_2}(sL_2 - RD_2^2) \\ V_{\text{in,rms}}\left(sC_2 + \cfrac{1}{R} \right) & -\cfrac{V_{\text{in,rms}} D_1 D_2}{L_2}\left(s + \cfrac{2}{RC_2} \right) \end{bmatrix} \tag{8.3}$$

由式 (8.3) 的传递函数矩阵 $G(s)$ 可以看出, 与三态 Boost PFC 变换器一样, 两开关三态 Buck-Boost PFC 变换器占空比 D_1 到输出电压 V_o 的传递函数 $G_{11}(s)$ 不存在 RHP 零点, 占空比 D_2 到输出电压 V_o 的传递函数 $G_{12}(s)$ 存在一个随工作点移动的 RHP 零点。此外, 占空比 D_2 到电感电流 I_{L2} 的传递函数 $G_{22}(s)$ 增益为负, 需有针对性地特别考虑电感放电模态占空比 d_2 到电感电流 i_{L2} 的控制环路。

同理, 可得传统两开关 CCM Buck-Boost PFC 变换器和两开关 DCM Buck-Boost PFC 变换器控制到输出的传递函数分别为[116]

$$G_{\text{CCM}}(s) = \cfrac{\hat{v}_o(s)}{\hat{d}(s)} = \cfrac{V_{\text{in,rms}} D_1}{RL_2 C_2} \cfrac{1 - \cfrac{L_2 D}{R(1-D)^2}s}{L_2 C_2 s^2 + \cfrac{L_2}{R} s + (1-D)^2} \tag{8.4}$$

$$G_{\text{DCM}}(s) = \cfrac{\hat{v}_o(s)}{\hat{d}(s)} = V_{\text{in,rms}} \cfrac{1 - D}{L_2 C_2 s^2 + \cfrac{L_2}{R} s + (1-D)^2} \tag{8.5}$$

式中, D 为两开关 CCM Buck-Boost PFC 变换器和两开关 DCM Buck-Boost PFC 变换器导通占空比的稳态工作点。

由式 (8.3) ~ 式 (8.5) 可以看出, 传统两开关 CCM Buck-Boost PFC 变换器的控制到输出传递函数存在 RHP 零点, 而传统两开关 DCM Buck-Boost PFC 变换器与两开关三态 Buck-Boost PFC 变换器的控制到输出传递函数均为简单的二阶系统, 不存在 RHP 零点, 使控制环的补偿设计更为简单。

此外, 由式 (8.4) 和式 (8.5) 可知, 传统两开关 CCM Buck-Boost PFC 变换器和两开关 DCM Buck-Boost PFC 变换器控制到输出传递函数的直流增益和零极点与其稳态工作点的导通占空比 D 有关。但是由式 (8.3) 可以看出, 当占空比 D_2 为恒定值时, 两开关三态 Buck-Boost PFC 变换器占空比 D_1 到输出电压 V_o 传递函数 $G_{11}(s)$ 的直流增益仅与整流输入电压 $v_{\text{in}}(t)$ 的有效值 $V_{\text{in,rms}}$ 有关, 可降低其控制器的设计难度。

基于 MATLAB/Simulink 仿真模型, 本节建立了传统两开关 CCM Buck-Boost PFC 变换器、传统两开关 DCM Buck-Boost PFC 变换器和两开关三态 Buck-Boost PFC 变换器控制到输出传递函数的伯德图, 以便于分析变换器的瞬态性能。选择的仿真参数如表 8.1 所示。

根据以上参数, 可计算出式 (8.3)、式 (8.4) 和式 (8.5) 的表达式, 进而可得传统两开关 CCM Buck-Boost PFC 变换器、传统两开关 DCM Buck-Boost PFC 变换器和两开关三态 Buck-Boost PFC 变换器控制到输出传递函数的伯德图如图 8.4 所示。

表 8.1　Buck-Boost PFC 变换器开关管的电流应力和电压应力对比表

仿真参数	参数值
输入电压 v_{in}	90～130V
输出电压 v_o	200V
输出功率 P	200W($R=200\Omega$) 或 400W($R=100\Omega$)
升压电感 L	2.5mH(CCM), 40μH(DCM), 40μH、200μH、2.5mH(PCCM)
滤波电容 C	1360μF
开关频率 f	50kHz

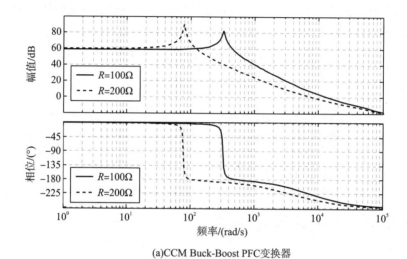

(a)CCM Buck-Boost PFC变换器

(b)DCM Buck-Boost PFC变换器

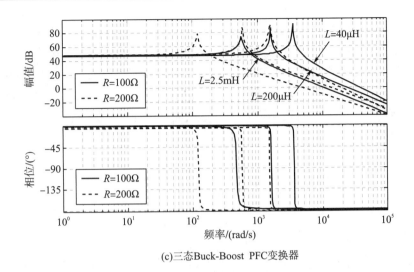

(c)三态Buck-Boost PFC变换器

图 8.4　Buck-Boost PFC 变换器控制到输出传递函数的伯德图

由图 8.4(a)可知，传统两开关 CCM Buck-Boost PFC 变换器的控制到输出传递函数存在 RHP 零点，使其相频曲线超出-180°并向-270°移动。而由图 8.4(b)和(c)可知，传统两开关 DCM Buck-Boost PFC 变换器与两开关三态 Buck-Boost PFC 变换器的相频曲线一直处于-180°以上，且谐振峰值很小，为不含 RHP 零点的二阶系统。因此，两开关三态 Buck-Boost PFC 变换器具有与传统两开关 DCM Buck-Boost PFC 变换器同样的负载瞬态响应性能。

此外，由图 8.4(c)可知，两开关三态 Buck-Boost PFC 变换器的带宽随着电感 L_2 的减小而增大。为了获得良好的瞬态响应性能，两开关三态 Buck-Boost PFC 变换器的电感 L_2 应取值越小越好。但是，在输出同样负载功率的前提下，电感 L_2 越小，开关管承受的电流应力越大。因此，在设计两开关三态 Buck-Boost PFC 变换器的电感 L_2 时，应折中考虑瞬态响应性能与开关管电流应力的指标要求。

由图 8.4(b)同样可以看出，负载功率(负载 R)对传统两开关 DCM Buck-Boost PFC 变换器的带宽没有影响。但是，由图 8.4(a)和(c)可知，传统两开关 CCM Buck-Boost PFC 变换器和两开关三态 Buck-Boost PFC 变换器的带宽随着负载 R 的减小而增大。因此，传统两开关 CCM Buck-Boost PFC 变换器和两开关三态 Buck-Boost PFC 变换器在重载情况下具有较快的瞬态响应性能。

8.3　三态 Buck-Boost PFC 变换器控制策略研究

8.3.1　解耦控制策略研究与输入电流分析

根据第 7 章内容可知，两开关三态 Buck-Boost PFC 变换器的解耦控制器框图如图 8.5 所示，电压控制环用来实现调节变换器输出电压的目的，电流控制环调节电感电流参考值 i_{ref} 使其跟踪输入电压波形与相位，并利用电感续流模态引入的额外控制自由度实现变换

器单位功率因数控制的目的。其中开关管 S_1 采用三角后缘调制方式，开关管 S_2 采用三角
前缘调制方式，以保证实现如图 8.3 所示的变换器工作时序。此外，由图 8.5 可知，与传
统的平均电流控制两开关 CCM Buck-Boost PFC 变换器不同的是，本节提出的解耦控制器
中电压控制环的输出不再是电流控制环的输入。因此，两开关三态 Buck-Boost PFC 变换
器的电压控制环与电流控制环可独立设计，进而简化了控制器的设计难度。

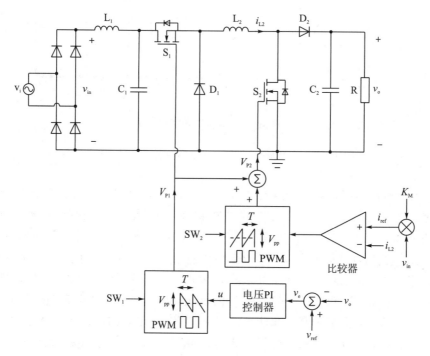

图 8.5　两开关三态 Buck-Boost PFC 变换器解耦控制器框图

　　两开关三态 Buck-Boost PFC 变换器的电压控制环与传统两开关 DCM Buck-Boost PFC
变换器的电压控制环一样，参考电压 v_{ref} 减去输出电压 v_o 得到误差电压 v_e，电压控制环 (PI
控制环) 的输出 u 与开关管 S_1 的载波进行比较，得到控制脉冲 V_{P1} 同时驱动导通开关管 S_1
和 S_2，实现变换器输出电压的调节。因此，与 DCM PFC 变换器一样的是，两开关三态
Buck-Boost PFC 变换器稳态工作时开关管 S_1 在一个工频周期内导通时间 D_1 保持恒定[111]。
　　由图 8.3 可知，两开关三态 Buck-Boost PFC 变换器的电感电流峰值为 $i_{Lp}(t)=i_{ref}(t)+$
$(v_{C1}(t) \cdot D_1 T)/L$，其中输入电压 $v_{in}(t) \approx v_{C1}(t)=V_M \cdot |\sin(\omega t)|$ 为正弦波，$D_1 T$ 与 L_2 为恒定值。
若电感续流模态的参考电感电流 $i_{ref}(t)$ 也为正弦波，则电感电流峰值自动跟踪正弦输入电压
波形。根据滞环控制原理可知此时电感电流平均值也近似呈正弦波形。因此，为简化控制
器设计，本节以电感电流 i_L 为控制量设计两开关三态 Buck-Boost PFC 变换器的电流控制环。
　　由图 8.2 和图 8.3 可得一个开关周期内流过开关管 S_1 的电流 $i_{S1}(t)$ 为

$$i_{S1}(t)=\begin{cases} i_{L2}(t), & t_0 \leq t < t_1 \\ 0, & t_1 \leq t < t_2 \\ 0, & t_2 \leq t < t_3 \end{cases} \tag{8.6}$$

则电流 $i_{S1}(t)$ 的时间平均等效表达式 I_{S1} 为

$$I_{S1} = d_1(t)I_{L2} = D_1 I_{L2} \tag{8.7}$$

因此可得一个开关周期内流过开关管 S_1 电流的平均值 $i_{S1\_av}(t)$ 为

$$i_{S1\_av}(t) = \frac{1}{T}\int_0^T i_{S1}(t)\,\mathrm{d}t = \frac{1}{T}\left(i_{\mathrm{ref}}(t)d_1(t)T + \frac{1}{2}\frac{v_{C1}(t)}{L_2}d_1^2(t)T^2 \right) \tag{8.8}$$

$$= D_1 i_{\mathrm{ref}}(t) + \frac{1}{2}\frac{D_1^2 T}{L_2}v_{C1}(t) \approx D_1 i_{\mathrm{ref}}(t) + \frac{1}{2}\frac{D_1^2 T}{L_2}v_{\mathrm{in}}(t)$$

由以上分析可知，输入电压 $v_{\mathrm{in}}(t)$ 和电感惯性模态的参考电感电流 $i_{\mathrm{ref}}(t)$ 均为正弦波，占空比 D_1、开关周期 T 与电感 L_2 为恒定值，则由式 (8.8) 可知一个开关周期内 $i_{S1\_av}(t)$ 也呈正弦规律变化。通过由 L_1 和 C_1 构成的输入低通滤波器滤波后输入电流 $i_{\mathrm{in}}(t)$ 也跟踪输入电压波形与相位，实现单位功率因数。因此，根据功率平衡原理，利用输入电压 $v_{\mathrm{in}}(t)$ 与负载电流 $i_{\mathrm{o}}(t)$ 的乘积作为参考电感电流 $i_{\mathrm{ref}}(t)$，可保证参考电感电流 $i_{\mathrm{ref}}(t)$ 跟踪输入电压 $v_{\mathrm{in}}(t)$ 波形与相位，同时使参考电感电流 $i_{\mathrm{ref}}(t)$ 与变换器负载功率呈正比变化。当电感电流 $i_{L2}(t)$ 下降到参考电感电流 $i_{\mathrm{ref}}(t)$ 时，电流控制环的比较器产生高电平再次驱动导通开关管 S_2 直到下一个开关周期。其中，电流控制环中参考电感电流 $i_{\mathrm{ref}}(t)$ 的幅值可根据电感电流纹波 ΔI 要求来进行设计[7, 110]。

与两开关 DCM Buck-Boost PFC 变换器相比，由于两开关三态 Buck-Boost PFC 变换器的电感 L_2 不受 DCM 限制可以选取较大，则两开关三态 Buck-Boost PFC 变换器的电感电流纹波 ΔI 可以极大地降低。由于参考电感电流 $i_{\mathrm{ref}}(t)$ 与负载电流 $i_{\mathrm{o}}(t)$ 呈正比例变化，负载越重，参考电感电流越大，因此 DCM 的负载功率范围受限问题在 PCCM 是不存在的，且 PCCM 具有类似 CCM 的带载能力。此处，为保证两开关三态 Buck-Boost PFC 变换器工作于 PCCM，控制器调节参考电感电流幅值稍大于负载电流平均值 I_{o}[114]。

8.3.2　输出电压纹波反馈控制算法

为了简化分析，假设：

(1) 所有的开关管、二极管、电感和电容均为理想元件；

(2) f、f_{line} 分别为变换器开关频率和电网频率，$f \gg f_{\mathrm{line}}$，在一个开关周期内输入电压 v_{in} 保持不变；

(3) 输出电容 C 足够大，在一个工频周期内输出电压 v_{o} 保持不变。

在图 8.1 中，假设两开关三态 Buck-Boost PFC 变换器的直流输出电压稳定在 V_{o}，整流后的电网输入电压 $v_{\mathrm{in}}(t)$ 为

$$v_{\mathrm{in}}(t) = V_M |\sin(\omega t)| \approx v_{C1}(t) \tag{8.9}$$

式中，V_M 为输入电压幅值；ω 为输入电压角频率；$v_{C1}(t)$ 为输入滤波电容 C_1 两端的电压。则两开关三态 Buck-Boost PFC 变换器的输入电流 $i_{\mathrm{in}}(t)$ 为

$$v_{\mathrm{in}}(t) = i_{\mathrm{in}}(t)/R_{\mathrm{e}} \tag{8.10}$$

式中，R_{e} 为两开关三态 Buck-Boost PFC 变换器的等效输入阻抗。

根据式(8.9)和式(8.10)，可得两开关三态 Buck-Boost PFC 变换器的瞬时输入功率为

$$p_{in}(t) = v_{in}(t)i_{in}(t) = \frac{V_M^2}{R_e}\sin^2(\omega t) = \frac{V_M^2}{2R_e} - \frac{V_M^2}{2R_e}\cos(2\omega t) \tag{8.11}$$

由式(8.11)可知，当两开关三态 Buck-Boost PFC 变换器实现单位功率因数时，其输入功率 $p_{in}(t)$ 不仅含有直流功率分量，还含有二倍电网频率的交流功率分量。对于阻性负载 R，两开关三态 Buck-Boost PFC 变换器的瞬时输出功率为

$$\begin{aligned} p_o(t) &= v_o^2(t)/R = V_o^2/R + 2V_o v_{rip}(t)/R + v_{rip}^2(t)/R \\ &= v_o(t)i_o(t) = [V_o + v_{rip}(t)][I_o + i_{rip}(t)] \\ &= V_o I_o + V_o i_{rip}(t) + I_o v_{rip}(t) + v_{rip}(t)i_{rip}(t) \end{aligned} \tag{8.12}$$

式中，V_o 和 $v_{rip}(t)$ 分别为负载电压 $v_o(t)$ 的直流分量和交流分量；I_o 和 $i_{rip}(t)$ 分别为负载电流 $i_o(t)$ 的直流分量和交流分量。由于 V_o 远大于 $v_{rip}(t)$，式(8.12)中的 $v_{rip}(t)$ 平方项可忽略不计，因此两开关三态 Buck-Boost PFC 变换器的瞬时输出功率可近似为

$$p_o(t) \approx V_o^2/R + 2V_o v_{rip}(t)/R = V_o I_o + 2V_o i_{rip}(t) \tag{8.13}$$

根据瞬时功率平衡原则，即 $p_{in}(t)=p_o(t)$，可得

$$\begin{cases} I_o = \dfrac{V_M^2}{2R_e V_o} \\[3mm] i_{rip}(t) = -\dfrac{V_M^2}{4R_e V_o}\cos(2\omega t) \end{cases} \tag{8.14}$$

由式(8.14)可知，负载电流交流分量 $i_{rip}(t)$ 的频率为二倍电网频率，该电流流过输出电容 C_2 并形成输出电压的纹波分量 $v_{rip}(t)$，则两开关三态 Buck-Boost PFC 变换器的输出电压纹波 $v_{rip}(t)$ 为

$$\begin{aligned} v_{rip}(t) &= \int \frac{i_{rip}(t)}{C_2}dt = -\frac{V_M^2}{8\omega R_e V_o C_2}\sin(2\omega t) \\ &= -\frac{I_o}{4\omega C_2}\sin(2\omega t) = -\frac{V_{ripM}}{2}\sin(2\omega t) \end{aligned} \tag{8.15}$$

式中，$V_{ripM}=I_o/(2\omega C)$ 为输出电压纹波 $v_{rip}(t)$ 的峰峰值。

由于系数 K_M 的选择对 PCCM 变换器控制器的设计至关重要，K_M 选择偏小就不能保证变换器在整个负载范围内均工作于 PCCM，重负载时变换器会工作于 CCM；K_M 选择偏大就会使电感电流续流阶段占开关周期的比重增大，进而影响变换器的效率[7,112]。因此，当 PCCM 变换器的 K_M 为恒定值时需设定较大，以保证变换器在整个负载功率范围内均稳定地工作于 PCCM。此时，PCCM 变换器具有与 DCM 变换器相同的瞬态性能，但是这种情况仅能保证 PCCM 变换器在最大负载功率时工作于最佳的效率工作点。当 PCCM 变换器工作于轻载时，偏大的恒定值 K_M 会导致电感电流续流阶段较长，进而降低变换器效率。

为了在不严重影响变换器效率的前提下使其工作于 PCCM，文献[116]提出以负载电流为参考量实时调整 K_M 的算法($K_M=kI_o$，k 为负载电流 I_o 采样反馈比例系数)，以保证变换器不仅在整个负载范围内均工作于 PCCM，还始终工作于最佳的效率工作点。但需增加

额外的硬件电路并使系统设计复杂。由式 (8.15) 可知，由于 ωC 为常数，两开关三态 Buck-Boost PFC 变换器输出电压纹波的峰峰值 V_{ripM} 与负载电流 I_o 呈正比关系，即 V_{ripM} 与输出功率 $p_o(t)$ 同样呈正比关系。因此，本节提出以输出电压纹波峰峰值 V_{ripM} 为参考量实时调整 K_M 的算法，同样可实现整个负载范围内 PCCM 变换器均在最佳的效率工作点。

基于数字控制器的输出电压纹波反馈控制原理如图 8.6 所示。数字控制器实时检测采样两开关三态 Buck-Boost PFC 变换器的直流输出电压 $v_o(t)$ 来实现电压 PI 控制器，并在 $[nT_{line}/2,(n+1)T_{line}/2]$ 时间段内（T_{line} 为电网输入电压的工频周期），数字控制器经过逻辑判断比较后得到输出电压 $v_o(t)$ 采样值的最大值 $v_o(n+1)$ 与最小值 $v_o(n)$，则计算可得直流输出电压纹波的峰峰值为 $V_{ripM}=|v_o(n+1)-v_o(n)|$，此时 $K_M=kI_o=k\omega CV_{ripM}$。在 $(n+1)T_{line}/2$ 时刻，即在整流输入电压 $v_{in}(t)$ 过零点时刻，数字控制器更新数据寄存器内的 K_M 值，保证数字控制器根据变换器的输出功率 $p_o(t)$ 来实时调整 K_M，使两开关三态 Buck-Boost PFC 变换器始终工作在最佳的效率点。值得注意的是，由图 8.5 可知，数据寄存器更新 K_M 值存在 $T_{line}/2$ 时间的延迟，这是由于数字控制器需要比较计算 V_{ripM} 而导致，但并不影响该算法的有效性，在下面的仿真与实验结果中可得到验证。

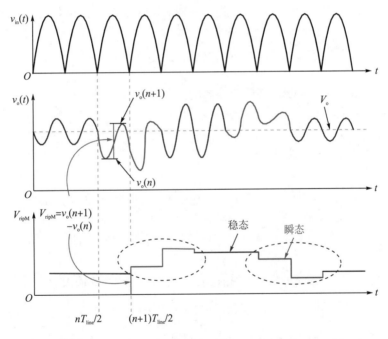

图 8.6　基于数字控制器的输出电压纹波反馈控制原理图

8.4　三态 Buck-Boost PFC 变换器特性分析

8.4.1　直流稳态特性分析

由图 8.2 和图 8.3 可得一个开关周期内电感电压 $v_{L2}(t)$ 为

$$v_{L2}(t) = \begin{cases} v_{C1}(t), & t_0 \leqslant t < t_1 \\ -v_o(t), & t_1 \leqslant t < t_2 \\ 0, & t_2 \leqslant t < t_3 \end{cases}$$

$$\approx \begin{cases} v_{in}(t), & t_0 \leqslant t < t_1 \\ -v_o(t), & t_1 \leqslant t < t_2 \\ 0, & t_2 \leqslant t < t_3 \end{cases} \tag{8.16}$$

利用时间平均等效分析方法[110]，可得电感电压 $v_{L2}(t)$ 的时间平均等效表达式 V_{L2} 为

$$V_{L2} = d_1 V_{C1} - d_2 V_o \approx D_1 V_M - (1 - D_2) V_o \tag{8.17}$$

式中，D_1 和 D_2 分别为开关管 S_1 和 S_2 的稳态占空比。同理可知，在一个开关周期内，流经储能电容 C_2 的电流 $i_{C2}(t)$ 和电网输入电流 $i_{in}(t)$ 的时间平均等效表达式 I_{C2} 和 I_{in} 分别为

$$I_{C2} = d_2 I_{L2} - I_o = (1 - D_2) I_{L2} - I_o \tag{8.18}$$

$$I_{in} \approx I_{S1} = d_1 I_{L2} = D_1 I_{L2} \tag{8.19}$$

当变换器工作于稳态时，电感电压 V_{L2} 和电容电流 I_{C2} 的时间平均等效值为零，即

$$V_{L2} = 0, \quad I_{C2} = 0 \tag{8.20}$$

联立式(8.17)～式(8.20)可得两开关三态 Buck-Boost PFC 变换器功率级的直流稳态特性为

$$\frac{V_o}{V_{in}} = \frac{I_{in}}{I_o} = \frac{D_1}{1 - D_2} \tag{8.21}$$

此处，两开关三态 Buck-Boost PFC 变换器的控制器调节 D_1 和 D_2 均介于 0 和 1 之间，且 D_1 与 D_2 的和小于 1。

8.4.2　电感电流纹波分析

根据变换器稳态输入功率 P_{in} 等于输出功率 P_o，可得两开关三态 Buck-Boost PFC 变换器的输入电流峰值 I_M 为

$$I_M = \frac{V_o I_o}{V_M} \tag{8.22}$$

而由图 8.3 同样可得两开关三态 Buck-Boost PFC 变换器的输入电流峰值 I_M 为

$$I_M = D_1 K_M V_M + \frac{1}{2 L_2} D_1^2 T V_M \tag{8.23}$$

因此，由式(8.22)和式(8.23)可得两开关三态 Buck-Boost PFC 变换器的直流稳态占空比 D_1 为

$$D_1 = \frac{-K_M V_M L_2 + \sqrt{K_M^2 V_M^2 L_2{}^2 + 2 T V_o I_o L_2}}{T V_M} \tag{8.24}$$

则由图 8.3 可知，两开关三态 Buck-Boost PFC 变换器的电感电流纹波 ΔI_{L2_PCCM} 为

$$\Delta I_{L2\_PCCM}(t) = \frac{v_{C1}(t)}{L_2} D_1 T \tag{8.25}$$

同理可得两开关 DCM Buck-Boost PFC 变换器的电感电流纹波 ΔI_{L2_DCM} 为

$$\Delta I_{\text{L2\_DCM}}(t) = \frac{v_{\text{C1}}(t)}{L_2} DT \tag{8.26}$$

式中，D 为两开关 DCM Buck-Boost PFC 变换器的直流稳态占空比，且满足：

$$D = \frac{\sqrt{2TV_{\text{o}}I_{\text{o}}L_2}}{TV_{\text{M}}} \tag{8.27}$$

由式 (8.24) 和式 (8.27) 可知：

$$D - D_1 = \frac{\sqrt{2TV_{\text{o}}I_{\text{o}}L_2} + K_{\text{M}}V_{\text{M}}IL_2}{TV_{\text{M}}} - \frac{\sqrt{2TV_{\text{o}}I_{\text{o}}L_2 + K_{\text{M}}^2 V_{\text{M}}^2 L_2^2}}{TV_{\text{M}}} > 0 \tag{8.28}$$

由式 (8.25)、式 (8.26) 和式 (8.28) 可知，在电路参数相同的条件下，两开关三态 Buck-Boost PFC 变换器的电感电流纹波 $\Delta I_{\text{L2\_PCCM}}$ 小于两开关 DCM Buck-Boost PFC 变换器的电感电流纹波 $\Delta I_{\text{L2\_DCM}}$。此外，由于两开关三态 Buck-Boost PFC 变换器的电感 L_2 不受 DCM 限制，可以取较大值。因此，可极大地降低两开关三态 Buck-Boost PFC 变换器的电感电流纹波 $\Delta I_{\text{L2\_PCCM}}$，增大了变换器的带载能力。图 8.7 给出了输出功率为 100W 和直流输出电压条件为 200 V 下，考虑 DCM 和 PCCM 下电感 L_2 分别为 40μH 和 200μH 时，两开关三态 Buck-Boost PFC 变换器的电感电流纹波。由图 8.7 可知，当电感 L_2 取较大值时，两开关三态 Buck-Boost PFC 变换器的电感电流纹波 $\Delta I_{\text{L2\_PCCM}}$ 明显低于两开关 DCM Buck-Boost PFC 变换器的电感电流纹波 $\Delta I_{\text{L2\_DCM}}$。

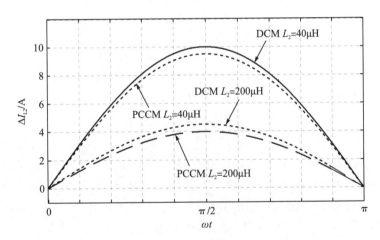

图 8.7　两开关三态 Buck-Boost PFC 变换器电感电流纹波 ΔI_{L2}

8.4.3　开关管电压电流应力分析

整流后的交流输入电压周期为 $T_{\text{line}}/2$，且关于 $T_{\text{line}}/4$ 轴对称，则两开关三态 Buck-Boost PFC 变换器的电流应力分析可限于区间 $[0, T_{\text{line}}/4]$。根据准静态工作点原理[55]，由式 (8.21) 可得

$$\frac{d_1(t)}{1 - d_2(t)} = \frac{V_{\text{o}}}{V_{\text{M}}\sin(\omega t)} \tag{8.29}$$

由图 8.2 和图 8.3 可知,一个开关周期内仅当开关管 S_2 导通时,电感电流 $i_{L2}(t)$ 流向负载,因此可得一个开关周期内电感电流的平均值 $i_{L2\_av}(t)$ 为

$$i_{L2\_av}(t) = \frac{I_o}{d_2(t)} = \frac{1}{d_2(t)} \frac{V_M^2 \sin^2(\omega t)}{V_o R_e} \tag{8.30}$$

则流过电感 L_2 的有效值电流 I_{L2_rms} 为

$$I_{L2\_rms} = \sqrt{\frac{4}{T_{line}} \int_0^{\frac{T_{line}}{4}} i_{L2\_av}^2(t) dt} = \sqrt{\frac{4}{T_{line}} \frac{V_M^4}{V_o^2 R_e^2} \int_0^{\frac{T_{line}}{4}} \frac{\sin^4(\omega t)}{d_2^2(t)} dt}$$

$$= \sqrt{\frac{4}{T_{line}} \frac{V_M^4}{R_e^2} \int_0^{\frac{T_{line}}{4}} \frac{\sin^4(\omega t)}{\left[V_o - D_1 V_M \sin(\omega t) \right]^2} dt} \tag{8.31}$$

同理,由图 8.2 和图 8.3 可知,当开关管 S_1 和 S_2 导通时,流过开关管的电流为电感电流 $i_{L2}(t)$,因此流过开关管 S_1 和 S_2 的有效值电流 I_{S1_rms} 和 I_{S2_rms} 分别为

$$I_{S1\_rms} = \sqrt{\frac{4}{T_{line}} \int_0^{\frac{T_{line}}{4}} d_1(t) i_{L2\_av}^2(t) dt}$$

$$= \sqrt{\frac{4}{T_{line}} \frac{V_M^4}{D_1 R_e^2} \int_0^{\frac{T_{line}}{4}} \frac{\sin^4(\omega t)}{\left[V_o - D_1 V_M \sin(\omega t) \right]^2} dt} \tag{8.32}$$

$$I_{S2\_rms} = \sqrt{\frac{4}{T_{line}} \int_0^{\frac{T_{line}}{4}} d_2(t) i_{L2\_av}^2(t) dt}$$

$$= \sqrt{\frac{4}{T_{line}} \frac{V_M^4}{V_o R_e^2} \int_0^{\frac{T_{line}}{4}} \frac{\sin^4(\omega t)}{V_o - D_1 V_M \sin(\omega t)} dt} \tag{8.33}$$

根据图 8.1～图 8.3,可以很容易得出两开关三态 Buck-Boost PFC 变换器开关管 S_1 和 S_2 承受的电压。因此,表 8.1 给出在 100 W 输出功率、200 V 直流输出电压条件下,交流输入电压有效值分别为 120V 和 240 V 时,两开关三态 Buck-Boost PFC 变换器与传统单开关反极性 Buck-Boost PFC 变换器的电流应力与电压应力对比分析[55]。由表 8.2 可知,两开关三态 Buck-Boost PFC 变换器开关管承受的电流应力明显小于传统单开关反极性 Buck-Boost PFC 变换器。因此,与传统单开关反极性 Buck-Boost PFC 变换器相比,两开关三态 Buck-Boost PFC 变换器的电感电流损耗小。此外,两开关三态 Buck-Boost PFC 变换器电感的伏秒乘积远远小于传统单开关反极性 Buck-Boost PFC 变换器,进而可减小两开关 Buck-Boost PFC 变换器电感的体积[7]。

表 8.2 Buck-Boost PFC 变换器开关管的电流应力和电压应力对比表

$V_{in,rms}$/V	变换器	I_{L2_rms}/A	I_{S2_rms}/A	I_{S2_rms}/A	V_{S1}/V	V_{S2}/V
120	单开关反极性 Buck-Boost PFC 变换器	1.438	1.092	—	$V_M + V_o$	—
	两开关三态 Buck-Boost PFC 变换器	0.878	0.410	0.738	V_M	V_o
240	单开关反极性 Buck-Boost PFC 变换器	1.024	0.650	—	$V_M + V_o$	—
	两开关三态 Buck-Boost PFC 变换器	0.657	0.072	0.574	V_M	V_o

8.5　实　验　分　析

为了验证理论分析的正确性，本节对两开关三态 Buck-Boost PFC 变换器进行实验研究，以验证本章提出的拓扑与控制算法的正确性。为了与传统两开关 CCM Buck-Boost PFC 变换器和 DCM Buck-Boost PFC 变换器的工作性能做对比，按照同样的性能指标设计了传统两开关 CCM Buck-Boost PFC 变换器和 DCM Buck-Boost PFC 变换器的实验平台。

实验参数如下：交流输入电压有效值范围 $V_{in,rms}$=90～130V，参考直流输出电压 V_{ref}=200V，额定负载为 P_o=400W，电容 C_2=1360μF，输入滤波电感 L_1=1μH，输入滤波电容 C_1=0.22μF，电网频率 f_{line}=50Hz，开关频率 f=50kHz。由于要使两开关 Buck-Boost PFC 变换器工作于 CCM，需要较大的储能电感 L_2，本节设计两开关 CCM Buck-Boost PFC 变换器的储能电感 L_2=2.5mH；要使两开关 Buck-Boost PFC 变换器工作于 DCM，需要较小的储能电感 L_2，本节设计两开关 DCM Buck-Boost PFC 变换器的储能电感 L_2=40μH；而两开关三态 Buck-Boost PFC 变换器的工作模式与储能电感 L_2 的大小没有关系，仅由续流参考电流决定，为了验证 PCCM 变换器的优越性，本节设计两开关三态 Buck-Boost PFC 变换器的储能电感 L_2=200μH，介于 CCM 与 DCM 的储能电感值之间。两开关 DCM Buck-Boost PFC 变换器的控制器采用单电压环控制，两开关 CCM Buck-Boost PFC 变换器的控制器采用电压电流双闭环的平均电流控制策略，两开关三态 Buck-Boost PFC 变换器的控制器采用如图 8.5 所示的解耦控制策略。由于三个变换器均需要电压控制环，为了验证两开关三态 Buck-Boost PFC 变换器的瞬态性能的优越性，本节设计的电压控制环路补偿参数均为 K_P=0.005、K_I=0.1。平均电流控制两开关 CCM Buck-Boost PFC 变换器的电流环 PI 补偿参数为 K_P=0.05、K_I=0.65。此外，为了验证输出电压纹波反馈控制算法的正确性，分别对恒定值 K_M(K_M=2.4，恒 K_M)、负载电流反馈调节 K_M(K_M=kI_o=1.2I_o，I_o→K_M，k 为负载电流 I_o 采样系数)与输出电压纹波反馈调节 K_M(K_M=2$k\omega CV_{ripM}$=1.024V_{ripM}，V_{ripM}→K_M)进行了仿真实验验证。

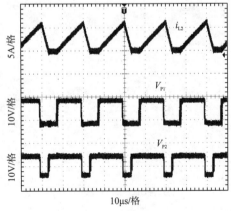

图 8.8　两开关三态 Buck-Boost PFC 变换器开关管 S_1 的驱动脉冲 V_{P1}、
开关管 S_2 的驱动脉冲 V_{P2} 和电感电流 i_{L2} 波形

图 8.8 为两开关三态 Buck-Boost PFC 变换器开关管 S_1 的驱动脉冲 V_{P1}、开关管 S_2 的驱动脉冲 V_{P2} 和电感电流 i_{L2} 波形。由图可知，两开关三态 Buck-Boost PFC 变换器在一个开关周期内有 3 个工作模态，与图 8.2 的理论分析波形一致。

图 8.9 给出了负载输出功率为 100 W 时，传统两开关 CCM Buck-Boost PFC 变换器、传统两开关 DCM Buck-Boost PFC 变换器和两开关三态 Buck-Boost PFC 变换器的稳态直流输出电压 v_o、整流输入电压 v_{in}、输入电流 i_{in}、电感电流 i_{L2} 以及输入电流频谱 i_{FFT} 分析波形。由图可知，三种工作模式下变换器均可实现稳定直流输出电压 v_o、输入电流 i_{in} 跟踪输入电压 v_{in} 波形与相位，实现功率因数校正功能。由电感电流 i_{L2} 波形可知，对于两开关 Buck-Boost PFC 变换器，PCCM 的电感电流纹波介于 CCM 和 DCM 之间，即两开关三态 Buck-Boost PFC 变换器极大地提高了传统两开关 DCM Buck-Boost PFC 变换器的带载能力。此外，由输入电流频谱 i_{FFT} 的分析可知，两开关三态 Buck-Boost PFC 变换器的输入电流谐波含量同样也介于 CCM 和 DCM 之间，验证了两开关三态 Buck-Boost PFC 变换器可改善传统两开关 DCM Buck-Boost PFC 变换器输入电流正弦度较差的问题。

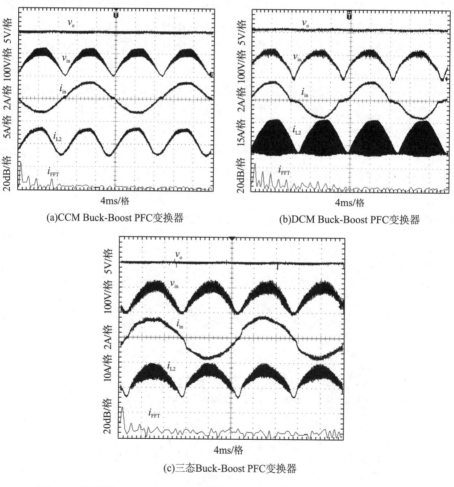

(a)CCM Buck-Boost PFC变换器

(b)DCM Buck-Boost PFC变换器

(c)三态Buck-Boost PFC变换器

图 8.9   两开关 Buck-Boost PFC 变换器的稳态直流输出电压 v_o、整流输入
电压 v_{in}、输入电流 i_{in}、电感电流 i_{L2} 以及输入电流频谱 i_{FFT} 分析波形

表 8.3 给出了传统两开关 CCM Buck-Boost PFC 变换器、传统两开关 DCM Buck-Boost PFC 变换器和两开关三态 Buck-Boost PFC 变换器随负载功率变化时的电感电流纹波峰值 ΔI_{L2P} 与总谐波失真。由表可知，两开关三态 Buck-Boost PFC 变换器的 ΔI_{L2P} 与总谐波失真远小于传统两开关 DCM Buck-Boost PFC 变换器，仅稍大于传统两开关 CCM Buck-Boost PFC 变换器。

表 8.3　三种工作模式下两开关 Buck-Boost PFC 变换器电感电流纹波峰值 ΔI_{L2P} 与总谐波失真性能对比表

负载功率 P_o/W	电感电流纹波峰值 ΔI_{L2P}/A			总谐波失真/%		
	CCM	DCM	PCCM	CCM	DCM	PCCM
400	0.78	28.9	4.8	0.84	10.7	1.64
200	0.71	20.4	4.2	1.08	7.78	2.89
100	0.70	14.5	4.0	1.17	7.49	3.95

文献[117]指出，三态 Boost PFC 变换器辅助功率开关管的导通电阻在电感续流模态产生额外损耗，降低了变换器效率。但是根据图 8.10 所示两开关 Buck-Boost PFC 变换器的效率曲线可知，与三态 Boost PFC 变换器不同的是，两开关三态 Buck-Boost PFC 变换器的效率在负载功率范围内均高于传统两开关 CCM Buck-Boost PFC 变换器，仅在轻载时低于传统两开关 DCM Buck-Boost PFC 变换器。两开关 Buck-Boost PFC 变换器效率高的原因是，在电感续流模态阶段内，开关管 S_2 和二极管 D_1 构成电流流通路径，而不是传统两开关 CCM Buck-Boost PFC 和 DCM Buck-Boost PFC 变换器在电容充电模态阶段内由二极管 D_1 和 D_2 构成的电流流通路径，开关管 S_2 的导通损耗低于二极管 D_2 的导通损耗[115]，进而使变换器效率有所提升。

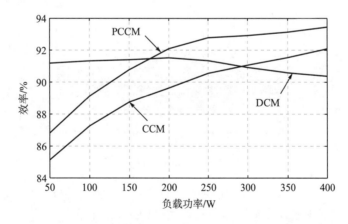

图 8.10　三种工作模式下两开关 Buck-Boost PFC 变换器效率曲线

图 8.11 为负载功率从 200W 突增到 400W 再突降为 200W 时，传统两开关 CCM Buck-Boost PFC 变换器、传统两开关 DCM Buck-Boost PFC 变换器和两开关三态 Buck-Boost PFC 变换器的直流输出电压 v_o 和输入电流 i_{in} 的瞬态响应波形。由图可知，负

载功率从 200W 突增到 400W 时，两开关三态 Buck-Boost PFC 变换器的瞬态响应时间比传统两开关CCM Buck-Boost PFC 和 DCM Buck-Boost PFC 变换器分别减少了 83%和 67%；负载功率从 400W 突降为 200W 时，两开关三态 Buck-Boost PFC 变换器的瞬态响应时间比传统两开关 CCM Buck-Boost PFC 和 DCM Buck-Boost PFC 变换器分别减少了 63%和48%。验证了两开关三态 Buck-Boost PFC 变换器对负载的瞬态响应速度最快，输出电压和输入电流波动最小。

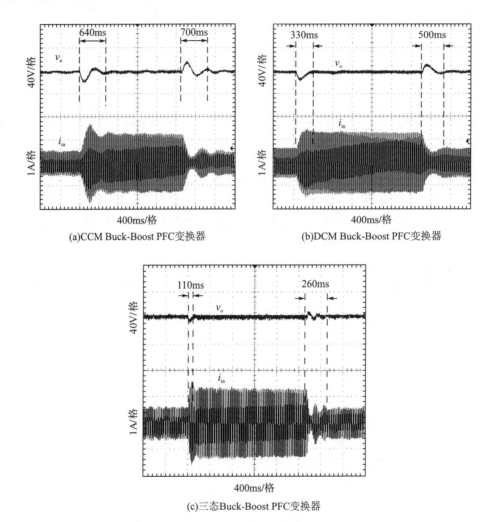

图 8.11   负载功率由 200W→400W→200W 变化时两开关 Buck-Boost PFC 变换器直流输出电压 v_o 和输入电流 i_{in} 的瞬态响应波形

图 8.12 为负载功率从 400W 突降为 200W 时，分别采用恒定值 K_M、负载电流反馈调节 K_M 和输出电压纹波反馈调节 K_M 算法，两开关三态 Buck-Boost PFC 变换器的输出电压 v_o 和输入电流 i_{in} 的瞬态响应波形。由图可知，采用输出电压纹波反馈调节 K_M 算法时，两开关三态 Buck-Boost PFC 变换器的瞬态响应调整时间为 63ms，比采用恒定值 K_M 算法和

负载电流反馈调节 K_M 算法时变换器的瞬态响应调整时间分别减少了 68.5% 和 33.7%，具有最快的瞬态响应调整时间；此外，采用输出电压纹波反馈调节 K_M 算法时，两开关三态 Buck-Boost PFC 变换器的输出电压超调量和跌落量分别为 10V 和–3V，与采用恒定值 K_M 算法和负载电流反馈调节 K_M 算法时变换器的输出电压超调量和跌落量相比，两开关 Buck-Boost PFC 变换器在负载突变时输出电压的波动范围也是最小的，验证了该算法的有效性。

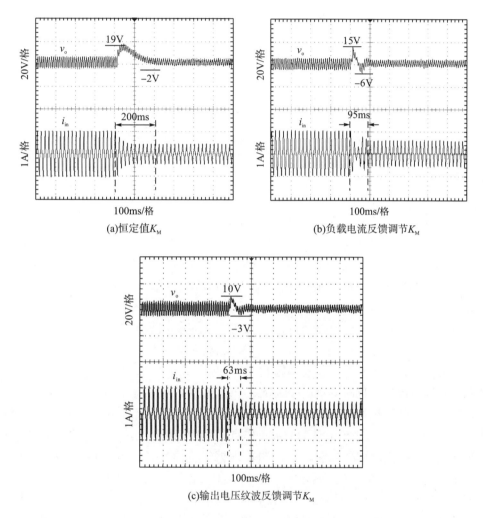

图 8.12　三种控制策略下两开关三态 Buck-Boost PFC 变换器
直流输出电压 v_o 和输入电流 i_{in} 的瞬态响应波形

　　图 8.13 为三种控制策略下两开关三态 Buck-Boost PFC 变换器的效率曲线。由图可知，恒定值 K_M(恒 K_M) 算法仅能保证变换器在重载时具有较高的效率，轻载时由于 K_M 偏大导致变换器电感电流续流阶段较长，使其效率较低。而输出电压纹波反馈调节 $K_M(V_{ripM} \rightarrow K_M)$ 算法与负载电流反馈调节 $K_M(I_o \rightarrow K_M)$ 算法一样，在整个负载范围内均可保证变换器

工作在最佳的效率工作点，验证了该算法的有效性。

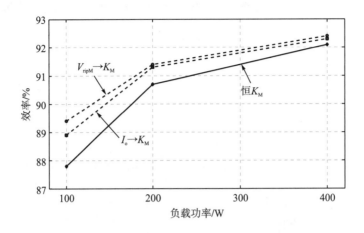

图 8.13　三种控制策略下两开关三态 Buck-Boost PFC 变换器效率曲线

8.6　本 章 小 结

　　三态 Boost PFC 变换器具有快速瞬态响应速度和宽负载范围的稳定带载能力，然而它需要额外的功率开关管，增加了系统的复杂性并降低了效率。本章通过控制开关组合方式，使两开关 Buck-Boost PFC 变换器在一个开关周期内存在三个工作模态，进而工作于PCCM。

　　本章分析了两开关三态 Buck-Boost PFC 变换器的直流稳态特性和频域特性，推导了交流输入电流与电感电流纹波的数学表达式，指出正弦参考电流控制策略下两开关三态Buck-Boost PFC 变换器具有单位功率因数；比较分析了开关管的电压电流应力，设计了电压控制环路与电流控制环路解耦的控制策略。基于 PFC 变换器的直流输出电压纹波，提出了以输出电压纹波峰峰值为参考量的反馈控制算法，该算法不仅可以在整个负载功率范围内使 PCCM 变换器工作于最佳的效率工作点，且对负载变化具有快速的瞬态响应能力。

　　理论分析和仿真实验结果表明，与传统两开关 CCM Buck-Boost PFC 和 DCM Buck-Boost PFC 变换器相比，两开关三态 Buck-Boost PFC 变换器极大地提高了变换器对负载变化的瞬态响应速度，且提高了变换器的效率。此外，与传统两开关 DCM Buck-Boost PFC 变换器相比，两开关三态 Buck-Boost PFC 变换器降低了电感电流纹波并提高了变换器的带载能力。

第9章 三态 Flyback PFC 变换器分析与控制

由第 7 章和第 8 章内容可知，与传统 CCM PFC 变换器和 DCM PFC 变换器相比，三态 PFC 变换器具有负载功率范围宽、瞬态响应速度快等突出优点。但是，第 7 章和第 8 章提出的三态 Boost PFC 变换器和三态 Buck-Boost PFC 变换器均为非隔离型变换器，无法应用于要求输入输出隔离的场合。此外，为了降低开关电源的成本，并减小开关电源的体积和重量，具有 PFC 功能和良好输出电压稳态特性的单级 PFC 变换器拓扑结构逐渐引起了人们的关注[118-121]。工作于 DCM 和 BCM 的 Flyback PFC 变换器，不但具有良好的 PFC 功能，还具有较低的输出电压工频纹波，且结构简单、成本低，非常适合于小功率场合。

基于此，本章讨论工作于 PCCM 的三态 Flyback PFC 变换器，分析其电路工作模态和稳态特性，并设计其控制策略。研究结果表明，三态 Flyback PFC 变换器能有效降低传统 DCM Flyback PFC 变换器开关管所承受的电压应力，并能拓宽 DCM Flyback PFC 变换器的带载能力。

9.1 三态 Flyback PFC 变换器工作原理

三态 PFC 变换器利用续流功率开关管为电感电流提供续流路径，使电感电流在一个开关周期内存在三个工作状态，进而获得较快的负载动态响应速度和优于 DCM PFC 变换器的带载能力[7, 8, 39, 106-109]。因此，为了提高传统 DCM Flyback PFC 变换器的带载能力，本章提出如图 9.1 所示的三态 Flyback PFC 变换器，其由二极管整流桥、变压器 FT、续流二极管 D_1、功率开关管 S_1、功率开关管 S_2、二极管 D_2 和输出电容 C 构成。

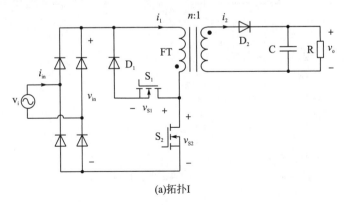

(a)拓扑I

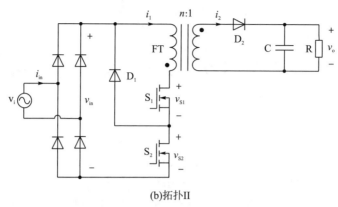

(b)拓扑II

图 9.1　三态 Flyback PFC 变换器

虽然拓扑 I 和拓扑 II 所示的三态 Flyback PFC 变换器的实现方式不一样，但其工作原理类似，均利用功率开关管 S_1 和续流二极管 D_1 为 Flyback PFC 变换器的原边绕组电流提供续流通路，使 Flyback PFC 变换器工作于三态 PCCM。由于拓扑 I 中开关管 S_1 仅在原边绕组续流阶段导通，拓扑 II 中开关管 S_1 在原边绕组充电阶段与原边绕组续流阶段的两个阶段内均需要导通，即与拓扑 II 相比，拓扑 I 具有更低的开关导通损耗和更高的效率[21]。但是，拓扑 II 中开关管 S_2 与开关管 S_1 形成半桥臂结构，可简化开关管 S_1 的驱动电路设计，并降低了开关管 S_2 所承受的电压应力。因此，本章重点以拓扑 II 为例进行分析。

三态 Flyback PFC 变换器工作于稳态时，在一个开关周期内存在如图 9.2 所示的三个工作模式：原边绕组充电模态(D_1T)、副边绕组放电模态(D_2T)和原边绕组续流模态(D_3T)，其主要工作波形如图 9.3 所示。在原边绕组充电模态(D_1T)和副边绕组放电模态(D_2T)，三态 Flyback PFC 变换器的工作原理与传统 DCM Flyback PFC 变换器一样，开关管 S_1 和 S_2 同时导通时输入电源向 Flyback 变压器 FT 储存能量，开关管 S_1 和 S_2 同时关断时 Flyback 变压器 FT 向负载释放能量。当开关管 S_2 关断、开关管 S_1 导通时，由于电流优先选择低阻抗回路流动，因此变压器能量由副边绕组回到原边绕组，输出二极管 D_2 关断，形成原边绕组续流模态，使 Flyback PFC 变换器工作于三态 PCCM。

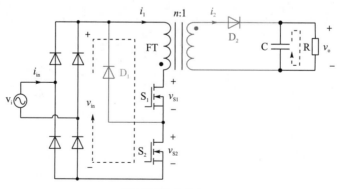

(a)原边绕组充电模态(D_1T)

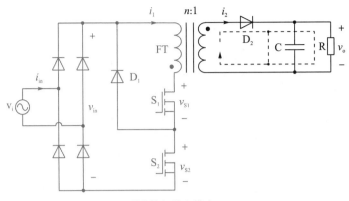

(b)副边绕组放电模态(D_2T)

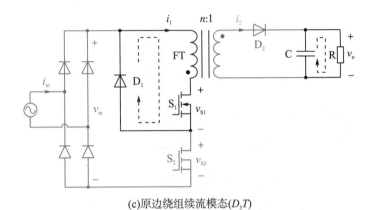

(c)原边绕组续流模态(D_3T)

图 9.2 三态 Flyback PFC 变换器工作模态

由图 9.3 可得

$$d_1T + d_2T + d_3T = T \tag{9.1}$$

$$D_{S2} = D_1 \tag{9.2}$$

$$D_{S1} = D_1 + D_3 \tag{9.3}$$

式中，d_1T、d_2T 和 d_3T 分别为三态 Flyback PFC 变换器在三个模态内的工作时间；D_1、D_2 和 D_3 分别为 d_1、d_2 和 d_3 的稳态工作时间；D_{S1} 为开关管 S_1 的稳态占空比；D_{S2} 为开关管 S_2 的稳态占空比；T 为开关周期。

由式(9.2)和式(9.3)可知，为保证三态 Flyback PFC 变换器工作于 PCCM，要求 $D_{S1} > D_{S2}$，即 $D_3 > 0$。因此，在其控制器设计时需设计逻辑保护电路以确保三态 Flyback PFC 变换器在启动、瞬态与稳态情况下均工作于 PCCM。

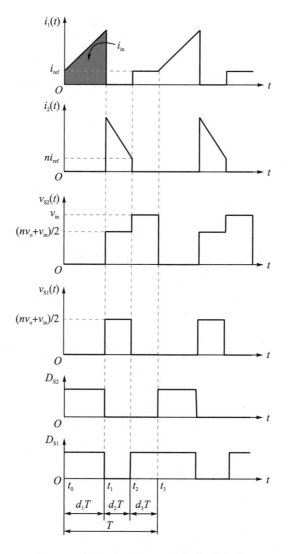

图 9.3　三态 Flyback PFC 变换器工作波形

9.2　三态 Flyback PFC 变换器控制策略研究

　　为了保证三态 Flyback PFC 变换器实现单位功率因数功能，其参考电流 i_{ref} 需按正弦规律变化，且稳态时原边绕组充电模态持续时间 $(D_1 T)$ 在一个工频周期内所占的比例 D_1 应保持不变，即开关管 S_2 的占空比 D_{S2} 在稳态时保持不变。因此，在设计控制器时，以单电压 PI 反馈控制环路作为开关管 S_2 的控制回路，稳态时三态 Flyback PFC 变换器的直流输出电压稳定在设计的参考直流电压 V_{ref}，PI 反馈控制环路的输出 u 恒定，则通过 u 与三角载波比较得到开关管 S_2 的驱动脉冲 D_{S2} 也保持不变，即 D_1 保持不变[39]，如图 9.4 所示。

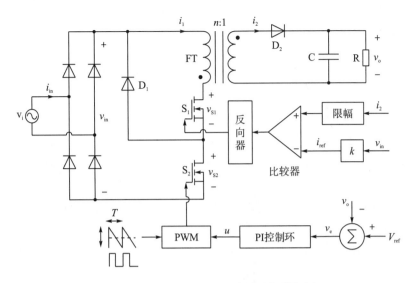

图 9.4　三态 Flyback PFC 变换器控制框图

为了使原边绕组续流模态阶段 (D_3T) 内的参考电流 i_{ref} 按正弦规律变化，可通过采样整流后的交流输入电压 v_{in} 得到参考电流 i_{ref}，即令 $i_{ref}=kv_{in}$。则由整流后的输入电压 v_{in} 和输入电流的时间平均等效表达式 I_{in} 可得输入电流 $i_{in}(t)$ 的表达式为

$$i_{in}(t) = D_1 k v_{in}(t) + \frac{D_1}{L_m} v_{in}(t) = D_1\left(k+\frac{1}{L_m}\right)v_{in}(t) = D_1\left(k+\frac{1}{L_m}\right)V_M\,|\sin(\omega t)| = I_M\,|\sin(\omega t)|$$

(9.4)

式中，I_M 为输入电流幅值。

假设三态 Flyback PFC 变换器的效率为 η，输出功率为 $P_o=V_oI_o=V_{ref}I_o$ (I_o 为三态 Flyback PFC 变换器的输出电流)，则根据输入输出功率守恒可得比例系数 k 为

$$k = \frac{2P_o}{\eta D_1 V_M^2} - \frac{1}{L_m} = \frac{2V_{ref}I_o}{\eta D_1 V_M^2} - \frac{1}{L_m}$$

(9.5)

由式 (9.5) 可知，当三态 Flyback PFC 变换器的参数确定后，采样比例系数 k 为定值。在实际控制器设计中，为了保证三态 Flyback PFC 变换器稳定地工作于 PCCM，k 应大于由式 (9.5) 计算得到的结果。但是 k 越大，三态 Flyback PFC 变换器在原边绕组续流模态阶段内的电流续流值越大，开关管 S_1 导通的时间也越长，引起的额外导通损耗也越大，变换器效率也越低[8]。本节选择式 (9.5) 计算结果的 1.1 倍作为控制器中的输入电压采样系数。

参考电流 I_{ref} 确定后，由图 9.3 可知，当反激变压器 FT 的副边绕组电流 i_2 下降到 nI_{ref} (n 为反激变压器 FT 的原副边匝比) 时应导通开关管 S_1，直到开关管 S_2 的关断时刻才关断开关管 S_1。因此，开关管 S_1 的控制环路设计如图 9.4 所示，将采样整流后的输入电压 v_{in} 与副边绕组电流 i_2 送入比较器，其输出信号反向后即开关管 S_1 的驱动脉冲 V_{P1}。

由前面分析可知，为保证三态 Flyback PFC 变换器稳定地工作于 PCCM，要求 $D_{S1}>D_{S2}$。在实际控制器设计中，通过限制副边绕组电流 i_2 的采样值不下降到零以确保 $D_{S1}>D_{S2}$。本节选择副边绕组电流 i_2 的采样值不低于 0.1V 来保证三态 Flyback PFC 变换器在启动、瞬态与稳态情况下均工作于 PCCM。

9.3   三态 Flyback PFC 变换器特性分析

为了简化分析，假设：

(1) 所有的开关管、二极管、电感和电容均为理想元件；

(2) 开关变换器的开关频率为 f，开关周期为 $T=1/f$，开关频率远大于交流输入电压频率 f_{line}；

(3) 在一个开关周期 T 内，交流输入电压 v_{in} 与直流输出电压 v_{o} 保持不变。

9.3.1   直流稳态特性

在图 9.1(b) 中，假设三态 Flyback PFC 变换器的直流输出电压 $v_{\text{o}}(t)$ 稳定在 V_{o}，整流后的电网输入电压 $v_{\text{in}}(t)$ 为

$$v_{\text{in}}(t) = V_{\text{M}} \,|\sin(\omega t)| \tag{9.6}$$

式中，V_{M} 为输入电压幅值；ω 为输入电压角频率。则由图 9.2 和图 9.3 可得一个开关周期内，反激变压器 FT 原边励磁电感 L_{m} 两端电压的瞬时值 $v_{\text{Lm}}(t)$ 为

$$v_{\text{Lm}}(t) = \begin{cases} v_{\text{in}}(t), & t_0 \leqslant t < t_1 \\ -v_{\text{o}}(t), & t_1 \leqslant t < t_2 \\ 0, & t_2 \leqslant t < t_3 \end{cases} \tag{9.7}$$

利用时间平均等效分析方法，可得电感电压的时间平均等效表达式 V_{Lm} 为

$$V_{\text{Lm}} = \frac{1}{T}\int_{t_0}^{t_1} v_{\text{in}}(t)\,\mathrm{d}t - \frac{1}{T}\int_{t_1}^{t_2} v_{\text{o}}(t)\,\mathrm{d}t \tag{9.8}$$

简化整理可得

$$V_{\text{Lm}} = D_1 V_{\text{in}} - D_2 V_{\text{o}} \tag{9.9}$$

式中，V_{in} 和 V_{o} 分别为输入电压和输出电压的时间平均等效值。当三态 Flyback PFC 变换器工作于稳态时，电感电压的时间平均等效值 $V_{\text{Lm}}(t)$ 为零，即

$$V_{\text{Lm}} = 0 \tag{9.10}$$

将式 (9.10) 代入式 (9.9)，并联立式 (9.2) 和式 (9.3) 可得三态 Flyback PFC 变换器的直流稳态特性为

$$\frac{V_{\text{o}}}{V_{\text{in}}} = \frac{D_1}{D_2} = \frac{D_{\text{S2}}}{1 - D_{\text{S1}}} \tag{9.11}$$

9.3.2   输入电流分析

由图 9.2 和图 9.3 可得，在一个开关周期内流入三态 Flyback PFC 变换器的输入电流 $i_{\text{in}}(t)$ 为

$$i_{in}(t) = \begin{cases} i_1 = i_{ref} + \dfrac{v_{in}}{L_m}(t-t_0), & t_0 \leqslant t < t_1 \\ 0, & t_1 \leqslant t < t_2 \\ 0, & t_2 \leqslant t < t_3 \end{cases} \tag{9.12}$$

式中，i_{ref} 为三态 Flyback PFC 变换器原边绕组续流时的参考电流。则输入电流的时间平均等效表达式 I_{in} 为

$$I_{in} = D_1 I_{ref} + \frac{D_1}{L_m} V_{in} \tag{9.13}$$

式中，I_{ref} 为参考电流的时间平均等效值。由式 (9.13) 可知，L_m 为常数，V_{in} 按正弦规律变化。因此，若 I_{ref} 按正弦规律变化，即 $I_{ref}=kV_{in}$ (k 为比例系数)，且稳态时 D_1 保持不变，则输入电流 I_{in} 跟踪输入电压 V_{in} 的波形与相位，实现单位功率因数。

9.3.3　开关管电压应力分析

若去掉三态 Flyback PFC 变换器拓扑 I 的续流功率开关管 S_1 和续流二极管 D_1，则变为传统 DCM Flyback PFC 变换器。因此，对于传统 DCM Flyback PFC 变换器，当开关管关断时，由于反激变压器 FT 副边的输出二极管 D_2 导通，则开关管 S_2 承受的电压应力为

$$v_{S2} = v_{in} + nv_o + \Delta v \tag{9.14}$$

式中，v_{S2} 为传统 DCM Flyback PFC 变换器或 BCM Flyback PFC 变换器中开关管承受的电压应力；Δv 为由反激变压器漏感引起的电压尖峰。但是，由图 9.2 和图 9.3 可知，对于三态 Flyback PFC 变换器，当开关管 S_1 和 S_2 同时关断时，电压施加在开关管 S_1 的漏极端和开关管 S_2 的源极端，理想情况下每个开关管承受的电压应力为

$$v_{S1} = v_{S2} = \frac{v_{in} + nv_o + \Delta v}{2} \tag{9.15}$$

而当开关管 S_2 关断、S_1 导通时，由于此时反激变压器 FT 副边的输出二极管 D_2 关断，则开关管 S_2 承受的电压应力被开关管 S_1 钳位为输入电压 v_{in}。因此，对于三态 Flyback PFC 变换器，开关管 S_1 和 S_2 承受的最大电压应力分别为

$$v_{S1,max} = \frac{v_{in} + nv_o + \Delta v}{2} \tag{9.16}$$

$$v_{S2,max} = v_{in} \tag{9.17}$$

由式 (9.15)～式 (9.17) 可知，与传统 DCM Flyback PFC 变换器相比，三态 Flyback PFC 变换器可降低开关管承受的电压应力，有利于选择低电压应力和低导通电阻的开关管。

9.4　实　验　分　析

为了验证理论分析的正确性，本节搭建三态 Flyback PFC 变换器的实验样机以验证本章提出的拓扑与控制算法的正确性。为了与传统 DCM Flyback PFC 变换器的工作性能做

对比，本节按照同样的性能指标设计传统 DCM Flyback PFC 变换器的实验平台。

电路参数选取如下：额定负载功率 P_o=200W，交流输入电压有效值范围 $V_{in,rms}$=90～130V，参考直流电压 V_{ref}=48V，输出储能电容 C=5400μF，电网频率 f_{line}=50Hz，开关频率 f=50kHz，反激变压器 FT 原副边匝比 n:1=21:11，原边励磁电感 L_m=200μH。

图 9.5 为负载输出功率为 100 W 时，传统 DCM Flyback PFC 变换器和三态 Flyback PFC 变换器的变压器 FT 原边绕组电流 i_1、副边绕组电流 i_2、开关管驱动脉冲 V_{P1} 和开关管驱动脉冲 V_{P2} 波形。由图可知，传统 Flyback PFC 变换器工作于 DCM，而三态 Flyback PFC 变换器工作于 PCCM，即其变压器 FT 原边绕组电流 i_1 在一个开关周期内存在三个工作模态，与图 9.3 的理论分析结果相一致。

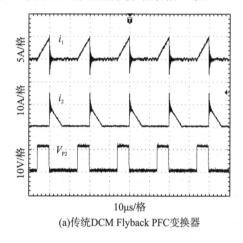 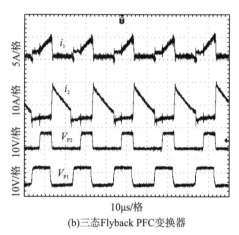

(a)传统DCM Flyback PFC变换器   (b)三态Flyback PFC变换器

图 9.5　Flyback PFC 变换器的变压器 FT 原边绕组电流 i_1、副边绕组电流 i_2、
开关管驱动脉冲 V_{P1} 和开关管驱动脉冲 V_{P2} 波形

图 9.6 为负载输出功率为 100 W 时，传统 DCM Flyback PFC 变换器和三态 Flyback PFC 变换器的开关管电压应力 v_{S1}、v_{S2}，开关管驱动脉冲 V_{P1}、V_{P2} 的波形。由图可知，对于三态 Flyback PFC 变换器，由于存在开关管 S_2，可明显降低传统 DCM Flyback PFC 变换器中开关管 S_1 需承受的电压应力。因此，与传统 DCM Flyback PFC 变换器相比，三态 Flyback PFC 变换器在同等输入输出电压情况下，可选择低耐压和低导通电阻的开关管。

图 9.7 和图 9.8 分别为负载输出功率为 100 W 和 200W 时，传统 DCM Flyback PFC 变换器和三态 Flyback PFC 变换器的稳态整流输入电压 v_{in}、变压器原边绕组电流 i_1、输入电流 i_{in} 波形及其频谱 i_{FFT} 分析波形。由图 9.7 可知，轻载情况下，传统 DCM Flyback PFC 变换器和三态 Flyback PFC 变换器均可稳定地工作，实现单位功率因数的功能。但是，由图 9.8(a)可知，当负载功率加大时，传统 DCM Flyback PFC 变换器在交流输入电压峰值点附近会工作于 CCM，引起输入电流波形畸变并提高变换器输入电流所含的谐波成分。相反，由图 9.8(b)可知，当负载功率加大为 200W 时，三态 Flyback PFC 变换器仍可稳定地工作于 PCCM，保证其仍具有较高的功率因数。

因此，由图 9.7 和图 9.8 可以看出，三态 Flyback PFC 变换器具有比传统 DCM Flyback PFC 变换器更宽的带载能力。表 9.1 为轻载与重载情况下，传统 DCM Flyback PFC 变换器和三态 Flyback PFC 变换器的功率因数与总谐波失真测试数据，可以看出，相对于传统 DCM Flyback PFC 变换器，三态 Flyback PFC 变换器在宽负载变化范围内均具有较高的功率因数和较低的总谐波失真。

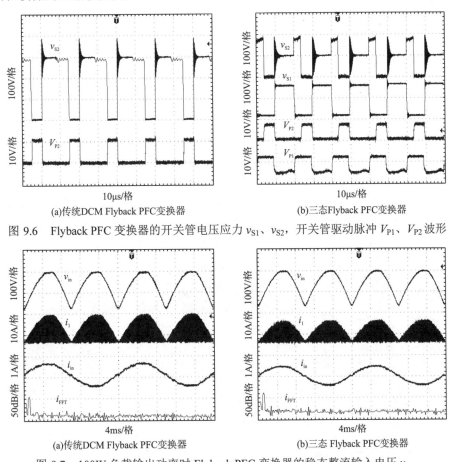

(a)传统DCM Flyback PFC变换器　　　　　　(b)三态Flyback PFC变换器

图 9.6　Flyback PFC 变换器的开关管电压应力 v_{S1}、v_{S2}，开关管驱动脉冲 V_{P1}、V_{P2} 波形

(a)传统DCM Flyback PFC变换器　　　　　　(b)三态 Flyback PFC变换器

图 9.7　100W 负载输出功率时 Flyback PFC 变换器的稳态整流输入电压 v_{in}、
变压器原边绕组电流 i_1、输入电流 i_{in} 波形及其频谱 i_{FFT} 分析波形

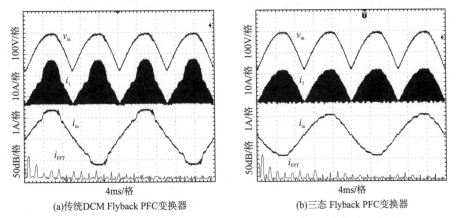

(a)传统DCM Flyback PFC变换器　　　　　　(b)三态 Flyback PFC变换器

图 9.8　200W 负载输出功率时 Flyback PFC 变换器的稳态整流输入电压 v_{in}、
变压器原边绕组电流 i_1、输入电流 i_{in} 波形及其频谱 i_{FFT} 分析波形

表 9.1   Flyback PFC 变换器在不同负载功率情况时的功率因数与总谐波失真

负载功率/W	工作模式	总谐波失真	功率因数
200	DCM	27.58	0.964
	PCCM	13.51	0.991
100	DCM	10.04	0.995
	PCCM	11.00	0.994

9.5   本 章 小 结

三态 Flyback PFC 变换器是对 PCCM PFC 变换器技术的一种拓展应用,可将其应用于隔离型的 PFC 变换器。本章分析了三态 Flyback PFC 变换器的工作特性和控制原理,给出了电压环、电流环独立的双环控制策略,推导了三态 Flyback PFC 变换器输入电流的表达式,并指出在正弦参考电流控制策略下其具有单位功率因数;对比研究了传统 DCM Flyback PFC 变换器和三态 Flyback PFC 变换器,结果表明三态 Flyback PFC 变换器可降低传统 DCM Flyback PFC 变换器开关管所承受的电压应力,并具有优于传统 DCM Flyback PFC 变换器的带载能力;最后搭建了相应的实验平台,通过实验结果验证了理论分析结果的正确性。

第10章　电容电压三态 PFC 变换器分析与控制

对于三态 PFC 技术，本书前述章节仅探讨了电感电流在一个开关周期内存在三个工作模态的应用。众所周知，除了叠加定理、替代定理等基本定理，电路还存在一项对偶原理：电路中某些元素之间的关系(或方程)用它们的对偶元素对应地置换后，所得新关系(或新方程)也一定成立，后者和前者互为对偶。即根据对偶原理，如果推导出了某一关系式或结论，就等于解决了和它对偶的另一个关系式或结论。由于电感电流与电容电压互为对偶元素，因此本章将电感电流三态 PFC 技术应用拓展到以电容进行储能变换的非隔离型 Cuk PFC 变换器，并简要介绍隔离型三态 SEPIC PFC 变换器。

为了将电感电流三态 PFC 技术应用拓展到电容电压三态 PFC 技术，本章通过在中间储能电容(过渡电容)上串联一个开关管，使中间储能电容电压在一个开关周期内存在三个工作状态，进而使得以电容进行储能变换的 Cuk 和 SEPIC PFC 变换器工作于 PCCM；分析并研究电容电压三态 PFC 变换器的工作模态和控制策略，指出电容电压三态 PFC 变换器可等效为传统 Boost 变换器与 Buck 变换器的级联，进而可获得低直流输出电压纹波和快速负载瞬态响应速度的性能。本章可为三态 PFC 技术在以电容进行储能变换的变换器应用中提供指导，相应的实验结果验证了理论分析的正确性。

10.1　三态 Cuk PFC 变换器分析与控制

10.1.1　三态 Cuk PFC 变换器工作原理

本书前述章节通过增加辅助功率开关管或控制开关管的时序，为电感电流形成续流通路，可以使 Boost PFC 变换器、Buck-Boost PFC 变换器和 Flyback PFC 变换器工作于 PCCM(在一个开关周期内电感电流存在三个工作状态)，进而获得卓越的负载瞬态响应性能和带载能力。由于电感与电容互为对偶元素，短路与开路也互为对偶元素。因此，基于电感电流三态 PFC 变换器独特的优点，根据对偶原理，本章提出如图 10.1 所示的非隔离型电容电压三态 Cuk PFC 变换器，其由二极管整流桥、输入电感 L_1、储能电容 C_1、功率开关管 S_1、功率开关管 S_2、二极管 D、输出电感 L_2 和输出电容 C_2 构成。通过在中间储能电容 C_1(过渡电容)上串联一个开关管 S_2，利用开关管 S_2 关断时为储能电容电压 v_{C1} 形成的开路状态，使储能电容电压 v_{C1} 在一个开关周期内存在三个工作状态，进而使 Cuk PFC

变换器工作于 PCCM。

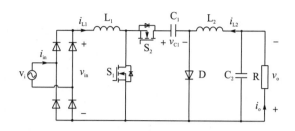

图 10.1　非隔离型电容电压三态 Cuk PFC 变换器

在工作模态分析时假设：

(1) 开关频率 f 远大于线电压频率 f_{line}；

(2) 输出电感 L_2 和输出电容 C_2 足够大，使得输出电感电流 i_{L2} 近似为输出电流 i_o；

(3) 在开关周期内输入电压 v_{in} 保持不变；

(4) 所有的开关管、二极管、电感和电容均为理想元件；

(5) 输入电感 L_1 和输出电感 L_2 均工作于 CCM。

基于以上假设，利用两个功率开关管的组合方式，三态 Cuk PFC 变换器在一个开关周期内存在如图 10.2 所示的三个工作模态。

1) S_1 和 S_2 均导通（$t_0 \leqslant t < t_1$）

如图 10.2(a) 所示，开关管 S_1 和 S_2 均导通时，整流桥的对桥臂二极管导通，输入电感电流 i_{L1} 按输入电压的比例上升；中间储能电容 C_1 通过开关管 S_1 和 S_2 向输出电容 C_2 与负载 R 放电，并向输出电感 L_2 充电，此时电感电流 i_{L2} 上升，电容电压 v_{C1} 下降。

2) S_1 导通、S_2 关断（$t_1 \leqslant t < t_2$）

如图 10.2(b) 所示，开关管 S_1 导通、S_2 关断时，整流桥的对桥臂二极管导通，输入电感电流 i_{L1} 仍然按输入电压的比例上升；由于无法形成充放电回路，中间储能电容 C_1 与电路其他部分隔离，电容电压保持 v_{C1} 不变；二极管 D 导通，输出电感 L_2 向输出电容 C_2 与负载 R 放电，电感电流 i_{L2} 下降。

3) S_1 和 S_2 均关断（$t_2 \leqslant t < t_3$）

如图 10.2(c) 所示，开关管 S_1 和 S_2 均关断时，整流桥的对桥臂二极管导通，二极管 D 仍然导通，输入电感电流 i_{L1} 通过开关管 S_2 的体二极管和二极管 D 向中间储能电容 C_1 充电，电感电流 i_{L1} 下降、电容电压 v_{C1} 上升；输出电感 L_2 通过二极管 D 向输出电容 C_2 与负载 R 放电，电感电流 i_{L2} 下降。

图 10.3 给出了三态 Cuk PFC 变换器的稳态工作波形，其中 d_1T、d_2T 和 d_3T 分别表示三态 Cuk PFC 变换器工作于三个工作模态的时间，V_{P1}、V_{P2} 分别表示开关管 S_1 和 S_2 的驱动脉冲。由图 10.3 可知：

$$d_1T + d_2T + d_3T = T \tag{10.1}$$

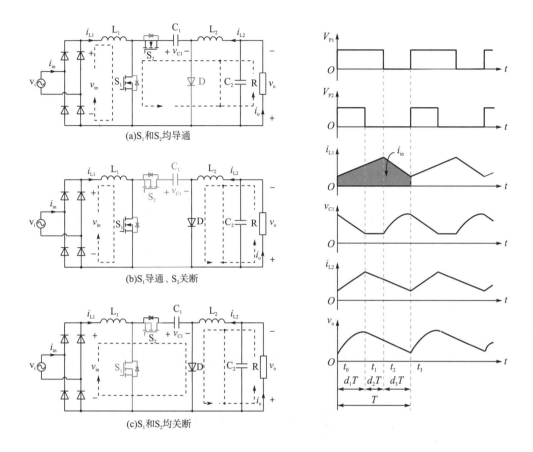

图 10.2　三态 Cuk PFC 变换器工作模态　　　　　　图 10.3　三态 Cuk PFC 变换器工作波形

10.1.2　三态 Cuk PFC 变换器控制策略研究

三态 Cuk PFC 变换器可等效为 Boost 变换器与 Buck 变换器的级联。因此，三态 Cuk PFC 变换器的控制器可由功率因数校正控制环路和电压模式控制环路两个独立的控制环路组成。利用前级 Boost 变换器的功率因数校正控制环路来实现稳定的中间储能电容电压 $v_{C1}(t)$，同时控制输入电流 $i_{in}(t)$ 使其跟随输入电压 $v_{in}(t)$ 的波形与相位，得到单位功率因数。与此同时，后级 Buck 变换器的电压模式控制环路控制直流输出电压 $v_o(t)$，使其在不同的负载情况下均稳定在 V_o。值得注意的是，由于仅仅当开关管 S_1 导通时能量才能由前级 Boost 变换器流向后级 Buck 变换器，否则开关管 S_2 的体二极管和二极管 D 将导通。因此，开关管 S_1 和开关管 S_2 的占空比 D_{S1} 和 D_{S2} 需满足如下关系：

$$D_{S1} \geqslant D_{S2} \tag{10.2}$$

根据以上分析，可得三态 Cuk PFC 变换器的控制器框图如图 10.4 所示，其中，L4981 等平均电流控制 PFC 芯片分别采样中间储能电容电压 $v_{C1}(t)$、输入电压 $v_{in}(t)$ 和输入电感

电流 $i_{L1}(t)$，经过平均电流控制策略后得到开关管 S_1 的调制信号 u_1，实现单位功率因数并稳定中间储能电容的电压；TL494 等电压模式控制芯片采样直流输出电压 $v_o(t)$，经过单电压 PI 控制环得到开关管 S_2 的调制信号 u_2，实现直流输出电压调节的目的。调制信号 u_1 和 u_2 经过逻辑保护电路后分别与同一个三角载波 U_P 进行比较，其输出经过驱动电路后分别得到开关管 S_1 和 S_2 的驱动脉冲 V_{P1} 和 V_{P2}。

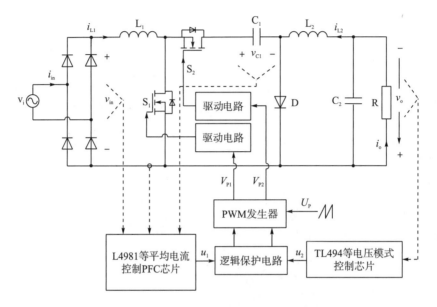

图 10.4　三态 Cuk PFC 变换器控制器框图

由图 10.4 可知，由于三态 Cuk PFC 变换器的直流输出电压 $v_o(t)$ 控制环路为由 TL494 等电压模式控制芯片构成的高带宽电压控制环路(5kHz)，而传统 CCM Cuk PFC 与 DCM Cuk PFC 变换器的直流输出电压 $v_o(t)$ 控制环路为由 L4981 等平均电流控制 PFC 芯片构成的低带宽电压控制环路(10~20Hz)[122]，因此三态 Cuk PFC 变换器的输出电压动态性能明显优于传统 CCM Cuk PFC 与 DCM Cuk PFC 变换器。此外，由图 10.4 可知，三态 Cuk PFC 变换器的控制电路中含有两个控制芯片，增加了系统的复杂性并降低了系统的可靠性。但是与传统两级 Boost+Buck PFC 变换器相比[123]，三态 Cuk PFC 变换器的控制电路并没有增加复杂性，且主电路节省了一个功率二极管，可降低系统成本。

10.1.3　三态 Cuk PFC 变换器直流稳态特性分析

在图 10.1 中，假设三态 Cuk PFC 变换器的直流输出电压 $v_o(t)$ 稳定在 V_o，整流后的电网输入电压 $v_{in}(t)$ 为

$$v_{in}(t) = V_M |\sin(\omega t)| \tag{10.3}$$

式中，V_M 为输入电压幅值；ω 为输入电压角频率。

利用时间平均等效分析方法，根据中间储能电容 C_1 的电荷平衡，可得三态 Cuk PFC

变换器功率级的直流稳态特性为

$$\frac{V_o}{V_{in}} = \frac{I_{in}}{I_o} = \frac{D_{S2}}{1 - D_{S1}} = \frac{1}{1 - D_{S1}} D_{S2} \tag{10.4}$$

式中，V_{in} 为输入电压；I_{in} 为输入电流；I_o 为输出电流的时间平均等效值；D_{S1}、D_{S2} 分别为开关管 S_1、S_2 的稳态占空比。由式(10.4)可知，三态 Cuk PFC 变换器与传统 Cuk PFC 变换器一样，其直流稳态特性由中间储能电容 C_1 的放电时间与充电时间的比值决定。

同理，利用时间平均等效分析方法，根据输入电感 L_1 和输出电感 L_2 的伏秒平衡可得

$$\frac{V_{C1}}{V_{in}} = \frac{1}{1 - D_{S1}} \tag{10.5}$$

$$\frac{V_o}{V_{C1}} = D_{S2} \tag{10.6}$$

式中，V_{C1} 为中间储能电容电压的时间平均等效值。由式(10.5)和式(10.6)可知，中间储能电容的电压 $v_{C1}(t)$ 仅由输入电压 $v_{in}(t)$ 和开关管 S_1 的占空比 D_{S1} 决定，而直流输出电压 $v_o(t)$ 仅由中间储能电容电压 $v_{C1}(t)$ 和开关管 S_2 的占空比 D_{S2} 决定。

因此，根据式(10.4)~式(10.6)可知，三态 Cuk PFC 变换器可等效为 Boost 变换器与 Buck 变换器的级联。但是，由图 10.1 可知，与 Boost 变换器加 Buck 变换器的级联变换器相比，三态 Cuk PFC 变换器可减少一个功率二极管数量。

10.2　三态 SEPIC PFC 变换器

隔离型三态 SEPIC PFC 变换器如图 10.5 所示，其由二极管整流桥、输入电感 L_1、储能电容 C_1、功率开关管 S_1、功率开关管 S_2、电感 L_2、高频变压器 T、二极管 D 和输出电容 C_2 构成。通过在中间储能电容 C_1(过渡电容)上串联一个开关管 S_2，利用开关管 S_2 关断时为储能电容电压 v_{C1} 形成的开路状态，使储能电容电压 v_{C1} 在一个开关周期内存在三个工作状态，进而使隔离型 SEPIC PFC 变换器工作于 PCCM。

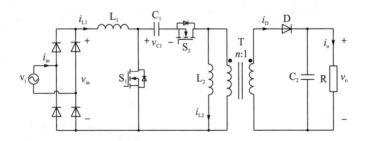

图 10.5　隔离型三态 SEPIC PFC 变换器

在工作模式分析时假设：

(1)开关频率 f 远大于线电压频率 f_{line}；

(2)输出电容 C_2 的值足够大；

(3) 在开关周期内输入电压 v_{in} 保持不变；

(4) 所有的开关管、二极管、电感和电容均为理想元件；

(5) 输入电感 L_1 工作于 CCM。

基于以上假设，利用两个功率开关管的组合方式，三态 SEPIC PFC 变换器在一个开关周期内存在如图 10.6 所示的 5 个工作模态。

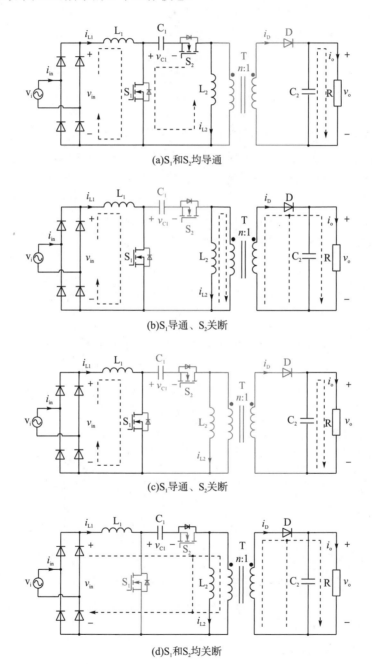

(a) S_1 和 S_2 均导通

(b) S_1 导通、S_2 关断

(c) S_1 导通、S_2 关断

(d) S_1 和 S_2 均关断

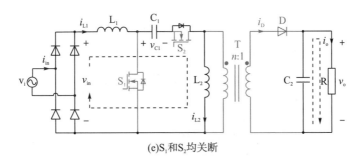

(e)S_1和S_2均关断

图 10.6　隔离型三态 SEPIC PFC 变换器工作模态

S_1 和 S_2 均导通 $(t_0 \leqslant t < t_1)$：如图 10.6(a) 所示，开关管 S_1 和 S_2 均导通时，整流桥的对桥臂二极管导通，输入电感电流 i_{L1} 按输入电压 v_{in} 的比例上升；由于 t_0 时刻电感 L_2 的电流 i_{L2} 为正，则电感 L_2 通过开关管 S_1 和 S_2 的体二极管给中间储能电容 C_1 充电；当电感电流 i_{L2} 减小到零时，中间储能电容 C_1 通过开关管 S_1 和 S_2 向电感 L_2 放电，此时电感电流 i_{L2} 反向上升、电容电压 v_{C1} 下降；二极管 D 因承受反向电压而关断；当开关管 S_2 关断时该模态结束。

S_1 导通、S_2 关断 $(t_1 \leqslant t < t_2)$：如图 10.6(b) 所示，开关管 S_1 导通、S_2 关断时，整流桥的对桥臂二极管导通，输入电感电流 i_{L1} 仍然按输入电压 v_{in} 的比例上升；由于无法形成充放电回路，中间储能电容 C_1 与电路其他部分隔离，电容电压保持 v_{C1} 不变；电感 L_2 通过高频变压器 T 和二极管 D 向输出电容 C_2 与负载 R 放电；当电感 L_2 的电流放电为零时该模态结束。

S_1 导通、S_2 关断 $(t_2 \leqslant t < t_3)$：如图 10.6(c) 所示，开关管 S_1 导通、S_2 关断，整流桥的对桥臂二极管导通，输入电感电流 i_{L1} 仍然按输入电压 v_{in} 的比例上升；由于无法形成充放电回路，中间储能电容 C_1 与电路其他部分隔离，电容电压保持 v_{C1} 不变；由于电感 L_2 的电流 i_{L2} 为零，二极管 D 承受反向电压关断；输出电容 C_2 向负载 R 放电；当开关管 S_1 关断时该模态结束。

S_1 和 S_2 均关断 $(t_3 \leqslant t < t_4)$：如图 10.6(d) 所示，开关管 S_1 和 S_2 均关断时，整流桥的对桥臂二极管导通，输入电感电流 i_{L1} 通过开关管 S_2 的体二极管向电感 L_2 和中间储能电容 C_1 充电，电感电流 i_{L1} 下降、电感电流 i_{L2} 上升、电容电压 v_{C1} 上升；由于电感电流 i_{L1} 与电感电流 i_{L2} 大小不同，通过高频变压器 T，二极管 D 承受正向电流而导通，电感电流 i_{L2} 向输出电容 C_2 与负载 R 放电；当 $i_{L1}=i_{L2}$ 时该模态结束。

S_1 和 S_2 均关断 $(t_4 \leqslant t < t_5)$：如图 10.6(e) 所示，开关管 S_1 和 S_2 均关断，整流桥的对桥臂二极管导通，由于 $i_{L1}=i_{L2}$，则输入电感 L_1 和电感 L_2 均向中间储能电容 C_1 充电，电流 i_{L1}、i_{L2} 线性下降；二极管 D 承受反向电压关断，输出电容 C_2 向负载 R 放电，直到下一个开关周期起始时刻模态结束。

图 10.7 给出了隔离型三态 SEPIC PFC 变换器的稳态工作波形，其中 d_1T、d_2T、d_3T、d_4T 和 d_5T 分别表示三态 SEPIC PFC 变换器工作于五个工作模态的时间，V_{P1}、V_{P2} 分别表示开关管 S_1 和 S_2 的驱动脉冲。由图 10.7 可知：

$$d_1T + d_2T + d_3T + d_4T + d_5T = T \tag{10.7}$$

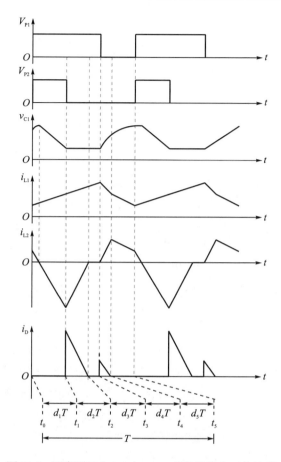

图 10.7 隔离型三态 SEPIC PFC 变换器稳态工作波形

由图 10.7 可知，二极管 D 的电流 i_D 由模态 2 和模态 4 两部分组成，若模态 4 的电流平均值远小于模态 2 的电流平均值，则负载电流 i_o 可近似为模态 2 内电流的平均值。因此，由图 10.6 和图 10.7 可知，隔离型三态 SEPIC PFC 变换器的等效工作过程可近似为：输入电感 L_1 向中间储能电容 C_1 充电，中间储能电容 C_1 通过电感 L_2 和高频变压器 T 向负载放电，即隔离型三态 SEPIC PFC 变换器同样可近似等效为 Boost 变换器与 Buck 变换器的级联。

10.3 实 验 分 析

为了验证电容电压三态 Cuk PFC 变换器理论分析的正确性，本节搭建一台 200W 的 Cuk PFC 变换器实验样机。实验样机的主电路参数选取如下：额定负载功率 P_o=200W；输入电压有效值 $V_{in,rms}$ 范围为 90~130V；输出储能电容 C_2 的参考直流电压 v_o=200V；中间储能电容 C_1 的参考直流电压 v_{C1}=400V；CCM 与 PCCM 时输入电感 L_1=1mH；DCM 工作模式时输入电感 L_1=40μH；输出电感 L_2=40μH；输出储能电容 C_2=470μF；电网频率 f_{line}=50 Hz；开关频率 f=50kHz；CCM 与 DCM 时中间储能电容 C_1=1μF；考虑到 PCCM 工作模式时中间储能电容 C_1 需要储存能量并作为等效后级 Buck 变换器的输入源，选择 $C_1=470\mu F$。控制环路参数选取如下：前级 PFC 电压控制环路 $K_P=10.6$、$K_I=0.1$；前级 PFC 电流控制环路 $K_P=0.69$、$K_I=0.01$；后级 DC-DC 电压控制环路 $K_P=6$、$K_I=0.1$。

　　图 10.8 为负载输出功率为 100 W 时，CCM、DCM 和三态 Cuk PFC 变换器的稳态直流输出电压 v_o、整流输入电压 v_{in}、直流输出电压纹波 v_{rip}、输入电感电流 i_{L1} 波形及其频谱 i_{FFT} 分析波形。由图可知，三种工作模式下 Cuk PFC 变换器均可实现稳定直流输出电压 v_o，输入电感电流 i_{L1} 跟踪输入电压 v_{in} 波形与相位，满足功率因数校正功能。由输入电感电流 i_{L1} 波形及其频谱分析 i_{FFT} 波形可知，由于 DCM Cuk PFC 变换器的输入电感较小，其输入电感电流峰值较大且其谐波含量较大；而三态 Cuk PFC 变换器与 CCM Cuk PFC 变换器一样，由于输入电感较大，可减小输入电感电流的峰值并明显地降低了其谐波含量。此外，由输出电压纹波 v_{rip} 波形可知，CCM Cuk PFC 变换器与 DCM Cuk PFC 变换器的直流输出电压 v_o 均含有二倍工频纹波。但是，三态 Cuk PFC 变换器的直流输出电压纹波主要为高频开关纹波分量，极大地减小了二倍工频纹波。

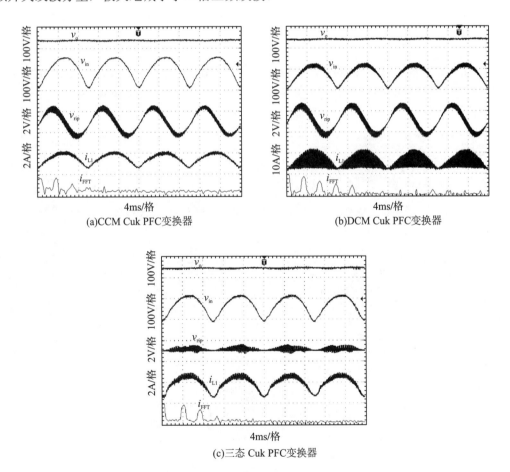

(a)CCM Cuk PFC变换器　　　　　　　　　(b)DCM Cuk PFC变换器

(c)三态 Cuk PFC变换器

图 10.8　Cuk PFC 变换器的稳态直流输出电压 v_o、整流输入电压 v_{in}、直流输出电压纹波 v_{rip}、输入电感电流 i_{L1} 波形及其频谱 i_{FFT} 分析波形

表 10.1 给出了 CCM Cuk PFC 变换器、DCM Cuk PFC 变换器和三态 Cuk PFC 变换器随负载功率变化时的输出电压纹波 v_{rip}、功率因数 η 与输入电感电流的总谐波失真。由表 10.1 可知,三态 Cuk PFC 变换器的输出电压纹波 v_{rip} 最小,总谐波失真明显低于 DCM Cuk PFC 变换器,且仅在重载时其功率因数 η 稍低于 CCM Cuk PFC 变换器。但是,若考虑传统 CCM Cuk PFC 变换器与 DCM Cuk PFC 变换器在实现低输出电压纹波时还需后级 DC-DC 变换器时,则可认为三态 Cuk PFC 变换器的效率高于 CCM Cuk PFC 变换器与 DCM Cuk PFC 变换器。

表 10.1　Cuk PFC 变换器在不同负载功率情况时的输出电压纹波 v_{rip}、总谐波失真与功率因数

负载功率/W	工作模式	输出电压纹波 v_{rip}/V	总谐波失真	η
200	CCM	7.21	4.64	93.1
	DCM	7.21	22.6	91.1
	PCCM	1.15	3.93	92.8
100	CCM	3.64	4.15	91.8
	DCM	3.59	15.7	89.7
	PCCM	0.84	5.42	94.5

图 10.9 为负载功率从 100W 突增到 200W 再突降到 100W 时,CCM Cuk PFC、DCM Cuk

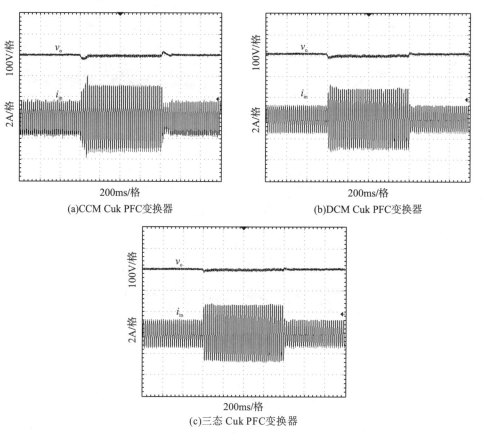

(a)CCM Cuk PFC变换器　　　　　　　(b)DCM Cuk PFC变换器

(c)三态 Cuk PFC变换器

图 10.9　三种模式下 Cuk PFC 变换器直流输出电压 v_{o} 和输入电流 i_{in} 的瞬态响应波形

PFC 和三态 Cuk PFC 变换器的输出电压 v_o 和输入电流 i_{in} 的瞬态响应波形, 暂态过程中输出电压 v_o 的跌落量、超调量和调整时间(v_o 恢复到 ±5V 参考直流电压范围内时)如表 10.2 所示。由图 10.9 和表 10.2 可知, 三态 Cuk PFC 变换器对负载的瞬态响应速度最快, 输出电压和输入电流波动最小。

表 10.2　三种工作模式下 Cuk PFC 变换器瞬态性能对比

负载功率/W	工作模式	跌落量/V	超调量/V	调整时间/s
	CCM	10.44	5.55	0.0483
100W→200W	DCM	6.25	3.40	0.0127
	PCCM	0.91	0.52	0
	CCM	4.44	8.50	0.0211
200W→100W	DCM	3.32	4.55	0
	PCCM	0.56	0	0

10.4　本章小结

本章利用对偶原理, 将电感电流三态 PFC 技术拓展于电容电压三态 PFC 变换器, 提出了非隔离型的三态 Cuk PFC 变换器和隔离型的三态 SEPIC PFC 变换器。通过在中间储能电容(过渡电容)上串联一个开关管, 使中间储能电容电压在一个开关周期内存在三个工作状态, 进而使得以电容进行储能变换的非隔离型 Cuk PFC 变换器和隔离型 SEPIC PFC 变换器工作于 PCCM。分析并研究了电容电压三态 PFC 变换器的工作模态和控制策略, 指出电容电压三态 PFC 变换器可等效为传统 Boost 变换器与 Buck 变换器的级联, 进而可获得低直流输出电压纹波和快速负载瞬态响应速度的性能。最后搭建了相应的实验平台, 通过实验结果验证了理论分析结果的正确性。本章为三态 PFC 技术在以电容进行储能变换的变换器中应用提供了指导。

参 考 文 献

[1]张占松, 蔡宣三. 开关电源的原理与设计. 北京: 电子工业出版社, 2004.

[2]Pressman A I. Switching Power Supply Design. 北京: 电子工业出版社, 2006.

[3]林渭勋. 现代电力电子电路. 杭州: 浙江大学出版社, 2002.

[4]Wang J, Gong W, He L. Design and implementation of high-efficiency and low-power DC-DC converter with PWM/PFM modes. IEEE International Conference on Application Specific Integrated Circuit, 2007: 596-599.

[5]Ma D S, Ki W H, Tsui C Y. A pseudo-CCM/DCM SIMO switching converter with freewheel switching. IEEE Journal of Solid-State Circuits, 2003, 38(6): 1007-1014.

[6]张斐, 许建平, 阎铁生, 等. 具有宽负载范围和低电压应力的三态反激 PFC 变换器. 电工技术学报, 2015, 30(3): 123-130.

[7]张斐, 许建平, 杨平, 等. 两开关伪连续导电模式 Buck-Boost 功率因数校正变换器. 中国电机工程学报, 2012, 32(9): 56-64.

[8]Zhang F, Xu J P. A novel PCCM Boost PFC converter with fast dynamic response. IEEE Transactions on Industrial Electronics, 2011, 58(9): 4207-4216.

[9]张斐. 三态功率因数校正变换拓扑及其控制技术. 成都: 西南交通大学博士学位论文, 2013.

[10]于海坤, 许建平, 张斐, 等. 具有宽负载范围的新型 Boost 功率因数校正器. 电工技术学报, 2011, 26(12): 93-98.

[11]于海坤. 伪连续导电模式 Boost 功率因数校正器研究. 成都: 西南交通大学硕士学位论文, 2011.

[12]He M Z, Zhang F, Xu J P, et al. High-efficiency two-switch tri-state Buck-Boost power factor correction converter with fast dynamic response and low-inductor current ripple. IET Power Electronics, 2013, 6(8): 1544-1554.

[13]Knecht O, Bortis D, Kolar J W, et al. ZVS modulation scheme for reduced complexity clamp-switch TCM DC-DC Boost converter. IEEE Transactions on Power Electronics, 2018, 33(5): 4204-4214.

[14]崔恒丰. 伪连续导电模式 Buck 变换器动态参考电流控制策略研究. 成都: 西南交通大学硕士学位论文, 2016.

[15]Vorperian V. Simplified analysis of PWM converters using model of PWM switch. II. Discontinuous conduction mode. IEEE Transactions on Aerospace and Electronic Systems, 1990, 26(3): 497-505.

[16]Athab H S. A duty cycle control technique for elimination of line current harmonics in single stage DCM Boost PFC circuit. IEEE Region 10 International Conference TENCON, 2008: 1-6.

[17]Santi E, Zhe Z, Cuk S. Low-distortion control of unity-power-factor converters in discontinuous conduction mode. IEEE Power Electronics Specialists Conference, 1999, 1: 301-306.

[18]Ye Z, Jovanovic M. Implementation and performance evaluation of DSP based control for constant frequency discontinuous conduction mode Boost PFC front end. IEEE Transactions on Industrial Electronics, 2005, 52(1): 98-107.

[19]刘卫平. 临界导电模式 PFC 开关变换器研究与实现. 西安: 西安科技大学硕士学位论文, 2014.

[20]Sable D M, Cho B H, Ridley R B. Use of leading-edge modulation to transform Boost and Flyback converters into minimum-phase-zero systems. IEEE Transactions on Power Electronics, 1991, 6(4): 704-711.

[21]Viswanathan K, Oruganti R, Srinivasan D. Tri-state Boost converter with no right half plane zero. IEEE International Conference on Power Electronics and Drive Systems, 2001, 2: 687-693.

[22]Viswanathan K, Oruganti R, Srinivasan D. A novel tri-state Boost converter with fast dynamics. IEEE Transactions on Power Electronics, 2002, 17(5): 677-683.

[23]Viswanathan K, Oruganti R, Srinivasan D. Design and evaluation of tri-state Boost converter. Power Electronics Specialists Conference, 2004, 6: 4662-4668.

[24]Viswanathan K, Oruganti R, Srinivasan D. Dual mode control of tri-state Boost converter for improved performance. IEEE Transactions on Power Electronics, 2005, 20(4): 790-797.

[25]Sreekumar C, Vivek A. Comparison of mode switched controllers for a pseudo continuous current mode Boost converter. IEEE International Conference on Power Electronics and Drive Systems, 2006: 1-6.

[26]曾绍桓. 三态 Boost 变换器建模与控制技术研究. 成都: 西南交通大学硕士学位论文, 2019.

[27]Zeng S H, Zhou G H, Zhou S H. Small signal modeling and RHP zero analysis of tri-state Boost converter with different freewheeling control strategies. IEEE International Power Electronics and Application Conference and Exposition, 2018: 2201-2204.

[28]李振华. 伪连续导电模式开关变换器建模分析与控制技术研究. 成都: 西南交通大学硕士学位论文, 2017.

[29]舒立三. 伪连续导电模式二次型 Boost 变换器研究. 成都: 西南交通大学硕士学位论文, 2014.

[30]李芳芳. 基于 FPGA 的脉冲序列控制 PCCM Buck-Boost 变换器的设计. 郑州: 郑州大学硕士学位论文, 2016.

[31]李欣洋, 杨平, 范文, 等. 低输入电流纹波的交错并联三态 Boost 变换器. 中国电机工程学报, 2021, 41(8): 2834-2844.

[32]Feng P, Yang P, Shang Z R, et al. Topology derivation of non-isolated multi-port DC-DC converters based on H-bridge. The 4th IEEE Southern Power Electronics Conference(SPEC), 2018: 1-7.

[33]朱泽宇. 脉冲负载三端口变换器及其控制策略研究. 成都: 西南交通大学硕士学位论文, 2019.

[34]朱泽宇, 杨平, 曹珤, 等. 具有快速动态响应的大功率脉冲负载电源设计与实现. 电工电能新技术, 2019, 38(5): 13-20.

[35]阎铁生, 许建平, 张斐, 等. 反激 PFC 变换器输出电压纹波分析. 电力自动化设备, 2013, 33(9): 41-46.

[36]Zhang F, Xu J P, Yang P, et al. High-efficiency capacitive idling SEPIC PFC converter with varying reference voltage for wide range of load variations. International Conference on Communications, Circuits and Systems(ICCCAS), 2010: 536-540.

[37]张斐, 许建平, 董政, 等. 输出电压纹波控制两开关 PCCM Buck-Boost PFC 变换器. 电机与控制学报, 2013, 17(7): 113-118.

[38]张斐, 许建平, 杨平, 等. 伪连续导电模式 Boost PFC 变换器研究. 电子科技大学学报, 2013, 42(5): 705-710.

[39]张斐, 许建平, 王金平, 等. 具有快速动态响应的三态功率因数校正变换器. 电机与控制学报, 2011, 15(1): 13-19.

[40]张斐, 许建平, 舒立三, 等. 低输出电压纹波三态 PCCM Cuk PFC 变换器. 电力自动化设备, 2014, 34(1): 80-84.

[41]周国华, 许建平. 开关变换器调制与控制技术综述. 中国电机工程学报, 2014, 34(6): 815-831.

[42]王凤岩, 许俊峰, 许建平. 开关电源控制方法综述. 机车电传动, 2006, (1): 6-10.

[43]Li Z H, Zhou G H, Leng M R, et al. Fixed freewheeling-time control strategy for switching converter operating in pseudo-continuous conduction mode. The 8th International Power Electronics and Motion Control Conference(IPEMC-ECCE Asia), 2016: 2114-2119.

[44]Kapat S, Patra A, Banerjee S. A novel current controlled tri-state Boost converter with superior dynamic performance. IEEE International Symposium on Circuits and Systems, 2008: 2194-2197.

[45]Gong H B, Wu S R, Liu J, et al. Bi-frequency control technology for pseudo continuous conduction mode switching DC-DC converter. The 5th IEEE International Symposium on Microwave, Antenna, Propagation and EMC Technologies for Wireless Communications, 2013: 684-690.

[46]崔恒丰, 周国华, 陈兴. 伪连续导电模式 Buck 变换器的动态参考电流控制策略. 电工技术学报, 2017, 32(2): 246-254.

[47]周国华, 曾绍桓, 周述晗, 等. 动态参考电流控制三态 Boost 变换器的性能分析. 西南交通大学学报, 2020, 55(2): 435-441.

[48]Huang X Z, Ruan X B, Du F J, et al. High power and low voltage power supply for low frequency pulsed load. IEEE Applied Power Electronics Conference and Exposition(APEC), 2017: 2859-2865.

[49]Zhu Z Y, Yang P, Liu C R, et al. Current controlled with valley voltage detection three-port converter with current-pulsed load. The 10th International Conference on Power Electronics and ECCE Asia, 2019: 2820-2826.

[50]潘飞蹊. 有源功率因数校正技术的研究. 成都: 电子科技大学博士学位论文, 2004.

[51]Oruganti R, Nagaswamy K, Sang L K. Predicted(on-time)equal-charge criterion scheme for constant-frequency control of single-phase Boost-type AC-DC converter. IEEE Transactions on Power Electronics, 1998, 13(1): 47-57.

[52]何希才. 新型开关电源设计与应用. 北京: 科学出版社, 2001.

[53]毛鸿, 吴兆麟. 有源功率因数校正器的控制策略综述. 电力电子技术, 2000, 34(1): 58-61.

[54]Qiao C, Smedley K M. A topology survey of single-stage power factor correction with a Boost type input-current shaper. IEEE Transactions on Power Electronics, 2001, 16(3): 360-368.

[55]姚凯. 高功率因数 DCM Boost PFC 变换器的研究. 南京: 南京航空航天大学博士学位论文, 2010.

[56]Simonetti D, Sebastian J, Uceda J. Control conditions to improve conducted EMI by switching frequency modulation of basic discontinuous PWM pre-regulators. IEEE Power Electronics Specialists Conference, 1994: 1180-1187.

[57]Lazar J, Cuk S. Feedback loop analysis for AC/DC rectifiers operating in discontinuous conduction mode. Applied Power Electronics Conference and Exposition, 1996: 797-806.

[58]Liu Q, Wu X B, Liang Y. Fixed-frequency quasi-sliding mode controller for single-inductor-dual-output buck converter in pseudo continuous conduction mode. International Conference on Electric and Electronics, 2011: 697-704.

[59]Wu X B, Liu Q, Zhao M L, et al. Monolithic quasi-sliding-mode controller for SIDO buck converter with a self-adaptive free-wheeling current level. Journal of Semiconductors, 2013, 34(1): 015007.

[60]Xu W W, Zhu X, Hong Z, et al. Design of single-inductor dual-output switching converters with average current mode control. IEEE Asia Pacific Conference on Circuits and Systems, 2008: 902-905.

[61]Yang Y, Liang S, Wu X B. A single-inductor dual-output buck converter with self-adapted PCCM method. IEEE International Conference of Electron Devices and Solid-State Circuits, 2009: 87-90.

[62]孙亮. 基于自适应伪连续电流模式的单电感双输出 Buck 电路控制设计. 浙江: 浙江大学硕士学位论文, 2009.

[63]Zhou S H, Zhou G H, Zeng S H, et al. Unified discrete-mapping model and dynamical behavior analysis of current-mode controlled single-inductor dual-output DC-DC converter. IEEE Journal of Emerging and Selected Topics in Power Electronics, 2019, 7(1): 366-380.

[64]Zhou S H, Zhou G H, Zeng S H, et al. Unified modelling and dynamical analysis of current-mode controlled single-inductor dual-output switching converter with ramp compensation. IET Power Electronics, 2018, 11(7): 1297-1305.

[65]Huang X C, Lee F C, Li Q, et al. High-frequency high-efficiency GaN-based interleaved CRM bidirectional Buck/Boost converter with inverse coupled inductor. IEEE Transactions on Power Electronics, 2016, 31(6): 4343-4352.

[66]Marxgut C, Krismer F, Bortis D, et al. Ultraflat interleaved triangular current mode(TCM)single-phase PFC rectifier. IEEE Transactions on Power Electronics, 2014, 29(2): 873-882.

[67]Lai J S, York B, Koran A, et al. High-efficiency design of multiphase synchronous mode soft-switching converter for wide input and load range. IEEE International Power Electronics Conference, 2010: 1849-1855.

[68]Sable D M, Lee F C, Cho B H. A zero-voltage-switching bidirectional battery charger/discharger for the NASA EOS satellite.

IEEE Applied Power Electronics Conference and Exposition, 1992: 614-621.

[69]Henze C P, Martin H C, Parsley D W. Zero-voltage switching in high frequency power converters using pulse width modulation. IEEE Applied Power Electronics Conference and Exposition, 1988: 33-40.

[70]Leng M R, Zhou G H, Li Z H, et al. Stability analysis and ramp compensation of V^2 controlled buck converter in pseudo-continuous. IEEE International Future Energy Electronics Conference and ECCE Asia, 2017: 1850-1854.

[71]周国华, 许建平, 吴松荣. 开关变换器建模、分析与控制. 北京: 科学出版社, 2016.

[72]李振华, 周国华, 刘啸天, 等. 电感电流伪连续导电模式下 Buck 变换器的动力学建模与分析. 物理学报, 2015, 64(18): 209-218.

[73]曾振桓, 周国华, 周述晗, 等. 电流型控制三态 Boost 变换器的小信号建模与负载瞬态特性分析. 电工技术学报, 2019, 34(7): 1468-1477.

[74]解光军, 徐慧芳. 峰值电流模式控制非理想 Buck 变换器系统建模. 中国电机工程学报, 2012, 32(24): 52-58.

[75]Kondrath N, Kazimierczuk M K. Output impedance of peak current-mode controlled PWM DC-DC converters with only inner loop closed in CCM. IEEE Industrial Electronics Society Conference, 2014: 1679-1685.

[76]吴国营, 张波. 电流模式变换器的完整小信号模型及环路补偿. 电工技术学报, 2008, 23(10): 83-87.

[77]王凤岩, 许建平. V^2C 控制 Buck 变换器分析. 中国电机工程学报, 2006, 26(2): 121-126.

[78]Zhou S H, Zhou G H, Zeng S H, et al. Sample-data modeling and dynamical effect of output-capacitor time-constant for valley voltage-mode controlled Buck-Boost converter. Chinese Physics B, 2017, 26(11): 515-525.

[79]Zhou S H, Zhou G H, Zeng S H, et al. Sampled-data modeling and dynamical behavior analysis of peak current-mode controlled Flyback converter with ramp compensation. Journal of Power Electronics, 2019, 19(1): 190-200.

[80]Rana N, Ghosh A, Banerjee S. Development of an improved tristate Buck-Boost converter with optimized Type-3 controller. IEEE Journal of Emerging and Selected Topics in Power Electronics, 2018, 6(1): 400-415.

[81]胡文伟. 电荷控制多相交错并联 Buck 变换器研究. 成都: 西南交通大学硕士学位论文, 2018.

[82]张兴. 低电流纹波高动态响应交错并联 Boost 变换器的研究. 哈尔滨: 哈尔滨工业大学硕士学位论文, 2017.

[83]Vander B H, Tezcan I. 1kW dual interleaved Boost converter for low voltage applications. Power Electronics and Motion Control Conference, 2006: 1-5.

[84]何晓琼. 交错技术在开关电源中的应用研究. 成都: 西南交通大学硕士学位论文, 2003.

[85]杨玉岗, 马云巧, 马杰. 交错并联 Boost 变换器 DCM 分析及电感设计. 电力电子技术, 2014, 48(10): 9-12.

[86]Zhou X W, Xu P, Lee F C. A novel current-sharing control technique for low-voltage high-current voltage regulator module applications. IEEE Transactions on Power Electronics, 2000, 15(6): 1153-1162.

[87]刘正春, 王勇, 尹志勇. 有限容量系统脉冲性负荷建模与仿真. 华北电力大学学报, 2014, 41(1): 33-37.

[88]吕闯, 解璞. 脉冲性负载研究现状与展望. 飞航导弹, 2017, (9): 70-73.

[89]刘正春, 朱长青, 王勇. 脉冲负载下电力系统暂稳态功率特性. 电网技术, 2017, 41(9): 3018-3024.

[90]戴咏喜, 徐冲, 刘以建. 应用于脉冲负载的蓄电池和超级电容器混合储能的研究. 通信电源技术, 2011, 28(4): 12-14.

[91]Kuperman A, Aharon I. Battery-ultracapacitor hybrids for pulsed current loads: A review. Renewable and Sustainable Energy Reviews, 2011, 15(2): 981-992.

[92]Yuhimenko V, Lerman C, Kuperman A. DC active power filter-based hybrid energy source for pulsed power loads. IEEE Journal of Emerging and Selected Topics in Power Electronics, 2015, 3(4): 1001-1010.

[93]Huang X Z, Ruan X B, Du F J, et al. A pulsed power supply adopting active capacitor converter for low-voltage and

low-frequency pulsed loads. IEEE Transactions on Power Electronics, 2018, 33（11）: 9219-9230.

[94]Yang P, Shang Z R, Liu C R, et al. A three-state dual-inductance bi-directional converter and its control in pulse-loaded three-port converters. CSEE Journal of Power and Energy Systems, 2020, 6（2）: 291-297.

[95]Yang P, Chen X, Chen R Q, et al. Stability improvement of pulse power supply with dual-inductance active storage unit using hysteresis current control. IEEE Journal on Emerging and Selected Topics in Circuits and Systems, 2021, 11（1）: 111-120.

[96]Park J H, Cho B H. Small signal modeling of hysteretic current mode control using the PWM switch model. IEEE Workshops on Computers in Power Electronics, 2006: 225-230.

[97]Wang J H, Liu L, Zhang F, et al. Modeling and analysis of hysteretic current mode control inverter. The 24th Annual IEEE Applied Power Electronics Conference and Exposition, 2009: 1338-1343.

[98]陈权, 王群京, 姜卫东, 等. 二极管钳位型三电平变换器开关损耗分析. 电工技术学报, 2008, （2）: 68-75.

[99]丁昂, 吴新科, 钱照明. 临界模式 Boost 功率因数校正电路中电感损耗的分析与比较. 电工电能新技术, 2006, 25（3）: 54-58.

[100]王凤岩. 快速瞬态响应电压调节控制器控制方法的研究. 成都: 西南交通大学博士学位论文, 2005.

[101]周国华. 基于纹波的开关功率变换器控制技术及其动力学行为研究. 成都: 西南交通大学博士学位论文, 2011.

[102]于海坤, 许建平, 张斐, 等. 提高 PFC 变换器动态响应性能的滤波算法. 电力电子技术, 2010, 44（8）: 34-36.

[103]Xu J P. Modeling of switching DC-DC converters by time-averaging equivalent circuit approach. International Journal of Electronics, 1993, 74（3）: 477-488.

[104]Zhang F, Xu J P, Zhou G H, et al. Transient performance improvement for digital control Boost power factor correction converters. IEEE International Power Electronics and Motion Control Conference, 2009: 1693-1696.

[105]任小永, 唐钊, 阮新波, 等. 一种新颖的四开关 Buck-Boost 变换器. 中国电机工程学报, 2008, 28（21）: 15-19.

[106]Zhang F, Xu J P, Wang J P, et al. A novel tri-state Boost PFC converter with fast dynamic performance. IEEE Conference on Industrial Electronics and Applications, 2010: 2104-2109.

[107]Zhang F, Xu J P, Yu H K, et al. Dead-zone digital controllers for improved dynamic response over wide load range in tri-state Boost PFC converter. IEEE Symposium on Power Electronics for Distributed Generation Systems, 2010: 444-448.

[108]Zhang F, Xu J P, Yu H K, et al. Inductive idling Boost converter with low inductor current-ripple and improved dynamic response for power factor correction. IEEE Energy Conversion Congress and Exposition, 2010: 3210-3215.

[109]Zhang F, Xu J P, Yang P, et al. Tri-state Boost PFC converter with high input power factor. IEEE International Power Electronics and Motion Control Conference, 2012: 1626-1621.

[110]Lee J Y, Khaligh A, Emadi A. A compensation technique for smooth transitions in non-inverting Buck-Boost converter. IEEE Applied Power Electronics Conference and Exposition, 2009: 608-614.

[111]Zhang F, Xu J P, Yang P, et al. Single-phase two-switch PCCM Buck-Boost PFC converter with fast dynamic response for universal input voltage. IEEE Conference on Power Electronics, 2011: 205-209.

[112]Zhang Y Q, Sen P C. A new soft-switching technique for Buck, Boost, and Buck-Boost converters. IEEE Transactions on Industry Applications, 2003, 39（6）: 1775-1782.

[113]Chen J Q, Maksimović D, Erickson R W. Analysis and design of a low-stress Buck-Boost converter in universal-input PFC applications. IEEE Transactions on Power Electronics, 2006, 21（2）: 320-329.

[114]Andersen G K. Average current control of a Buck+Boost PFC rectifier for low cost motor drives. IEEE Nordic Workshop on Power and Industrial Electronics, 2000: 174-179.

[115]肖华锋, 谢少军. 用于光伏并网的交错型双管 Buck-Boost 变换器. 中国电机工程学报, 2010, 30（21）. 7-12.

[116]Midya P, Haddad K, Miller M. Buck or Boost tracking power converter. IEEE Power Electronics Letters, 2004, 2(4): 131-134.

[117]Lee J Y, Khaligh A, Emadi A. A compensation technique for smooth transitions in non-inverting Buck-Boost converter. IEEE Applied Power Electronics Conference and Exposition, 2009: 608-614.

[118]刘学超, 张波, 余健生. 带充电泵单级 PFC 电路的 AC/DC 变换器. 电工技术学报, 2004, 19(11): 46-49.

[119]文毅, 赵清林, 邬伟扬. 并联型双耦合绕组 Flyback 式单级 PFC 变换器. 电工技术学报, 2007, 22(12): 116-121.

[120]Redl R, Balogh L, Sokal N O. A new family of single-stage isolated power-factor correctors with fast regulation of the output voltage. IEEE Power Electronics Specialists Conference, 1994:1167-1144.

[121]Endo H, Harada K, Ishihara Y, et al. A novel single-stage active clamped PFC converter. IEEE Power Electronics Specialists Conference, 2003: 124-131.

[122]朱昆林, 廖志清, 曾旭初. 单端正激电源的系统建模和控制设计. 中国高校电力电子与电力传动学术年会, 2009: 45-48.

[123]Wang F Q, Zhang H, Ma X K. Intermediate-scale instability in two-stage power-factor correction converters. IET Power Electronics, 2010, 3(3): 438-445.